建筑工程现场速成系列

建筑工程造价
一本就会

筑·匠 编

U0243539

化学工业出版社
·北京·

本书根据《建设工程工程量清单计价规范》（GB 50500—2013）以及全国统一定额编写而成，主要介绍了工程造价的各种定义、现场施工图的识读、工程量计算规则、定额与清单计价的实际应用和区别以及现场工程造价实际工作所涉及的招投标、各种计价表、工程签证、现场各种预算经验速查等内容。全书内容从理论了解到实际操作，循序渐进地全面讲解现场工程造价各方面的实际工作，力求让读者能够通过本书的学习，快速上手现场工程造价工作。

　　本书内容简明实用，图文并茂，实用性和实际操作性较强，可作为建筑工程预算人员和管理人员的参考用书，也可作为土建类相关专业大中专院校师生的参考教材。

图书在版编目（CIP）数据

建筑工程造价一本就会/筑·匠编 . —北京：化学工业
出版社，2016.3 （2025.5重印）
（建筑工程现场速成系列）
ISBN 978-7-122-26282-0

Ⅰ.①建… Ⅱ.①筑… Ⅲ.①建筑工程-工程造价-基本知识 Ⅳ.①TU723.3

中国版本图书馆 CIP 数据核字（2016）第 027857 号

责任编辑：彭明兰	装帧设计：张　辉
责任校对：吴　静	

出版发行：化学工业出版社（北京市东城区青年湖南街 13 号　邮政编码 100011）
印　　装：河北延风印务有限公司
787mm×1092mm　1/16　印张 13¼　字数 335 千字　2025 年 5 月北京第 1 版第 17 次印刷

购书咨询：010-64518888　　　　　　售后服务：010-64518899
网　　址：http://www.cip.com.cn
凡购买本书，如有缺损质量问题，本社销售中心负责调换。

定　　价：45.00 元　　　　　　　　　　　　　　　　版权所有　违者必究

FOREWORD 前言

作为一个实践性、操作性很强的专业技术领域，建筑工程行业在很多方面在要有理论依据的同时，更需要以实践经验为指导。如果对于现场实际操作缺乏一定的了解，即便理论知识再丰富，进入建筑施工现场后，往往也是"丈二和尚摸不着头脑"，无从下手。尤其对于刚参加工作的新手来说，理论知识与实际施工现场的差异，是阻碍他们快速适应工作岗位的第一道障碍。因此，如何快速了解并"学会"工作，是每个进入建筑行业的新人所必须解决的首要问题。为了解决如何快速上手工作这一问题，我们针对建筑工程领域最关键的几个基础能力和岗位，即图纸识图、现场测量、现场施工、工程造价这四个方面，力求通过简洁的文字、直观的图表，分别将这四个核心岗位应掌握的技能讲述得清楚明白，能够指导初学者顺利进入相关工作岗位即可。

本书根据《建设工程工程量清单计价规范》（GB 50500—2013）以及全国统一定额编写而成，主要介绍了工程造价的各种定义、现场施工图的识读、工程量计算规则、定额与清单计价的实际应用和区别以及现场工程造价实际工作所涉及的招投标、各种计价表、工程签证、现场各种预算经验速查等内容。全书内容从理论了解到实际操作，循序渐进地全面讲解现场工程造价各方面的实际工作，力求让读者能够通过本书的学习，快速上手现场工程造价工作。

参与本书编写的人员有：刘向宇、安平、陈建华、陈宏、蔡志宏、邓毅丰、邓丽娜、黄肖、黄华、何志勇、郝鹏、李卫、林艳云、李广、李锋、李保华、刘团团、李小丽、李四磊、刘杰、刘彦萍、刘伟、刘全、梁越、马元、孙银青、王军、王力宇、王广洋、许静、谢永亮、肖冠军、于兆山、张志贵、张蕾。

本书在编写过程中参考了有关文献和一些项目施工管理经验性文件，并且得到了许多专家和相关单位的关心与大力支持，在此表示衷心的感谢。

由于编写时间和水平有限，尽管编者尽心尽力，反复推敲核实，但难免有疏漏及不妥之处，恳请广大读者批评指正，以便做进一步的修改和完善。

编　者
2015 年 12 月

CONTENTS

目 录

1

第一章

建筑工程造价概述

第一节 建筑工程造价简述

一、工程造价基本分类

（一）工程造价基本概念

工程造价是建设工程造价的简称，其含义有狭义与广义之分。广义上讲，是指完成一个建设项目从筹建到竣工验收、交付使用全过程的全部建设费用，可以指预期费用，也可以指实际费用。狭义上讲，建设项目各组成部分的造价，均可用工程造价一词，如某单位工程的造价、某分包工程造价（合同价）等。这样，在整个基本建设程序中，确定工程造价的工作与文件就有投资估算、设计概算、修正概算、施工图预算、施工预算、工程结算、竣工决算、标底与投标报价、承发包合同价的确定等。此外，进行工程造价工作还会涉及静态投资与动态投资等几个概念。

（二）工程造价的分类

建筑工程造价按其建设阶段可分为估算造价、概算造价、施工图预算造价以及竣工结算与决算造价等；按其构成的分部可分为建设项目总概预决算造价、单项工程的综合概预结算和单位工程概预结算造价。

> **经验指导**
>
> **广义的工程造价。** 它是该项目有计划地进行固定资产再生产和形成相应的无形资产和铺底流动资金的一次性费用总和，所以也称为总投资，包括建筑工程、设备安装工程、设备与工器具购置、其他工程和费用等。

建筑工程造价的分类如图 1-1 所示。

二、工程造价的构成

我国现行的工程造价构成包括设备及工具、器具购置费用，建筑安装工程费用，工程建设其他费用，预备费，建设期贷款利息，固定资产投资方向调节税等。

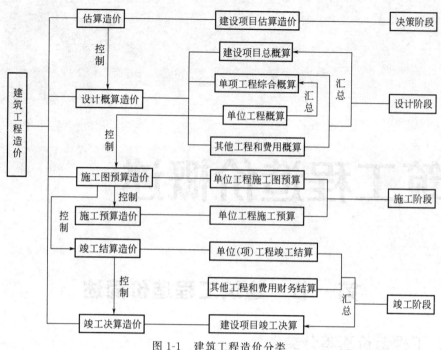

图 1-1　建筑工程造价分类

设备及工具、器具购置费用是指按照工程项目设计文件要求，建设单位购置或自制，达到固定资产标准的设备和扩建项目配置的首套工具、器具及生产家具所需的费用。它由设备、工具、器具原价和包括设备成套公司服务费在内的运杂费组成。

工程建设其他费用是指未纳入以上两项的，由项目投资支付的，为保证工程建设顺利完成和交付使用后能够正常发挥效用而发生的各项费用的总和。工程其他费用可分为三类：①土地使用费；②与工程建设有关的费用；③与未来企业生产经营有关的费用。

另外，工程造价中还包括预备费、建设期贷款利息和固定资产投资方向调节税。

知识小贴士　　**建筑安装工程费**。建筑安装工程费用是指建设单位支付给从事建筑安装工程施工单位的全部生产费用，包括用于建筑物的建造及有关的准备、清理等工程的投资，用于需要安装设备的安装、装配工程的投资。它是以货币表现的建筑安装工程的价值，其特点是必须通过兴工动料、追加活劳动才能实现。

我国现行工程造价的具体构成如图 1-2 所示。

（一）设备及工具、器具购置费用

设备及工具、器具购置费用是由设备购置费和工具、器具及生产家具购置费用组成的。

设备购置费是指为建设项目购置或自制的达到固定资产标准的各种国产或进口设备、工具、器具的购置费用。它由设备原价和设备运杂费构成。设备原价指国产设备或进口设备的原价；设备运杂费指除设备原价之外的关于设备采购运输、途中包装及仓库保管等方面支出费用的总和。

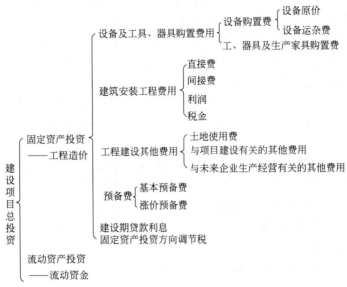

图 1-2 我国现行工程造价构成

国产设备原价一般指的是设备制造厂的交货价，即出厂价或订货合同价。国产设备原价分为国产标准设备原价和国产非标准设备原价。国产标准设备是指按照主管部门颁布的标准图纸和技术要求，由我国设备生产厂批量生产的，符合国家质量检测标准的设备。国产标准设备原价有两种，即带有备件的原价和不带有备件的原价。在计算时，一般采用带有备件的原价。国产非标准设备是指国家尚无定型标准，各设备生产厂不可能在工艺过程中采用批量生产，只能按一次订货，并根据具体的设计图纸制造的设备。非标准设备原价有多种不同的计算方法，主要有成本计算估价法、系列设备插入估价法、分部组合估价法、定额估价法等。

进口设备原价是指进口设备的抵岸价，即抵达买方边境港口或边境车站，且交完关税为止形成的价格。

进口设备抵岸价＝货价＋国际运费＋运输保险费＋银行财务费＋外贸手续费＋关税
＋增值税＋消费税＋海关监管手续费＋车辆购置附加费

货价一般指装运港船上交货价（FOB）。国际运费即从装运港（站）到达我国抵达港（站）的运费。运输保险费是交付议定的货物运输保险费用。银行财务费一般是指中国的银行手续费，银行财务费＝人民币货价（FOB 价）×银行财务费率（一般为 0.4%～0.5%）。外贸手续费指按贸易部规定的外贸手续费率计取的费用，外贸手续费率一般取 15%，外贸手续费＝（FOB 价＋国际运费＋运输保险费）×外贸手续费率。关税是由海关对进出国境或关境的货物和物品征收的一种税，关税＝到岸价格（CIF 价）×进口关税税率。到岸价格（CIF 价）包括离岸价格（FOB 价）、国际运费，运输保险等费用。增值税是对从事进口贸易的单位和个人，在进口商品报关进口后征收的税种。进口产品增值税额＝组成计税价格×增值税税率。组成计税价格＝关税完税＋关税＋消费税。海关监管手续费指海关对进口减税、免税、保税货物实施监督、管理、提供服务的手续费。对于全额征收进口关税的货物不计本项费用。海关监管手续费＝到岸价×海关监管手续费率（一般为 0.3%）。车辆购置附加费是进口车辆需缴进口车辆购置附加费，进口车辆购置附加费＝（到岸价＋关税＋消费税＋增值税）×进口车辆购置附加费率。

设备运杂费通常包括运费和装卸费包装费、设备供销部门手续费、采购与仓库保管费。国产设备的运费和装卸费是指国产设备由设备制造厂交货地点起至工地仓库（或施工组织设计指定的需要安装设备的堆放地点）止所发生的运费和装卸费；进口设备的运费和装卸费则是由我国到岸港口或边境车站起至工地仓库（或施工组织设计指定的需安装设备的堆放地点）止所发生的运费和装卸费。包装费是指在设备原价中没有包含的，为运输而进行的包装支出的各种费用。设备供销部门的手续费按有关部门规定的统一费率计算。采购与仓库保管费指采购、验收、保管和收发设备所发生的各种费用。设备运杂费＝设备原价×设备运杂费率。

工具、器具及生产家具购置费，是指新建或扩建项目初步设计规定的，保证初期正常生产必须购置的没有达到固定资产标准的设备、仪器、工卡模具、器具、生产家具和备品备件等的购置费用。工具、器具及生产家具购置费＝设备购置费×定额费率。

（二）建筑安装工程费用

1. 建筑安装工程费用构成

我国现行建筑安装工程费用的构成如图 1-3 所示。

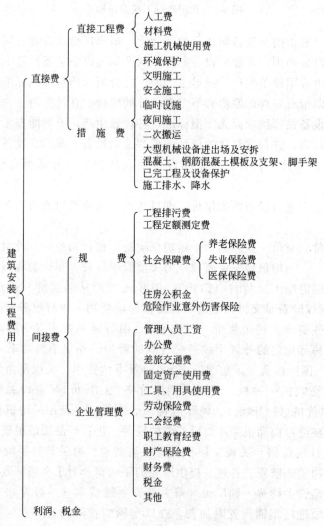

图 1-3　建筑安装工程费用构成

2. 直接费的构成与计算

直接费由直接工程费和措施费组成。

（1）直接工程费 直接工程费是指施工过程中耗费的构成工程实体的各项费用，包括以下几种费用。

① 人工费。人工费是指直接从事建筑安装工程施工的生产工人开支的各项费用。

$$人工费 = \sum(工日消耗量 \times 日工资单价)$$

其内容包括基本工资、工资性补贴、生产工人辅助工资、职工福利费和生产工人劳动保护费等。

② 材料费。材料费是施工过程中耗费的构成工程实体的原材料、辅助材料、构配件、零件、半成品的费用，内容包括材料原价、材料运杂费、运输损耗费、采购及保管费和检验试验费。其中，检验试验费包括自设试验室进行试验所耗用的材料和化学药品等费用。不包括新结构、新材料的试验费和建设单位对具有出厂合格证明的材料进行检验，对构件做破坏性试验及其他特殊要求检验试验的费用。

$$材料费 = \sum(材料消耗量 \times 材料基价) + 检验试验费$$

$$材料基价 = [(供应价格 + 运杂费) \times (1 + 运输损耗率\%)] \times (1 + 采购保管费率\%)$$

$$检验试验费 = \sum(单位材料量检验试验费 \times 材料消耗量)$$

③ 施工机械使用费。施工机械使用费是施工机械作业所发生的机械使用费以及机械安拆费和场外运费。施工机械台班单价应由折旧费、大修理费、经常修理费、安拆费及场外运费、人工费、燃料动力费和养路费及车船使用税等组成。其中，人工费是指机上司机（司炉）和其他操作人员的工作日人工费及上述人员在施工机械规定的年工作台班以外的人工费。

$$施工机械使用费 = \sum(施工机械台班消耗量 \times 机械台班单价)$$

式中，台班单价由台班折旧费、台班大修费、台班经常修理费、白班安拆费及场外运费、台班人工费、台班燃料动力费和台班养路费及车船使用税构成。

（2）措施费 措施费是指为完成工程项目施工，在施工前和施工过程中非工程实体项目的费用，包括以下几方面。

① 环境保护费是指施工现场为达到环保部门要求所需要的各项费用，计算公式如下：

$$环境保护费 = 直接工程费 \times 环境保护费费率（\%）$$

② 文明施工费是指施工现场文明施工所需要的各项费用，计算公式如下：

$$文明施工费 = 直接工程费 \times 文明施工费费率（\%）$$

③ 安全施工费是指施工现场安全施工所需要的各项费用，计算公式如下：

$$安全施工费 = 直接工程费 \times 安全施工费费率（\%）$$

④ 临时设施费是指施工企业为进行建筑工程施工所必须搭设的生活和生产用的临时建筑物、构筑物和其他临时设施费用等。临时设施费用包括临时设施的搭设、维修、拆除费或摊销费，计算公式如下：

$$临时设施费 = (周转使用临建费 + 一次性使用临建费) \times [1 + 其他临时设施所占比例（\%）]$$

⑤ 夜间施工费是指因夜间施工所发生的夜班补助费、夜间施工降效、夜间施工照明设备摊销及照明用电等费用，其计算公式为

$$夜间施工增加费 = 1 - \frac{（合同工期）}{定额工期} \times \frac{直接工程费中的人工费合计}{平均日工资单价}$$
$$\times 每工日夜间施工费开支$$

⑥ 二次搬运费是指因施工场地狭小等特殊情况而发生的二次搬运费用，其计算公式为

$$二次搬运费=直接工程费×二次搬运费费率（％）$$

⑦ 大型机械设备进出场及安拆费，计算公式如下：

$$大型机械进出场及安拆费=\frac{一次进出场及安拆费×年平均安拆次数}{年工作台班}$$

⑧ 混凝土、钢筋混凝土模板及支架费，指混凝土施工过程中需要的各种钢模板、木模板、支架等的支、拆、运输费用及模板、支架的摊销（或租赁）费用。计算公式如下：

$$模板及支架费=模板摊销量×模板价格+支、拆、运输费$$

$$租赁费=模板使用量×使用日期×租赁价格+支、拆、运输费$$

⑨ 脚手架费包括脚手架搭拆费和摊销（或租赁）费用，计算公式如下：

$$脚手架搭拆费=脚手架摊销量×脚手架价格+搭、拆、运输费$$

$$租赁费=脚手架每日租金×搭设周期+搭、拆、运输费$$

⑩ 已完工程及设备保护费，由成品保护所需机械费、材料费和人工费构成。

⑪ 施工排水、降水费，计算公式如下：

$$排水降水费=\sum 排水降水机械台班费×排水降水周期+排水降水使用材料费、人工费$$

对于措施费的计算，这里只列出通用措施费项目的计算方法，各专业工程的专用措施费项目的计算方法由各地区或国家有关专业主管部门的工程造价管理机构自行制定。

3. 间接费的构成与计算

间接费包括规费和企业管理费两部分。

（1）规费　规费是指政府和有关权力部门规定必须缴纳的费用（简称规费），它包括工程排污费、工程定额测定费、社会保障费、住房公积金、危险作业意外伤害保险。工程排污费是指施工现场按规定缴纳的工程排污。工程定额测定费是指按规定支付给工程造价（定额）管理部门的定额测定费。社会保障费包括养老保险费、失业保险费和医疗保险费，其中养老保险费是指企业按规定标准为职工缴纳的基本养老保险费，失业保险费是指企业按照国家规定标准为职工缴纳的失业保险费，医疗保险费是指企业按照规定标准为职工缴纳的基本医疗保险费。住房公积金是指企业按规定标准为职工缴纳的住房公积金。危险作业意外伤害保险是指企业为从事危险作业的建筑安装施工人员支付的意外伤害保险费。

（2）企业管理费　企业管理费是指建筑安装企业组织施工生产和经营管理所需费用，它包括管理人员工资、办公费、差旅交通费、固定资产使用费、工具用具使用费、劳动保险费、工会经费、职工教育经费、财产保险费、财务费、税金、其他。管理人员工资是指管理人员的基本工资、工资性补贴、职工福利费和劳动保护费等。办公费是指企业管理办公用的文具、纸张、账表、印刷、邮电、书报、会议、水电、烧水和集体取暖（包括现场临时宿舍取暖）用煤等费用。差旅交通费是指职工因公出差、调动工作的差旅费、住勤补助费、市内交通费和误餐补助费、职工探亲路费、劳动力招募费、职工离退休及退职一次性路费、工伤人员就医路费和工地转移费，以及管理部门使用的交通工具的油料、燃料、养路费及牌照费。固定资产使用费是指管理和试验部门及附属生产单位使用的属于固定资产的房屋、设备仪器等的折旧、大修、维修或租赁费。工具用具使用费是指管理使用的不属于固定资产的生产工具、器具、家具、交通工具，以及检验、试验、测绘、消防等用具的购置、维修和摊销费。劳动保险费是指由企业支付离退休职工的易地安家补助费、职工退职金、六个月以上的病假人员工资、职工死亡丧葬补助费、抚恤费、按规定支付给离休干部的各项经费。工会经费是指企业按职工工资总额计提的工会经费。职工教育经费指企业为职工学习先进技术和提

高文化水平，按职工工资总额计提的费用。财产保险费是指企业管理用财产、车辆保险费。财务费是指企业为筹集资金而发生的各种费用。税金是指企业按规定缴纳的房产税、车船使用税、土地使用税、印花税等。其他包括技术转让费、技术开发费、业务招待费、绿化费、广告费、公证费、法律顾问费、审计费、咨询费等。

① 利润是指施工企业完成所承包工程获得的盈利。在编制概算和预算时，依据不同投资来源、工程类别实行差别利润率。在投标报价时，企业可以根据工程的难易程度、市场竞争情况和自身的经营管理水平自行确定合理的利润率。

② 税金是国家税法规定的应计入建筑安装工程造价内的营业税、城市维护建设税及教育费附加等。营业税的税额为营业额的 3%；城乡维护建设税的纳税人所在地为市区的，按营业税的 7% 征收；所在地为县镇的，按营业税的 5% 征收；所在地为农村的，按营业税的 1% 征收；教育费附加为营业税的 3%。税金＝（直接费＋间接费＋利润）×税率。

4. 其他费用

（1）土地使用费　土地使用费是指通过划拨方式取得土地使用权而支付的土地征用及迁移补偿费；或者是通过土地使用权出让方式取得土地使用权而支付的土地使用权出让金。

土地征用及迁移补偿费，是指建设项目通过划拨方式取得无限期的土地使用权，依照《中华人民共和国土地管理法》等规定所支付的费用。其总和一般不得超过被征土地年产值的 20 倍，土地年产值则按该地被征用前 3 年的平均产量和国家规定的价格计算。其内容如表 1-1 所示。

表 1-1　土地使用费的内容

费用组成	主要内容
土地补偿费	征用耕地(包括菜地)的补偿标准，为该耕地年产值的 6～10 倍，具体补偿标准由省、自治区、直辖市人民政府在此范围内制定。征用园地、鱼塘、藕塘、苇塘、宅基地、林地、牧场、草原等的补偿标准，由省、自治区、直辖市人民政府制定。征收无收益的土地，不予补偿
青苗补偿费和被征用土地上的房屋、水井、树木等附着物补偿费	这些补偿费的标准由省、自治区、直辖市人民政府制定。征用城市郊区的菜地时，还应按照有关规定向国家缴纳新菜地开发建设基金
安置补助费	征用耕地、菜地的，每个农业人口的安置补助费为该地每亩(1 亩＝667m²)年产值的 3～4 倍，每亩耕地的安置补助费最高不得超过其年产值的 15 倍
缴纳的耕地占用税或城镇土地使用税、土地登记费及征地管理费等	县、市土地管理机关从征地费中提取土地管理费的比率，要按征地工作量大小，视不同情况，按 1%～4% 提取
征地动迁费	包括征用土地上的房屋及附着构筑物、城市公共设施等拆除、迁建补偿费和搬迁运输费，企业单位因搬迁造成的减产、停工损失补贴费，拆迁管理费等
水利水电工程水库淹没处理补偿费	包括农村移民安置迁建费，城市迁建补偿费，库区工矿企业、交通、电力、通信、广播、管网、水利等的恢复、迁建补偿费，库底清理费，防护工程费，环境影响补偿费等

（2）土地使用权出让金　土地使用权出让金是指建设项目通过土地使用权出让方式取得有限期的土地使用权，依照《中华人民共和国城镇国有土地使用权出让和转让暂行条例》规定，支付的土地使用权出让金。

① 明确国家是城市土地的唯一所有者，可分层次、有偿、有限期地出让、转让城市土地。第一层次是城市政府将国有土地使用权出让给用地者，该层次由城市政府垄断经营。出让对象可以是有法人资格的企事业单位，也可以是外商。第二层次及以下层次的转让则发生

在使用者之间。

② 城市土地的出让和转让可采用协议、招标、公开拍卖等方式，具体内容如下。

a. 协议方式是由用地单位申请，经市政府批准同意后双方洽谈具体地块及地价。该方式适用于市政工程、公益事业用地，以及需要减免地价的机关、部队用地和需要重点扶持、优先发展的产业用地。

b. 招标方式是在规定的期限内，由用地单位以书面形式投标，市政府根据投标报价所提供的规划方案以及企业信誉综合考虑，择优而取。该方式适用于一般工程建设用地。

c. 公开拍卖是指在指定的地点和时间，由申请用地者叫价应价，价高者得。这完全由市场竞争决定，适用于赢利高的行业用地。

③ 在有偿出让和转让土地时，政府对地价不做统一规定，但应坚持以下原则：

a. 地价对目前的投资环境不产生大的影响；

b. 地价与当地的社会经济承受能力相适应；

c. 地价要考虑已投入的土地开发费用、土地市场供求关系、土地用途和使用年限。

④ 关于政府有偿出让土地使用权的年限，各地可根据时间、区位等各种条件做不同的规定，一般为 30～99 年；按照地面附属建筑物的折旧年限来看，以 50 年为宜。

⑤ 土地有偿出让和转让土地使用者和所有者要签约，明确使用者对土地享有的权利和对土地所有者应承担的义务，具体内容如下：

a. 有偿出让和转让使用权，要向土地受让者征收契税；

b. 转让土地如有增值，要向转让者征收土地增值税；

c. 在土地转让期间，国家要区别不同地段、不同用途，向土地使用者收取土地占用费。

5. 与项目建设有关的其他费用

(1) 建设单位管理费　建设单位管理费是指建设项目从立项、筹建、建设、联合试运转、竣工验收交付使用及后评估等全过程管理所需的费用，内容包括建设单位开办费和建设单位经费。

① 建设单位开办费。它是指新建项目为保证筹建和建设工作正常进行所需办公设备，生活家具、用具，交通工具等购置的费用。

② 建设单位经费。包括工作人员的基本工资、工资性补贴、职工福利费、劳动保护费、劳动保险费、办公费、差旅交通费、工会经费、职工教育经费、固定资产使用费、工具用具使用费、技术图书资料费、生产人员招募费、工程招标费、合同契约公证费、工程质量监督检测费、工程咨询费、法律顾问费、审计费、业务招待费、排污费、竣工交付使用清理及竣工验收费、后评估费用等。不包括应计入设备、材料预算价格的建设单位采购及保管设备材料所需的费用。

建设单位管理费可以参考下面的公式进行计算：

建设单位管理费＝单项工程费用之和（包括设备、工具、器具购置费和建筑安装工程费）
×建设单位管理费率

建设单位管理费率按照建设项目的不同性质及规模确定。有的建设项目按照建设工期和规定的金额计算建设单位管理费。

(2) 勘察设计费　勘察设计费是指为本建设项目提供项目建议书、可行性研究报告及设计文件等所需的费用，具体内容如下。

① 编制项目建议书、可行性研究报告及投资估算、工程咨询、评价，以及为编制上述文件进行勘察、设计、研究试验等所需的费用。

② 委托勘察、设计单位进行初步设计、施工图设计及概预算编制等所需的费用。

③ 在规定范围内由建设单位自行完成的勘察、设计工作所需的费用。

勘察设计费中，项目建议书、可行性研究报告按国家颁布的收费标准计算；设计费按国家颁布的工程设计收费标准计算。勘察费，一般民用建筑 6 层以下的按 $3\sim5$ 元$/m^2$ 计算；高层建筑按 $8\sim10$ 元$/m^2$ 计算；工业建筑按 $10\sim12$ 元$/m^2$ 计算。

（3）研究试验费　研究试验费是指为建设项目提供和验证设计参数、数据、资料等所进行的必要的试验费用以及设计规定在施工中必须进行试验、验证所需的费用。研究试验费按照设计单位根据本工程项目的需要提出的研究试验内容和要求计算。

（4）建设单位临时设施费　建设单位临时设施费是指建设期间建设单位所需临时设施的搭设、维修、推销费用或租赁费用。临时设施包括临时宿舍、文化福利及公用事业房屋与构筑物、仓库、办公室、加工厂以及规定范围内的道路、水、电、管线等临时设施和小型临时设施。

（5）工程监理费　工程监理费是指建设单位委托工程监理单位对工程实施监理工作所需的费用。根据国家物价局、原建设部《关于发布工程建设监理费用有关规定的通知》等文件规定，选择下列方法之一计算。

① 一般情况应按工程建设监理收费标准计算，即按占所监理工程概算或预算的百分比计算。

② 对于单工种或临时性项目，可根据参与监理的年度平均人数，按（$3.5\sim5$）万元/（人·年）计算。

（6）工程保险费　工程保险费是指建设项目在建设期间根据需要实施工程保险所需的费用，包括以各种建筑工程及其在施工过程中的物料、机器设备为保险标的的建筑工程一切险，以安装工程中的各种机器、机械设备为保险标的的安装工程一切险，以及机器损坏保险等。工程保险费根据不同的工程类别，分别以其建筑、安装工程费乘以建筑、安装工程保险费率计算。保险费率：民用建筑（住宅楼、综合性大楼、商场、旅馆、医院、学校）占建筑工程费的 $0.2\%\sim0.4\%$；其他建筑（工业厂房、仓库、道路、码头、水坝、隧道、桥梁、管道等）占建筑工程费的 $0.3\%\sim0.6\%$；安装工程（农业、工业、机械、电子、电器、纺织、矿山、石油、化学及钢铁工业、钢结构桥梁）占建筑工程费的 $0.3\%\sim0.6\%$。

（7）引进技术和进口设备的其他费用　引进技术及进口设备的其他费用包括出国人员费用、国外工程技术人员来华费用、技术引进费、分期或延期付款利息、担保费以及进口设备检验鉴定费。

引进技术和进口设备的其他费用的具体内容如表 1-2 所示。

表 1-2　引进技术和进口设备的其他费用

名称	内　容
出国人员费用	指为引进技术和进口设备派出人员在国外培训和进行设计联络、设备检验等的差旅费、制装费、生活费等。这项费用根据设计规定的出国培训和工作的人数、时间及派往国家，按财政部、外交部规定的临时出国人员费用开支标准及中国民用航空公司现行国际航线票价等进行计算，其中使用外汇部分应计算银行财务费
国外工程技术人员来华费用	指为安装进口设备、引进国外技术等聘用外国工程技术人员进行技术指导工作所发生的费用，包括技术服务费，外国技术人员的在华工资、生活补贴、差旅费、医药费、住宿费、交通费、宴请费、参观游览等招待费。这项费用按每人每月费用指标计算
技术引进费	指为引进国外先进技术而支付的费用，包括专利费、专有技术费（技术保密费）、国外设计及技术资料费、计算机软件费等。这项费用根据合同或协议的价格计算

名称	内容
分期或延期付款利息	指利用出口信贷引进技术或进口设备采取分期或延期付款的办法所支付的利息
担保费	指国内金融机构为买方出具保函的担保费。这项费用按有关金融机构规定的担保费率计算(一般可按承保金额的 0.5%计算)
进口设备检验鉴定费	指进口设备按规定付给商品检验部门的进口设备检验鉴定费。这项费用按进口设备货价的 0.3%～0.5%计算

(8) 工程承包费 工程承包费是指具有总承包条件的工程公司,对工程建设项目从开始建设至竣工投产全过程的总承包所需的管理费用,具体内容包括组织勘察设计、设备材料采购、非标准设备设计制造与销售、施工招标、发包、工程预决算、项目管理、施工质量监督、隐蔽工程检查、验收和试车直至竣工投产的各种管理费用。该费用按国家主管部门或省、自治区、直辖市协调规定的工程总承包费取费标准计算;如无规定时,一般工业建设项目为投资估算的 6%～8%,民用建筑和市政项目为 4%～6%。不实行工程总承包的项目不计算本项费用。

6. 与企业未来生产经营有关的其他费用

(1) 联合试运转费 联合试运转费是指新建企业或新增加生产工艺过程的扩建企业在竣工验收前,按照设计规定的工程质量标准,进行整个车间的负荷或无负荷联合试运转发生的费用支出大于试运转收入的亏损部分。联合试运转费一般根据不同性质的项目,按需要试运转车间的工艺设备购置费的百分比计算。

(2) 生产准备费 生产准备费是指新建企业或新增生产能力的企业,为保证竣工交付使用进行必要的生产准备所发生的费用。费用内容包括:

① 生产人员培训费,包括自行培训、委托其他单位培训的人员工资、工资性补贴、职工福利费、差旅交通费、学习资料费、学习费、劳动保护费等;

② 生产单位提前进厂参加施工、设备安装、调试等以熟悉工艺流程及设备性能等人员的工资、工资性补贴、职工福利费、差旅交通费、劳动保护费等。

生产准备费一般根据需要培训和提前进厂人员的人数及培训时间,按生产准备费指标进行估算。生产准备费在实际执行中是一笔在时间、人数、培训深度上很难划分、变化很大的支出,尤其要严格掌握。

(3) 办公和生活家具购置费 办公和生活家具购置费是指为保证新建、改建、扩建项目初期正常生产、使用和管理所必须购置的办公和生活家具、用具的费用。改、扩建项目所需的办公和生活用具购置费应低于新建项目。其范围包括办公室、会议室、资料档案室、阅览室、文娱室、食堂、浴室、理发室、单身宿舍和设计规定必须建设的托儿所、卫生所、招待所、中小学校等家具用具购置费。这项费用按照设计定员人数乘以综合指标计算,一般为600～800 元/人。

(三) 建筑安装工程计价程序

1. 工料单价法计价程序

工料单价法以分部分项工程量乘以单价后的合计为直接工程费,直接工程费以人工、材料、机械的消耗量及其相应价格确定。直接工程费汇总后另加间接费、利润、税金、生产工程发承包价,其计算程序分为以下三种。

(1) 以直接费为计算基础 以直接费为计算基础的工料单价法计价程序见表 1-3。

表 1-3　以直接费为计算基础的工料单价法计价

序号	费用项目	计算方法	备注
1	直接工程费	按预算表	
2	措施费	按规定标准计算	
3	小计	1+2	
4	间接费	3×相应费率	
5	利润	(3+4)×相应利润率	
6	合计	3+4+5	
7	含税造价	6×(1+相应税率)	

（2）以人工费和机械费为计算基础　以人工费和机械费为计算基础的工料单价法计价程序见表 1-4。

表 1-4　以人工费和机械费为计算基础的工料单价法计价

序号	费用项目	计算方法	备注
1	直接工程费	按预算表	
2	其中人工费和机械费	按预算表	
3	措施费	按规定标准计算	
4	其中人工费和机械费	按规定标准计算	
5	小计	1+3	
6	人工费和机械费小计	2+4	
7	间接费	6×相应费率	
8	利润	6×相应利润率	
9	合计	5+7+8	
10	含税造价	9×(1+相应税率)	

（3）以人工费为计算基础　以人工费为计算基础的工料单价法计价程序，见表 1-5。

表 1-5　以人工费为计算基础的工料单价法计价

序号	费用项目	计算方法	备注
1	直接工程费	按预算表	
2	直接工程费中人工费	按预算表	
3	措施费	按规定标准计算	
4	措施费中人工费	按规定标准计算	
5	小计	1+3	
6	人工费小计	2+4	
7	间接费	6×相应费率	
8	利润	6×相应利润率	
9	合计	5+7+8	
10	含税造价	9×(1+相应税率)	

2. 综合单价法计价程序

综合单价法是分部分项工程单价为全费用单价，全费用单价经综合计算后生成，其内容包括直接工程费、间接费、利润和税金（措施费也可按此方法生成全费用价格）。

各分项工程量乘以综合单价的合价汇总后生成工程发承包价。

由于各分部分项工程中的人工、材料、机械含量的比例不同，各分项工程可根据其材料费占人工费、材料费、机械费合计的比例（以字母 C 代表该项比值）在以下三种计算程序中选择一种计算其综合单价。

① 当 $C>C_0$（C_0 为本地区原费用定额测算所选典型工程材料费占人工费、材料费和机械费合计的比例）时，可采用以人工费、材料费、机械费合计为基数计算该分项的间接费和利润，见表 1-6。

表 1-6　以直接费为基础的综合单价法计价

序号	费用项目	计算方法	备注
1	分项直接工程费	人工费＋材料费＋机械费	
2	间接费	1×相应费率	
3	利润	(1+2)×相应利润率	
4	合计	1+2+3	
5	含税造价	4×(1+相应税率)	

② 当 $C<C_0$ 值的下限时，可采用以人工费和机械费合计为基数计算该分项的间接费和利润，见表 1-7。

表 1-7　以人工费和机械费为基础的综合单价计价

序号	费用项目	计算方法	备注
1	分项直接工程费	人工费＋材料费＋机械费	
2	其中人工费和机械费	人工费＋机械费	
3	间接费	2×相应费率	
4	利润	2×相应利润率	
5	合计	1+3+4	
6	含税造价	5×(1+相应税率)	

③ 如该分项的直接费仅为人工费，无材料费和机械费时，可采用以人工费为基数计算该分项的间接费和利润，见表 1-8。

表 1-8　以人工费为基础的综合单价计价

序号	费用项目	计算方法	备注
1	分项直接工程费	人工费＋材料费＋机械费	
2	直接工程费中人工费	人工费	
3	间接费	2×相应费率	
4	利润	2×相应利润率	
5	合计	1+3+4	
6	含税造价	5×(1+相应税率)	

第二节　工程造价常见名词释义

1. 工程造价

工程造价是建设工程造价的简称，有两种不同的含义：①指建设项目（单项工程）的建设成本，即完成一个建设项目（单项工程）所需费用的总和，包括建筑工程、安装工程、设备及其他相关费用；②指建设工程的承发包价格（或称承包价格）。

2. 定额

在生产经营活动中，根据一定的技术条件和组织条件，规定为完成一定的合格产品（或工作）所需要消耗的人力、物力或财力的数量标准。它是经济管理的一种工具，是科学管理的基础，具有科学性、法令性和群众性。

3. 工日

一种表示工作时间的计量单位，通常以八小时为一个标准工日，一个职工的一个劳动日习惯上称为一个工日，不论职工在一个劳动日内实际工作时间的长短，都按一个工日计算。

4. 定额水平

定额水平指在一定时期（比如一个修编间隔期）内，定额的劳动力、材料、机械台班消耗量的变化程度。

5. 劳动定额

劳动定额指在一定的生产技术和生产组织条件下，为生产一定数量的合格产品或完成一定量的工作所必需的劳动消耗标准。按表达方式不同，劳动定额分为时间定额和产量定额，其关系是：时间定额×产量＝1。

6. 施工定额

施工定额是确定建筑安装工人或小组在正常施工条件下，完成每一计量单位合格的建筑安装产品所消耗的劳动、机械和材料的数量标准。

施工定额是企业内部使用的一种定额，由劳动定额、机械定额和材料定额三个相对独立的部分组成。施工定额的主要作用有：

① 施工定额是编制施工组织设计和施工作业计划的依据。

② 施工定额是向工人和班组推行承包制，计算工人劳动报酬和签发施工任务单、限额领料单的基本依据。

③ 施工定额是编制施工预算，编制预算定额和补充单位估价表的依据。

7. 工期定额

工期定额指在一定的生产技术和自然条件下，完成某个单位（或群体）工程平均需用的标准天数，包括建设工期定额和施工工期定额两个层次。

建设工期是指建设项目或独立的单项工程从开工建设起到全部建成投产或交付使用时止所经历的时间。因不可抗拒的自然灾害或重大设计变更造成的停工，经签证后，可顺延工期。

知识小贴士　**建设工期。** 施工工期是建设工期中的一部分，施工工期是指正式开工至完成设计要求的全部施工内容并达到国家验收标准的天数。

工期定额是评价工程建设速度、编制施工计划、签订承包合同、评价全优工程的依据。

8. 预算定额

预算定额是确定单位合格产品的分部分项工程或构件所需要的人工、材料和机械台班合理消耗数量的标准，是编制施工图预算，确定工程造价的依据。

9. 概算定额

概算定额是确定一定计量单位扩大分部分项工程的人工、材料和机械消耗数量的标准。它是在预算定额基础上编制的，较预算定额综合扩大。概算定额是编制扩大初步设计概算、控制项目投资的依据。

10. 概算指标

概算指标是以某一通用设计的标准预算为基础，按 $100m^2$ 等为计量单位的人工、材料和机械消耗数量的标准。概算指标较概算定额更综合扩大，它是编制初步设计概算的依据。

11. 估算指标

估算指标是在项目建议书可行性研究和编制设计任务书阶段编制投资估算、计算投资需要量的使用的一种定额。

12. 万元指标

万元指标是以万元建筑安装工程量为单位，制定人工、材料和机械消耗量的标准。

13. 其他直接费定额

其他直接费定额指与建筑安装施工生产的个别产品无关，而为企业生产全部产品所必需，为维护企业的经营管理活动所必需发生的各项费用开支达到的标准。

14. 单位估价表

它是用表格形式确定定额计量单位建筑安装分项工程直接费用的文件。例如确定生产每 $10m^3$ 钢筋混凝土或安装一台某型号铣床设备，所需要的人工费、材料费、施工机械使用费和其他直接费。

15. 投资估算

投资估算是指整个投资决策过程中，依据现有资料和一定的方法，对建设项目的投资数额进行估计。

16. 设计概算

设计概算是指在初步设计或扩大初步设计阶段，根据设计要求对工程造价进行的概略计算。

17. 施工图预算

施工图预算是确定建筑安装工程预算造价的文件，是在施工图设计完成后，以施工图为依据，根据预算定额、费用标准，以及地区人工、材料、机械台班的预算价格进行编制的。

18. 工程结算

工程结算指施工企业向发包单位交付竣工工程或点交完工工程取得工程价款收入的结算业务。

19. 竣工决算

竣工决算是反映竣工项目建设成果的文件，是考核其投资效果的依据，是办理交付、动工、验收的依据，是竣工验收报告的重要部分。

20. 建设工程造价

建设工程造价一般是指进行某项工程建设花费的全部费用，即该建设项目（工程项目）有计划地进行固定资产再生产和形成最低量流动基金的一次性费用总和。它主要由建筑安装工程费用、设备工器具的购置费、工程建设其他费用组成。

21. 建安工程造价

在工程建设中，设备、工器具购置并不创造价值，但建筑安装工程则是创造价值的生产活动。因此，在项目投资构成中，建筑安装工程投资具有相对独立性，它作为建筑安装工程价值的货币表现，亦称为建安工程造价。

22. 单位造价

单位造价是按工程建成后所实现的生产能力或使用功能的数量核算每单位数量的工程造价，如每公里铁路造价，每千瓦发电能力造价。

23. 静态投资

静态投资系指编制预期造价时以某一基准年、月的建设要素单价为依据所计算出的造价时值，包括了因工程量误差而可能引起的造价增加，不包括以后年、月因价格上涨等风险因素而需要增加的投资，以及因时间迁移而发生的投资利息支出。

24. 动态投资

动态投资指完成一个建设项目预计所需投资的总和，包括静态投资、价格上涨等风险因素而需要增加的投资以及预计所需的投资利息支出。

25. 工程造价管理

工程造价管理是运用科学、技术原理和方法，在统一目标、各负其责的原则下，为确保建设工程的经济效益和有关各方的经济权益而对建设工程造价及建安工程价格所进行的全过程、全方位的，符合政策和客观规律的全部业务行为和组织活动。

26. 工程造价全过程管理

工程造价全过程管理为确保建设工程的投资效益，对工程建设从可行性研究开始经初步设计、扩大初步设计、施工图设计、承发包、施工、调试、竣工投产、决算、后评估等的整个过程，围绕工程造价所进行的全部业务行为和组织活动。

27. 工程造价合理计定

工程造价合理计定是采用科学的计算方法和切合实际的计价依据，通过造价的分析比较，促进设计优化，确保建设项目的预期造价核定在合理的水平上，包括能控制住实际造价在预期价允许的误差范围内。

28. 工程造价的有效控制

工程造价的有效控制是在对工程造价进行全过程管理中，从各个环节着手采取措施，合理使用资源，管好造价，保证建设工程在合理确定预期造价的基础上，实际造价能控制在预期造价允许的误差范围内。

29. 工程造价动态管理

估、概预算所采用的计价依据，以及工程造价的计定的控制，是建立在时间变迁上、市场变化基础上的，能适应客观实际走势，从而控制工程的实际造价在预期造价的允许误差范围内，并确保建安工程价格的公平、合理。

第三节　建筑工程定额计价

一、建筑工程定额初识

（一）建筑工程定额的概念

在社会生产中，为了生产某一合格产品，都要消耗一定数量的人工、材料、机具、机械台班和资金。这种消耗受各种生产条件的影响，各不相同。在某一种产品生产过程中，消耗大则成本高；价格一定时，盈利越低，对社会的贡献就越低。因此，降低产品生产过程中的消耗，有着十分重要的意义。但是这种消耗不可能无限地降低，它在一定的生产条件下有一个合理的数额。根据一定时期的生产水平和产品的质量要求，规定出一个大多数人经过努力可以达到的合理消耗标准，这种标准就称为定额。

建筑工程定额是指在正常的施工条件下完成单位合格建筑产品所必须消耗的人工、材料、机械台班和资金的数量标准。这种量的规定反映出完成建筑工程中某项产品与生产消耗之间特定的数量关系，也反映了在一定社会生产力水平的条件下建筑工程施工的管理水平和技术水平。

知识小贴士

建筑工程定额。建筑工程定额是建筑工程诸多定额中的一类，属于固定资产再生产过程中的生产消费定额。定额除规定资源和资金消耗数量标准外，还规定了其应完成的产品规格或工作内容，以及所要达到的质量标准和安全要求。

（二）建筑工程定额的作用

建筑工程定额确定了在现有生产力发展水平下，生产单位合格建筑产品所需的活化劳动和物化劳动的数量标准，以及用货币来表现某些必要费用的额度。建筑工程定额是国家控制基本建设规模，利用经济杠杆对建筑安装企业加强宏观管理，促进企业提高自身素质，加快技术进步，提高经济效益的技术文件。所以，无论是设计、计划、生产、分配，还是预算、结算、奖励、财务等各项工作，各个部门都应以其作为自己工作的主要依据。定额的作用主要表现在以下六个方面。

1. 计划管理的重要基础

建筑安装企业在计划管理中，为了组织和管理施工生产活动，必须编制各种计划，而计划的编制则依据各种定额和指标来计算人力、物力、财力等需用量，因此定额是计划管理的重要基础，是编制工程施工计划组织和管理的依据。

2. 提高劳动生产率的重要手段

施工企业要提高劳动生产率，除了加强政治思想工作，提高群众积极性外，还要贯彻执行现行定额，把企业提高劳动生产率的任务具体落实到每个工人身上，促使他们采用新技术和新工艺，改进操作方法，改善劳动组织，降低劳动强度，使用更少的劳动量，创造更多的产品，从而提高劳动生产率。

3. 衡量设计方案的尺度和确定工程造价的依据

同一工程项目的投资多少，是使用定额和指标对不同设计方案进行技术经济分析与比较之后确定的，因此定额是衡量设计方案经济合理性的尺度。

工程造价是根据设计规定的工程标准和工程数量，并依据定额指标规定的劳动力、材料、机械台班数量，单位价值和各种费用标准来确定的，因此定额是确定工程造价的依据。

4. 推行经济责任制的重要环节

推行的投资包干和以招标承包为核心的经济责任制，其中签订投资包干协议，计算招标标底和投标标价，签订总包和分包合同协议，以及企业内部实行适合各自特点的各种形式的承包责任制等，都必须以各种定额为主要依据，因此定额是推行经济责任制的重要环节。

5. 科学组织和管理施工的有效工具

建筑安装是多工种、多部门组成的一个有机整体进行的施工活动。在安排各部门、各工种的活动计划中，计算平衡资源需用量，组织材料供应，确定编制定员，合理配备劳动组织，调配劳动力，签发工程任务单和限额领料单，组织劳动竞赛，考核工料消耗，计算和分配工人劳动报酬等，都要以定额为依据，因此定额是科学组织和管理施工的有效工具。

6. 企业实行经济核算制的重要基础

企业为了分析比较施工过程中的各种消耗，必须以各种定额为核算依据。因此，工人完成定额的情况，是实行经济核算制的主要内容。以定额为标准，来分析比较企业各种成本，并通过经济活动分析，肯定成绩，找出薄弱环节，提出改进措施，以不断降低单位工程成本，提高经济效益，所以定额是实行经济核算制的重要基础。

(三) 建筑工程定额的分类

建筑工程定额是一个综合的概念，是建筑工程中生产消耗性定额的总称。在建筑施工生产中，根据需要而采用不同的定额。例如，用于企业内部管理的有劳动定额、材料消耗定额、施工定额等；又如，为了计算工程造价，要使用预算定额、间接费用定额等。因此，建筑工程定额可以从不同角度进行分类。建筑工程定额种类很多，一般按生产要素，用途、性质与编制范围进行分类。

1. 按生产要素分类

按生产要素可以分为劳动定额、机械台班定额与材料消耗定额。

生产要素包括劳动者、劳动手段和劳动对象三部分，所以与其相对应的定额是劳动定额、机械台班定额和材料消耗定额。按生产要素进行分类是最基本的分类方法，它直接反映出生产某种单位合格产品所必须具备的基本因素。因此，劳动定额、机械台班定额和材料消耗定额是施工定额、预算定额、概算定额等多种定额的最基本的重要组成部分，具体内容如表1-9所示。

表1-9 按生产要素分类的定额内容

名称	内容
劳动定额	又称人工定额。它规定了在正常施工条件下某工种的某一等级工人，为生产单位合格产品所必需消耗的劳动时间；或在一定的劳动时间中所生产合格产品的数量
机械台班定额	又称机械使用定额，简称机械定额。它是在正常施工条件下，利用某机械生产一定单位合格产品所必须消耗的机械工作时间；或在单位时间内，机械完成合格产品的数量
材料消耗定额	是在节约和合理使用材料的条件下，生产单位合格产品必须消耗的一定品种规格的原材料、燃料、半成品或构件的数量

2. 按编制程序分类

按编制程序和用途、性质，定额可以分为工序定额、施工定额、预算定额与概算定额（或概算指标），具体内容如表 1-10 所示。

表 1-10　按编制程序分类的定额内容

名称	内容
工序定额	是以最基本的施工过程为标定对象，表示其生产产品数量与时间消耗关系的定额。由于工序定额比较细碎，一般不直接用于施工中，主要在标定施工定额时作为原始资料
施工定额	是直接用于基层施工管理中的定额。它一般由劳动定额、材料消耗定额和机械台班定额三部分组成。根据施工定额，可以计算不同工程项目的人工、材料和机械台班需用量
预算定额	是确定一个计量单位的分项工程或结构构件的人工、材料（包括成品、半成品）和施工机械台班的需用量及费用标准
概算定额	是预算定额的扩大和合并。它是确定一定计量单位扩大分项工程的人工、材料和机械台班的需用量及费用标准

二、建筑工程预算定额手册的基本应用

（一）定额项目的选套方法

预算定额是编制施工图预算的基础资料，在选套定额项目时，一定要认真阅读定额的总说明、分部工程说明、分节说明和附注内容；要明确定额的适用范围，定额考虑的因素和有关问题的规定，以及定额中的用语和符号的含义，如定额中凡注有"×××以内"或"×××以下"者，均包括其本身在内；而"×××以外"或"×××以上"者，均不包括其本身在内等。要正确理解、熟记建筑面积和各分项工程量的计算规则，以便在熟悉施工图纸的基础上能够迅速准确地计算建筑面积和各分项工程的工程量，并注意分项工程（或结构构件）的工程量计量单位应与定额单位相一致，做到准确地套用相应的定额项目。如计算铁栏杆工程量时，其计量单位为"延长米"，但在套用金属栏杆工程相应定额确定其工料和费用时，定额计量单位为"吨"，因此必须将铁栏杆的计量单位"延长米"折算成"吨"，才能符合定额计量单位的要求。一定要明确定额换算范围，能够应用定额附录资料，熟练地进行定额换算和调整。在选套定额项目时，可能会遇到下列几种情况。

1. 直接套用定额项目

当施工图纸的分部分项工程内容与所选套的相应定额项目内容相一致时，应直接套用定额项目。要查阅、选套定额项目和确定单位预算价值，绝大多数工程项目属于这种情况。其选套定额项目的步骤和方法如下。

① 根据设计的分部分项工程内容，从定额目录中查出该分部分项工程所在定额中的页数及其部位。

② 判断设计的分部分项工程内容与定额规定的工程内容是否一致，当完全一致（或虽然不相一致，但定额规定不允许换算调整）时，即可直接套用定额基价。

③ 将定额编号和定额基价（其中包括人工费、材料费和机械使用费）填入预算表内，预算表的形式如表 1-11 所示。

④ 确定分项工程或结构构件预算价值，一般可按下面公式进行计算：

分项工程（或结构构件）预算价值＝分项工程（或结构构件）工程量×相应定额基价

表 1-11 建筑工程预算表

序号	定额编号	分部分项工程名称	工程量		价值/元		其中					
			单位	数量	基价	金额	人工费/元		材料费/元		机械费/元	
							单价	金额	单价	金额	单价	金额

2. 套用换算后定额项目

当施工图纸设计的分部分项工程内容与所选套的相应定额项目内容不完全一致，如定额规定允许换算，则应在定额规定范围内进行换算，套用换算后的定额其价。当采用换算后定额基价时，应在原定额编号右下角注明"换"字，以示区别。

3. 套用补充定额项目

当施工图纸中的某些分部分项工程采用的是新材料、新工艺和新结构，这些项目还未列入建筑工程预算定额手册中或定额手册中缺少某类项目，也没有相类似的定额供参照时，为了确定其预算价值，就必须制定补充定额。当采用补充定额时，应在原定额编号内编写一个"补"字，以示区别。

（二）补充定额

在编制定额时，虽然应尽可能地做到完善适用，但由于建筑产品的多样化和单一性的特点，在编制概预算时，有些项目在定额中没有，需要编制补充定额。由于缺少统一的计算依据，补充定额必须报经有关部门审定，使之尽可能地接近客观实际，以便正确确定工程造价。

第四节 建筑工程工程量清单计价

一、工程量清单初识

工程量清单是表现拟建工程的分部分项工程项目、措施项目、其他项目名称和相应数量的明细清单。工程量清单由招标人按照"计价规范"附录中统一的项目编码、项目名称、计量单位和工程量计算规则进行编制，包括分部分项工程量清单、措施项目清单和其他项目清单。

工程量清单计价，是指投标人完成由招标人提供的工程量清单所需的全部费用，包括分部分项工程费、措施项目费、其他项目费、规费和税金。

工程量清单计价采用综合单价计价。综合单价是指完成规定计量单位项目所需的人工费、材料费、机械使用费、管理费、利润，并考虑风险因素。

知识小贴士

工程量清单计价方法。 工程量清单计价方法，是建设工程招标投标中招标人按照国家统工程量计算规则提供工程数量，由投标人依据工程量清单自主报价，并按照经评审低价中标的工程造价计价方式。它是一种与编制预算造价不同的另一种与国际接轨的计算工程造价的方法。

工程量清单计价是工程预算改革及与国际接轨的一项重大举措，它使工程招投标造价由政府调控转变为承包方自主报价，实现了真正意义上的公开、公平、合理竞争。

工程量清单计价与预算造价有着密切的联系，必须首先会编制预算才能学习清单计价，所以预算是清单计价的基础。

二、工程量清单计价

1. 工程量清单计价的构成

工程量清单计价就是计算出为完成招标文件规定的工程量清单所需的全部费用。工程量清单计价所需的全部费用包括分部分项工程量清单费、措施项目清单费、其他项目清单费和规费、税金。

为了避免或减少经济纠纷，合理确定工程造价，《建设工程工程量清单计价规范》（GB 50500—2013）规定，工程量清单计价价款应包括完成招标文件规定的工程量清单项目所需的全部费用，主要内容如下所示：

① 分部分项工程费、措施项目费、其他项目费和规费、税金；

② 完成每分项工程所含全部工程内容的费用；

③ 包括完成每项工程内容所需的全部费用（规费、税金除外）；

④ 工程量清单项目中没有体现的，施工中又必须发生的工程内容所需的费用；

⑤ 考虑风险因素而增加的费用。

2. 工程量清单计价的方式

《建设工程工程量清单计价规范》（GB 50500—2013）规定，工程量清单计价方式采用综合单价计价方式。采用综合单价计价方式，是为了简化计价程序，实现与国际接轨。

综合单价是指完成一个规定计量单位工程所需的人工费、材料费、机械使用费、管理费和利润，并考虑风险因素。理论上讲，综合单价应包括完成规定计量单位的合格产品所需的全部费用。但实际上，考虑我国的现实情况，综合单价包括除规费、税金以外的全部费用。

综合单价不但适用于分部分项工程量清单，也适用于措施项目清单、其他项目清单等。

分部分项工程量清单的综合单价，应根据规范规定的综合单价组成，按设计文件或参照附录中的"工程内容"确定。由于受各种因素的影响，同一个分项工程可能设计不同，由此所含工程内容会发生差异。就某一个具体工程项目而言，确定综合单价时，应按设计文件确定，附录中的工程内容仅作参考。分部分项工程量清单的综合单价不得包括招标人自行采购材料的价款。

措施项目清单的金额，应根据拟建工程的施工方案或施工组织设计，参照规范规定的综合单价组成确定。措施项目清单中所列的措施项目均以"一项"提出，所以计价时，首先应详细分析其所含工程内容，然后确定其综合单价。措施项目不同，其综合单价组成内容可能有差异，因此在确定措施项目综合单价时，规范规定的综合单价组成仅是参考。招标人提出的措施项目清单是根据一般情况确定的，没有考虑不同投标人的"个性"，因此投标人在报价时可以根据本企业的实际情况增加措施项目内容报价。

其他项目清单招标人部分的金额按估算金额确定；投标人部分的总承包服务费应根据招标人提出要求发生的费用确定，零星工作费应根据"零星工作费表"确定。其他项目清单中的预留金、材料购置费和零星工作项目费均为估算、预测数量，虽在投标时计入投标人的报价中，不应视为投标人所有。竣工结算时，应按承包人实际完成的工作内容结算，剩余部分仍归招标人所有。

3. 工程量清单计价的适用范围

工程量清单计价的适用范围包括建设工程招标投标的招标标底的编制、投标报价的编制、合同价款确定与调整、工程结算。

招标工程如设标底，标底应根据招标文件中的工程量清单和有关要求、施工现场实际情况、合理的施工方法以及建设行政主管部门制订的有关工程造价计价办法进行编制。《招标投标法》规定，招标工程设有标底的，评标时应参考标底。标底的参考作用决定了标底的编制要有一定的强制性，这种强制性主要体现在标底的编制应按建设行政主管部门制定的有关工程造价计价办法进行。

投标报价应根据招标文件中的工程量清单和有关要求、施工现场实际情况及拟定的施工方案或施工组织设计，依据企业定额和市场价格信息，或参照建设行政主管部门发布的社会平均消耗量定额进行编制。企业定额是施工企业根据本企业的施工技术和管理水平以及有关工程造价资料制定，并供本企业使用的人工、材料和机械台班消耗量标准。社会平均消耗量定额简称消耗量定额，是指在合理的施工组织设计、正常施工条件下，生产一个规定计量单位工程合格产品，人工、材料、机械台班的社会平均消耗量标准。工程造价应在政府宏观调控下，由市场竞争形成。在这一原则指导下，投标人的报价应在满足招标文件要求的前提下实行人工、材料、机械消耗量自定，价格费用自选，全面竞争、自主报价的方式。

施工合同中综合单价因工程量变更需调整时，除合同另有约定外按照下列办法确定。

① 工程量清单漏项或由于设计变更引起新的工程量清单项目，其相应综合单价由承包方提出，经发包人确认后作为结算的依据。

② 由于设计变更引起工程量增减部分，属合同约定幅度以内的，应执行原有的综合单价；增减的工程量属合同约定幅度以外的，其综合单价由承包人提出，经发包人确认后作为结算的依据。

③ 由于工程量的变更，且实际发生了除以上两条以外的费用损失，承包人可提出索赔要求，与发包人协商确认后补偿，主要指"措施项目费"或其他有关费用的损失。

为了合理减少工程承包人的风险，并遵照谁引起的风险谁承担责任的原则，规范对工程量的变更及其综合单价的确定做了规定。应注意以下几点事项：

① 不论由于工程量清单有误或漏项，还是由于设计变更引起新的工程量清单项目或清单项目工程数量的增减，均应按实调整；

② 工程量变更后综合单价的确定应按规范执行；

③ 综合单价调整仅适用于分部分项工程量清单。

4. 工程量清单计价的公式

分部分项工程量清单费＝∑（分部分项工程量×分部分项工程综合单价）

措施项目清单费＝∑（措施项目工程量×措施项目综合单价）

单位工程计价＝分部分项工程量清单费＋措施项目清单费＋其他项目清单费＋规费＋税金

单项工程计价＝∑单位工程计价

建设项目计价＝∑单项工程计价

第五节　工程量清单计价与预算定额计价的联系和区别

一、相互联系

（一）清单计价与定额计价之间的联系

从发展过程来看，我们可以把清单计价方式看成是在定额计价方式的基础上发展而来，是在此基础上发展成适合市场经济条件的新的计价方式。从这个角度讲，在掌握了定额计价方法的基础上再来学习清单计价方法比直接学习清单计价方法显得较为容易和简单，因为这两种计价方式之间具有传承性。

1. 两种计价方式的编制程序主线条基本相同

清单计价方式和定额计价方式都要经过识图计算工程量、套用定额、计算费用、汇总工程造价等主要程序来确定工程造价。

> **知识小贴士**
>
> 两种计价方式计算工程量的不同点主要是项目划分的内容不同、采用的计算规则不同。清单工程量依据计价规范的附录进行列项和计算工程量；定额计价工程量依据预算定额来列项和计算工程量。应该指出，在清单计价方式下，也会产生上述两种不同的工程量计算，即清单工程量依据计价规范计算，计价工程量依据采用的定额计算。

2. 两种计价方法的重点都是要准确计算工程量

工程量计算是两种计价方法的共同重点。因为该项工作涉及的知识面较宽，计算的依据较多，花的时间较长，技术含量较高。

3. 两种计价方法发生的费用基本相同

不管是清单计价或者是定额计价方式，都必然要计算直接费、间接费、利润和税金。其不同点是，两种计价方式划分费用的方法不一样，计算基数不一样，采用的费率不一样。

4. 两种计价方法的取费方法基本相同

通常，所谓取费方法就是指应该取哪些费、取费基数是什么、取费费率是多少等。在清单计价方式和定额计价方式中都存在如何取费、取费基数的规定、取费费率的规定，不同的是各项费用的取费基数及费率有差别。

（二）通过定额计价方式来掌握清单计价

1. 两种计价方式的目标相同

不管是何种计价方式，其目标都是正确确定建筑工程造价。不管造价的计价形式、方法有什么变化，从理论上来讲，工程造价均由直接费、间接费、利润和税金构成。如果不同，只不过具体的计价方式及费用的归类方法不同，其各项费用计算的先后顺序不同，其计算基础和费率不同而已。因此，只要掌握了定额计价方式，就能在短期内较好地掌握清单计价方法。两种计价方式费用划分对照见表 1-12。

表 1-12　两种计价方式费用划分对照

清单计价方式		费用划分	定额计价方式		
分部分项工程费	人工费	直接费	人工费	直接工程费	直接费用
	材料费		材料费		
			机械使用费		
			二次搬运	措施费	
	机械使用费		脚手架		
			……		
	管理费	间接费	企业管理费		间接费
	利润	利润	利润		利润
措施项目费	临时设施	直接费			
	夜间施工				
	二次搬运				
	脚手架				
	……				
其他项目费	预留金				
	材料购置费				
	零星工作项目费				
	总承包服务费	间接费	工程排污费	规费	间接费
	……		定额测定费		
规费	工程排污费		社会保障费		
	定额测定费				
	社会保障费		……		
	……				
	营业税	税金	营业税		
	城市维护建设税		城市维护建设税		
	教育费附加		教育附加费		

　　熟悉工程内容和掌握计算规则是正确计算工程量的关键。我们知道，定额计价方式的工程量计算规则和工程内容的范围与清单计价方式的工程量计算规则和工程内容的范围是不相同的。由于定额计价方式在先，清单让价方式在后，其计算规则具有一定的传承性。了解了这一点，我们就可以通过在掌握定额计价方式的基础上分解清单计价方式的不同点后，较快地掌握清单计价方式下的计算规则和立项方法。

2. 综合单价编制是清单计价方式的关键技术

　　定额计价方式，一般是先计算分项工程直接费，汇总后再计算间接费和利润，而清单计价方式将管理费和利润分别综合在了每一个清单工程量项目中。这是清单计价方式的重要特点，也是清单报价的关键技术。所以，我们必须在定额计价方式的基础上掌握综合单价的编制方法，就可以把握清单报价的关键技术。

　　综合单价编制之所以说是关键技术，主要有两个难点：一是如何根据市场价和自身企业的特点确定人工、材料、机械台班单价及管理费费率和利润率；二是要根据清单工程量和所选定的定额计算计价工程量，以便准确报价。

3. 自主确定措施项目费

与施工有关和与工程有关的措施项目费是企业根据自己的施工生产水平和管理水平及工程具体情况自主确定的，因此清单计价方式在计算措施项目费上与定额计价方式相比具有较大的灵活性，当然也有相当的难度。

二、相互区别

定额计价与工程量清单计价是我国建设市场发展过程中不同阶段形成的两种计价方法，二者在表现形式、造价构成、项目划分、编制主体、计价依据、计算规则以及价格调整等方面都存在差异，而最为本质的区别是：定额计价方式确定的工程造价具有计划价格的特征，而工程量清单计价方式确定的工程造价具有市场价格的特征。定额计价与清单计价的具体区别可以参考表 1-13。

表 1-13　定额计价与清单计价的区别

序号	区别项目	定额计价	清单计价
1	计价依据	统一的预算定额＋费用定额＋调价系数，由政府定价	企业定额，由市场竞争定价
2	定价原则	按工程造价管理机构发布的有关规定及定额中的基价定价	按照清单的要求，企业自主报价，反映的是市场决定价格
3	项目设置	现行预算基础定额的项目一般是按施工工序、工艺进行设置的，定额项目包括的工程内容一般是单一的	工程量清单项目的设置是以一个"综合实体"考虑的"综合项目"，一般包括多个子目工程内容
4	计价项目划分	定额计价模式中计价项目的划分以施工工序为主，内容单一（有一个工序即有一个计价项目）	清单计价模式中计价项目的划分别以工程实体为对象，项目综合度较大，将形成某实体部位或构件的多项工序或工程内容并为一体，能直观地反映出该实体的基本价格
4	计价项目划分	定额计价模式中计价项目的工程实体与措施合二为一，即该项目既有实体因素又包含措施因素在内	清单计价模式工程量计算方法是将实体部分与措施部分分离，有利于业主、企业视工程实际自主组价，实现了个别成本控制
4	计价项目划分	定额计价模式的项目划分中着重考虑了施工方法因素，从而限制了企业优势的展现	清单计价模式的项目中不再与施工方法挂钩，而是将施工方法的因素放在组价中由计价人考虑
5	单价组成	定额计价模式中使用的单价为"工料单价法"，即人＋材＋机，将管理费、利润等在取费中考虑。定额计价采用定额子目基价，定额子目基价只包括定额编制时期的人工费、材料费、机械费、管理费，并不包括利润和各种风险因素带来的影响	清单计价模式中使用的单价为"综合单价法"，单价组成为人工＋材料＋机械＋管理费＋利润＋风险。使用"综合单价法"更直观地反映了各计价项目（包括构成工程实体的分部分项工程项目和措施项目、其他项目）的实际价格，但现阶段当不包括规费和税金。各项费用均由投标人根据企业自身情况和考虑各种风险因素自行编制
6	价差调整	按工程承发包双方约定的价格与定额价对比，调整价差	按工程承发包双方约定的价格直接计算，除招标文件规定外，不存在价差调整问题
7	工程量计算规则	按定额工程量计算规则计算；定额计价模式按分部分项工程的实际发生量计量	按清单工程量计算规则计算；清单计价模式则按分部分项实物工程量净量计量，当分部分项子目综合多个工程内容时，以主体工程内容的单位为该项目的计量单位

序号	区别项目	定额计价	清单计价
8	人工、材料、机械消耗量	定额计价的人工、材料、机械消耗量按《综合定额》标准计算,《综合定额》标准按社会平均水平编制	工程量清单计价的人工、材料、机械消耗量由投标人根据企业的自身情况或《企业定额》自定,它真正反映企业的自身水平
9	计价程序	定额计价的思路与程序是:直接费＋间接费＋利润＋差价＋规费＋税金	清单计价的思路与程序是:分部分项工程费＋措施项目费＋其他项目费＋规费＋税金
10	计价方法	根据施工工序计价,即将相同施工工序的工程量相加汇总,选套定额,计算出一个子项的定额分部分项工程费,每个项目独立计价	按一个综合实体计价,即子项随主体项目计价,由于主体项目与组合项目是不同的施工工序,往往要计算多个子项才能完成一个清单项目的分部分项工程综合单价,每一个项目组合计价
11	计价过程	招标方只负责编写招标文件,不设置工程项目内容,也不计算工程量。工程计价的子目和相应的工程量是由投标方根据文件确定的。项目设置、工程量计算、工程计价等工作在一个阶段内完成	招标方必须设置清单项目并计算清单工程量,同时在清单中对清单项目的特征和包括的工程内容必须清晰、完整地告诉投标人,以便投标人报价,清单计价模式由两个阶段组成:①招标方编制工程量清单;②投标方拿到工程量清单后根据清单报价
12	计价价款构成	定额计价价款包括分部分项工程费、利润、措施项目费、其他项目费、规费和税金,而分部分项工程费中的子目基价是指为完成《综合定额》分部分项工程所需的人工费、材料费、机械费、管理费。子目基价是综合定额价,它没有反映企业的真正水平,没有考虑风险因素	工程量清单计价价款时指完成招标文件规定的工程量清单项目所需的全部费用,即包括:分部分项工程费、措施项目费、其他项目费、规费和税金,完成每项工程内容所需的全部费用(规费、税金除外),工程量清单中没有体现的、施工中又必须发生的工程内容所需的费用,考虑风险因素而增加的费用
13	使用范围	编审标底,设计概算、工程造价鉴定	全部使用国有资金投资或国有资金为主的大中型建设工程和需招标的小型工程
14	工程风险	工程量由投标人计算和确定,差价一般可调整,故投标人一般只承担工程量计算风险,不承担材料价格风险	招标人编制工程量清单,计算工程量,数量不准会被投标人发现并利用,投标人要承担差量的风险,投标人报价应考虑多种因素,由于单价通常不调整,投标人要承担组成价格的全部因素风险

第二章

快速识读施工图

第一节　施工图的组成

一、初识建筑施工图

（一）房屋的基本构成

构成房屋的构配件主要有基础、内（外）墙、柱、梁、楼板、地面、屋顶、楼梯、门窗以及阳台、雨篷、女儿墙、压顶、踢脚板、勒脚、明沟或散水、楼梯梁、楼梯平台、过梁、圈梁、构造柱等，如图 2-1 所示。

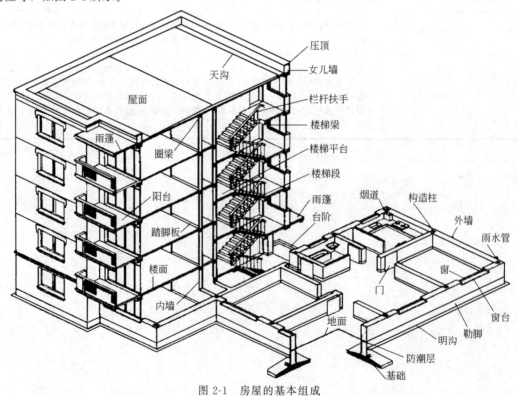

图 2-1　房屋的基本组成

（二）施工图的组成

施工图是建筑工程实施过程中的通用"语言"，也是工程预算的基础，要读懂施工图，应当熟悉常用的规定、符号、表示方法和图例等。一套完整的施工图一般分为以下几部分。

（1）图纸目录　图纸目录是施工图的明细和索引。

（2）设计总说明（即首页）　根据《建筑工程设计文件编制深度规定》的规定，建筑施工图设计说明应包括以下内容。

① 本子项工程施工图设计的依据性文件、批文和相关规范。

② 项目概况。内容一般应包括建筑名称、建设地点、建设单位、建筑面积、建筑基底面积、建筑工程等级、设计使用年限、建筑层数和建筑高度、防火设计建筑分类和耐火等级、人防工程防护等级、屋面防水等级、地下室防水等级、抗震设防烈度等，以及能反映建筑规模的主要技术经济指标，如住宅的套型和套数（包括每套的建筑面积、使用面积、阳台建筑面积，房间的使用面积可在平面图中标注），旅馆的客房间数和床位数，医院的门诊人次和住院部的床位数，车库的停车泊位数等。

③ 设计标高。本子项的相对标高与总图绝对标高的关系。

④ 用料说明和室内外装修。

⑤ 对采用新技术、新材料的做法说明及对特殊建筑造型和必要的建筑构造的说明。

⑥ 门窗表及门窗性能（防火、隔声、防护、抗风压、保温、空气渗透、雨水渗透等），用料，颜色，玻璃，五金件等的设计要求。

⑦ 幕墙工程（包括玻璃、金属、石材等）及特殊的屋面工程（包括金属、玻璃、膜结构等）的性能及制作要求，平面图、预埋件安装图等以及防火、安全、隔音构造。

⑧ 电梯（自动扶梯）选择及性能说明（功能、载重量、速度、停站数、提升高度等）。

⑨ 墙体及楼板预留孔洞需封堵时的封堵方式说明。

（3）建筑施工图（简称建施）　建筑施工图主要表达建筑物的外部形状、内部布置、装饰构造、施工要求等，包括总平面图、各层平面图、立面图、剖面图以及墙身、楼梯、门、窗等构造详图。

（4）结构施工图（简称结施）　结构施工图主要表达承重结构的构件类型、布置情况及构造做法等，包括基础平面图、基础详图、结构布置图及各构件的结构详图。

（5）设备施工图（简称设施）　一般包括各层上水、消防、下水、热水、空调等平面图；上水、消防、下水、热水、空调等各系统的透视图或各种管道立管详图；厕所、盥洗室、卫生间等局部房间平面详图或局部做法详图；主要设备或管件统计表和设计说明等；各层动力、照明、弱电平面图，动力、照明系统图；弱电系统图；防雷平面图；非标准的配电盘、配电箱、配电柜详图和设计说明等。

知识小贴士　**设备施工图。**设备施工图又可详细分为给排水施工图（水施）、暖通空调施工图（暖施）、电气施工图（电施）以及燃气施工图（燃施）等不同专业。

（三）常用专业名词

常用名词如表 2-1 所示。

表 2-1　常用名词解释

名称	内　容
横向	指建筑物的宽度方向
纵向	指建筑物的长度方向
横向轴线	平行于建筑物宽度方向设置的轴线,用于确定横向墙体、柱、梁、基础的位置
纵向轴线	平行于建筑物长度方向设置的轴线,用于确定纵向墙体、柱、梁、基础的位置
开间	两相邻横向定位轴线之间的距离
进深	两相邻纵向定位轴线之间的距离
层高	指层间高度,即地面至楼面或楼面至楼面的高度
净高	指房间的净空高度,即地面至顶棚下皮的高度,它等于层高减去楼地面厚度、楼板厚度和顶棚高度
建筑高度	指室外地坪至檐口顶部的总高度
建筑模数	建筑设计中选定的标准尺寸单位,它是建筑物、建筑构配件、建筑制品以及有关设备尺寸相互间协调的基础
基本模数	建筑模数协调统一标准中的基本尺度单位,用符号 M 表示
标志尺寸	用于标注建筑物定位轴线之间的距离(跨度、柱距、层高等)以及建筑制品、建筑构配件、组合件、有关设备位置界限之间的尺寸
构造尺寸	是生产、制造建筑构配件、建筑组合件、建筑制品等的设计尺寸,一般情况下构造尺寸为标志尺寸减去缝隙或加上支承尺寸
实际尺寸	是建筑构配件、建筑组合件、建筑制品等生产制作后的实有尺寸,实际尺寸与构造尺寸之间的差数应符合建筑公差的规定
定位轴线	用来确定建筑物主要结构构件位置及其标志尺寸的基准线,同时也是施工放线的基线。用于平面时称平面定位轴线,用于竖向时称为竖向定位轴线
建筑朝向	建筑的最长立面及主要开口部位的朝向
建筑面积	指建筑物外包尺寸的乘积再乘以层数,由使用面积、交通面积和结构面积组成
使用面积	指主要使用房间和辅助使用房间的净面积
交通面积	指走道、楼梯间和门厅等交通设施的净面积
结构面积	指墙体、柱子等所占的面积

二、建筑施工图基本要素

(一) 标高

(1) 绝对标高　在我国,把山东省青岛市黄海平均海平面定为绝对标高的零点,其他各地标高都以它作为基准。

知识小贴士

标高。标高是以某点为基准点的高度,数值注写到小数点后三位数字,总平面图中可注至小数点后两位数字。尺寸单位标高及建筑总平面图以"m"为单位,其余一律以"mm"为单位。标高分为绝对标高和相对标高两种。

（2）相对标高　除总平面图外，一般都用相对标高，即把房屋底层室内主要地面定为相对标高的零点，写作"±0.000"，读作正负零点零零零，简称正负零。高于它的为正，但一般不注"＋"符号；低于它的为"负"，必须注明符号"－"，例如"－0.150"，表示比底层室内主要地面标高低 0.150m；"6.400"，表示比底层室内主要地面高 6.400m。

（二）尺寸标注

图形上的尺寸标注由尺寸界线、尺寸线、尺寸起止符号和尺寸数字组成（图 2-2）。图样上所标注的尺寸数字是物体的实际大小，与图形的大小无关。平面图中的尺寸只能反映建筑物的长和宽。

（三）索引符号及详图符号

图纸中的某一局部或配件详细尺寸如需另见详图，以表达细部的形状、材料、尺寸等时，以索引符号索引，另外画出详图，即在需要另画详图的部位编上索引符号。

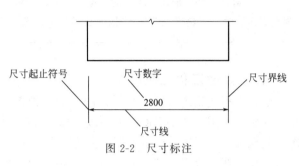

图 2-2　尺寸标注

如图 2-3 中，"6"是详图编号，详图"6"是索引在 3 号图上，并在所画的详图上编详图编号"6"。"皖 92J201"是标准图集编号，"18"是标准图集的 18 页，"7"是 18 页的 7 号图。图 2-4 是详图符号。

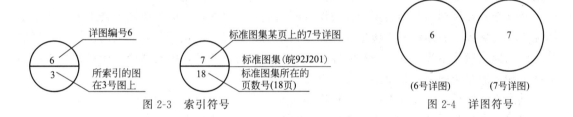

图 2-3　索引符号　　　　　　　　　　　　图 2-4　详图符号

三、施工图识读流程

在工程造价的过程中，识图的程序是：了解拟建工程的功能——熟悉工程平面尺寸——熟悉工程立面尺寸。

（一）熟悉拟建工程的功能

图纸到手后，首先了解本工程的功能是什么，是车间还是办公楼？是商场还是宿舍？了解功能之后，再联想一些基本尺寸和装修，例如厕所地面一般会贴地砖、做块料墙裙，厕所、阳台楼地面标高一般会低几厘米；车间的尺寸一定满足生产的需要，特别是满足设备安装的需要等。最后识读建筑说明，熟悉工程装修情况。

（二）熟悉工程平面尺寸

建筑工程施工平面图一般有三道尺寸，第一道尺寸是细部尺寸，第二道尺寸是轴线间尺寸，第三道尺寸是总尺寸。检查第一道尺寸相加之和是否等于第二道尺寸、第二道尺寸相加之和是否等于第三道尺寸，并留意边轴线是否是墙中心线。识读工程平面图尺寸，先识建施平面图，再识本层结施平面图，最后识水电空调安装、设备工艺、第二次装修施工图，检查它们是否一致。熟悉本层平面尺寸后，审查是否满足使用要求，例如检查房间平面布置是否方便使用、采光通风是否良好等。识读下一层平面图尺寸时，检查与上一层有无不一致的地方。

经验指导

识图的程序。工程量计算前的看图，要先从头到尾浏览整套图纸，待对其设计意图大概了解后，再选择重点详细看图。

a. 了解建筑物的层数和高度（包括层高和总高）、室内外高差、结构形式、纵向总长及跨度等。

b. 了解工程的材料做法，包括地面、屋面、门窗、内外墙装饰的材料做法。

c. 了解建筑物的墙厚、楼地面面层、门窗、顶棚、内墙饰面等在不同的楼层上有无变化（包括材料做法、尺寸、数量等变化），以便在相关工程量计算时采用不同的计算方法。

（三）熟悉工程立面尺寸

建筑工程建施图一般有正立面图、剖立面图、楼梯剖面图，这些图有工程立面尺寸信息；建施平面图、结施平面图上一般也标有本层标高；梁表中一般有梁表面标高；基础大样图、其他细部大样图一般也有标高注明。通过这些施工图可掌握工程的立面尺寸。

正立面图一般有三道尺寸，第一道是窗台、门窗的高度等细部尺寸；第二道是层高尺寸，并标注有标高；第三道是总高度。审查方法与审查平面各道尺寸一样，检查第一道尺寸相加之和是否等于第二道尺寸、第二道尺寸相加之和是否等于第三道尺寸。检查立面图各楼层的标高是否与建施平面图相同，再检查建施的标高是否与结施标高相符。

建施图各楼层标高与结施图相应楼层的标高应不完全相同，因建施图的楼地面标高是工程完工后的标高，而结施图中楼地面标高仅为结构面标高，不包括装修面的高度，同一楼层建施图的标高应比结施图的标高高几厘米。这一点需特别注意，因有些施工图把建施图标高标在了相应的结施图上，如果不留意，施工中会出错。

熟悉立面图后，主要检查门窗顶标高是否与其上一层的梁底标高相一致；检查楼梯踏步的水平尺寸和标高是否有错，检查梯梁下竖向净空尺寸是否大于2.1m，是否出现碰头现象；当中间层出现露台时，检查露台标高是否比室内低；检查厕所、浴室楼地面是否低几厘米，若不是，检查有无防溢水措施；最后与水电空调安装、设备工艺、第二次装修施工图相结合，检查建筑高度是否满足功能需要。

第二节　建筑施工图快速识读

一、总平面图识读

总平面图（图2-5）是用来反映一个工程的总体布局的，其基本组成有房屋的位置、标高、道路布置、构筑物、地形、地貌等，可作为房屋定位、施工放线及施工总平面图布置的依据。

（一）总平面图的基本内容

① 图名、比例　总平面图因包括的地方范围较大，所以绘制时一般都用较小的比例，如1∶2000、1∶1000、1∶500等。

② 新建建筑所处的地形　若建筑物建在起伏不平的地面上，应画上等高线并标注标高。

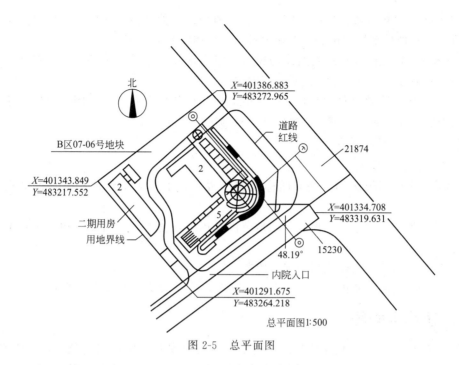

图 2-5　总平面图

③ 新建建筑的具体位置　在总平面图中应详细地表达出新建建筑的定位方式。总平面图确定新建或扩建工程的具体位置，用定位尺寸或坐标确定。定位尺寸一般根据原有房屋或道路中心线来确定；当新建成片的建筑物和构筑物或较大的公共建筑或厂房时，往往用坐标来确定每一建筑物及道路转折点等的位置。施工坐标（坐标代号宜用"A、B"表示），若标测量坐标则坐标代号用"X、Y"表示。总平面图上标注的尺寸一律以米为单位，并且标注到小数点后两位。

④ 注明新建房屋底层室内地面和室外整平地面的绝对标高　总平面图会注明新建房屋室内（底层）地面和室外整坪地面的标高。总平面图中标高的数值以米为单位，一般注到小数点后两位。图中所注数值均为绝对标高。

总平面图表明建筑物的层数，在单体建筑平面图角上画有几个小黑点，表示建筑物的层数。对于高层建筑可以用数字表示层数。

⑤ 相邻有关建筑、拆除建筑的大小、位置或范围。

⑥ 附近的地形、地物等，如道路、河流、水沟、池塘、土坡等。

⑦ 指北针或风向频率玫瑰图。总平面图会画上风向频率玫瑰图或指北针，表示该地区的常年风向频率和建筑物、构筑物等的朝向。风向频率玫瑰图：是根据当地多年统计的各个方向吹风次数的百分数按一定比例绘制的。风吹方向是指从外面吹向中心。实线是全年风向频率，虚线是夏季风向频率。有的总平面图上也有只画上指北针而不画风向频率玫瑰图的。

⑧ 绿化规划和给排水、采暖管道和电线布置。

（二）总平面图的识读步骤

总平面图的识读步骤如下。

① 看图名、比例及有关文字说明。

② 了解新建工程的总体情况；了解新建工程的性质与总体布置；了解建筑物所在区域的大小和边界；了解各建筑物和构筑物的位置及层数；了解道路、场地和绿化等布置情况。

③ 明确工程具体位置。房屋的定位方法有两种：一种是参照物法，即根据已有房屋或道路定位；另一种是坐标定位法，即在地形图上绘制测量坐标网。

④ 确定新建房屋的标高。看新建房屋首层室内地面和室外整平地面的绝对标高，可知室内外地面的高差以及正负零与绝对标高的关系。

⑤ 明确新建房屋的朝向。看总平面图中的指北针和风向频率玫瑰图可明确新建房屋的朝向和该地区的常年风向频率。有些图纸上只画出单独的指北针。

（三）总平面图识读要点

总平面图的识读要点如下。

① 熟悉总平面图的图例，查阅图标及文字说明，了解工程性质、位置、规模及图纸比例。

② 查看建设基地的地形、地貌、用地范围及周围环境等，了解新建房屋和道路、绿化布置情况。

③ 了解新建房屋的具体位置和定位依据。

④ 了解新建房屋的室内、外高差，道路标高，坡度以及地表水排流情况。

二、建筑平面图

建筑平面图（图 2-6）就是将房屋用一个假想的水平面，沿窗口（位于窗台稍高一点）的地方水平切开，这个切口下部的图形投影至所切的水平面上，从上往下看到的图形即为该房屋的平面图。

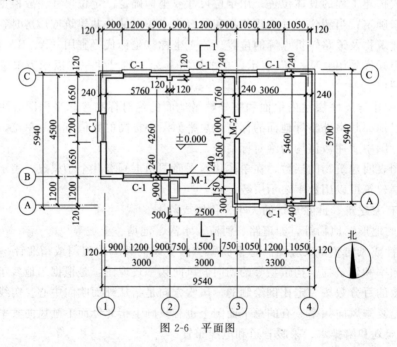

图 2-6 平面图

（一）平面图的基本内容

① 建筑物平面的形状及总长、总宽等尺寸，房间的位置、形状、大小、用途及相互关系。从平面图的形状与总长、总宽尺寸可计算出房屋的用地面积。

② 承重墙和柱的位置、尺寸、材料、形状、墙的厚度、门窗的宽度等，以及走廊、楼梯（电梯）、出入口的位置、形式走向等。

③ 门、窗的编号、位置、数量及尺寸。门窗均按比例画出。门的开启线为45°和90°，开启弧线应在平面图中表示出来。一般图纸上还有门窗数量表。门用M表示，窗用C表示，高窗用GC表示，并采用阿拉伯数字编号，如M1、M2、M3、……、C1、C2、C3……同一编号代表同一类型的门或窗。当门窗采用标准图时，注写标准图集编号及图号。从门窗编号中可知门窗共有多少种。一般情况下，在本页图纸上或前面图纸上附有一个门窗表，列出门窗的编号、名称、洞口尺寸及数量。

④ 室内空间以及顶棚、地面、各个墙面和构件细部做法。

⑤ 标注出建筑物及其各部分的平面尺寸和标高。在平面图中，一般标注三道外部尺寸。最外面的一道尺寸标出建筑物的总长和总宽，表示外轮廓的总尺寸，又称外包尺寸；中间的一道尺寸标出房间的开间及进深尺寸，表示轴线间的距离，称为轴线尺寸；里面的一道尺寸标出门窗洞口、墙厚等尺寸，表示各细部的位置及大小，称为细部尺寸，如图2-7所示。另外，还应标注出某些部位的局部尺寸，如门窗洞口定位尺寸及宽度，以及一些构配件如楼梯、搁板、各种卫生设备等的定位尺寸及形状。

⑥ 对于底层平面图，还应标注室外台阶、花池、散水等局部尺寸。

⑦ 室外台阶、花池、散水和雨水管的大小与位置。

⑧ 在底层平时图上画有指北针符号，以确定建筑物的朝向。另外还要画上剖面图的剖切位置，以便与剖面图对照查阅，在需要引出详图的细部处应画出索引符号。对于用文字说明能表达更清楚的情况，可以在图纸上用文字来进行说明。

⑨ 屋顶平面图上一般应表示出屋顶形状及构配件，包括女儿墙、檐沟、屋面坡度、分水线与雨水口、变形缝、楼梯间、水箱间、天窗、上人孔、消防梯及其他构筑物、索引符号等。

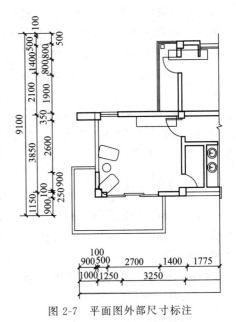

图2-7　平面图外部尺寸标注

(二) 建筑平面图识图步骤

1. 一层平面图的识读

一层平面图的识读步骤如下。

① 了解平面图的图名、比例及文字说明。

② 了解建筑的朝向、纵横定位轴线及编号。

③ 了解建筑的结构形式。

④ 了解建筑的平面布置、作用及交通联系。

⑤ 了解建筑平面图上的尺寸、平面形状和总尺寸。

⑥ 了解建筑中各组成部分的标高情况。

⑦ 了解房屋的开间、进深、细部尺寸。

⑧ 了解门窗的位置、编号、数量及型号。

⑨ 了解建筑剖面图的剖切位置、索引标志。

⑩ 了解各专业设备的布置情况。

2. 其他楼层平面图的识读

其他楼层平面图包括标准层平面图和顶层平面图，其形成与首层平面图的形成相同。在标准层平面图上，为了简化作图，已在首层平面图上表示过的内容不再表示。识读标准层平面图时，重点应与首层平面图对照异同。

3. 屋顶平面图的识读

屋顶平面图主要反映屋面上天窗、水箱、铁爬梯、通风道、女儿墙、变形缝等的位置以及采用标准图集的代号，屋面排水分区、排水方向、坡度，雨水口的位置、尺寸等内容。在屋顶平面图上，各种构件只用图例画出，用索引符号表示出详图的位置，用尺寸具体表示构件在屋顶上的位置。

（三）建筑平面图识读要点

建筑平面图的识读要点如下所示。

① 多层房屋的各层平面图，原则上从最下层平面图开始（有地下室时从地下室平面图开始，无地下室时从首层平面图开始）逐层读到顶层平面图，且不能忽视全部文字说明。

② 每层平面图，先从轴线间距尺寸开始，记住开间、进深尺寸，再看墙厚和柱的尺寸以及它们与轴线的关系、门窗尺寸和位置等。宜按先大后小、先粗后细、先主体后装修的步骤阅读，最后可按不同的房间，逐个掌握图纸上表达的内容。

③ 认真校核各处的尺寸和标高有无错误或遗漏的地方。

④ 细心核对门窗型号和数量。掌握内装修的各处做法。统计各层所需过梁型号、数量。

⑤ 将各层的做法综合起来考虑，了解上、下各层之间有无矛盾，以便从各层平面图中逐步树立起建筑物的整体概念，并为进一步阅读建筑专业的立面图、剖面图和详图，以及结构专业图打下基础。

三、建筑立面图

建筑立面图是建筑物的各个侧面，向它平行的竖直平面所作的正投影，这种投影得到的侧视图，我们称为立面图。它分为正立面、背立面和侧立面，有时又按朝向分为南立面、北立面、东立面、西立面等。

（一）建筑立面图的基本内容

1. 立面图图面包含的内容

① 图名和比例。

② 一栋建筑物的立面形状及外貌。

③ 立面上门窗的布置、外形以及开启方向。

由于立面图的比例小，立面图上的门窗应按图例立面式样表示，并画出开启方向，如图 2-8 所示。开启线以人站在门窗外侧看，细实线表示外开，细虚线表示内开，线条相交一侧为合页安装边。相同类型的门窗只画出一、两个完整的图形，其余的只画出单线图形。

④ 表明外墙面装饰的做法及分格。

⑤ 表示室外台阶、花池、勒脚、窗台、雨罩、阳台、檐沟、屋顶和雨水管等的位置、立面形状及材料做法。

2. 立面图的尺寸标注

沿立面图高度方向标注三道尺寸，即细部尺寸、层高及总高度，具体内容如表 2-2 所示。

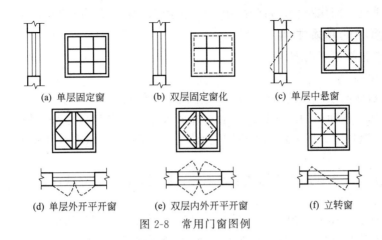

(a) 单层固定窗　　　　(b) 双层固定窗化　　　　(c) 单层中悬窗

(d) 单层外开平开窗　　(e) 双层内外开平开窗　　　(f) 立转窗

图 2-8　常用门窗图例

表 2-2　立面图标注的具体内容

名称	内　容
细部尺寸	最里面一道是细部尺寸,表示室内外地面高差、防潮层位置、窗下墙高度、门窗洞口高度、洞口顶面到上一屋楼面的高度、女儿墙或挑檐板高度
层高	中间一道表示层高尺寸,即上下相邻两层楼地面之间的距离
总高度	最外面一道表示建筑物总高,即从建筑物室外地坪至女儿墙压顶(或至檐口)的距离

3. 立面图的标高及文字说明

（1）标高　标注房屋主要部分的相对标高。建筑立面图中标注标高的部位一般情况下有：室内外地面；出入口平台面；门窗洞的上下口表面；女儿墙压顶面；水箱顶面；雨篷底面；阳台底面或阳台栏杆顶面等。除了标注标高之外，有时还注出一些并无详图的局部尺寸。立面图中的长宽尺寸应该与平面图中的长宽尺寸对应。

（2）索引符号及必要的文字说明　在立面图中凡是有详图的部位，都应该对应有详图索引符号，而立面面层装饰的主要做法，也可以在立面图中注写简要的文字说明。

（二）建筑立面图的识读步骤

一般来说，建筑立面图的识读步骤如下。

① 了解图名、比例。

② 了解建筑的外貌。

③ 了解建筑的竖向标高。

④ 了解立面图与平面图的对应关系。

⑤ 了解建筑物的外装修。

⑥ 了解立面图上详图索引符号的位置与其作用。

（三）建筑立面图识读要点

① 首先应根据图名及轴线编号对照平面图，明确各立面图所表示的内容是否正确。

② 在明确各立面图标明的做法基础上，进一步校核各立面图之间有无不交圈的地方，从而通过阅读立面图建立起房屋外形和外装修的全貌。

四、建筑剖面图

为了了解房屋竖向的内部构造，我们假想一个垂直的平面把房屋切开，移去一部分，对余下的部分向垂直平面作投影，得到的剖视图即为该建筑在某一所切开处的剖面图。

（一）剖面图的基本内容

剖面图一般包括以下内容。

① 图名和比例。

② 建筑物从地面至屋面的内部构造及其空间组合情况。

③ 尺寸标注。剖面图的尺寸标注一般有外部尺寸和内部尺寸之分。外部尺寸沿剖面图高度方向标注三道尺寸，所表示的内容同立面图。内部尺寸应标注内门窗高度、内部设备等的高度。

④ 标高。在建筑剖面图中应标注室外地坪、室内地面、各层楼面、楼梯平台等处的建筑标高，屋顶的结构标高。

⑤ 各层楼地面、屋面、内墙面、顶棚、踢脚、散水、台阶等的构造做法。表示方法可以采用多层构造引出线标注。若为标准构造做法，则标注做法的编号。

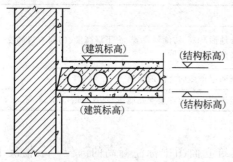

图 2-9　建筑标高与结构标高注法示例

剖面图的标高标注分建筑标高与结构标高两种形式。建筑标高是指各部位竣工后的上（或下）表面的标高；结构标高是指各结构构件不包括粉刷层时的下（或上）皮的标高，表示方法如图 2-9 所示。

⑥ 檐口的形式和排水坡度。檐口的形式有两种，一种是女儿墙，另一种是挑檐，如图 2-10 所示。

⑦ 在建筑剖面图上另画详图的部位标注索引符号，表明详图的编号及所在位置。

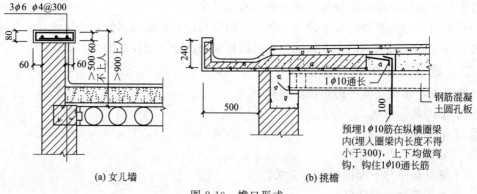

(a) 女儿墙　　　(b) 挑檐

图 2-10　檐口形式

（二）剖面图的识读步骤

剖面图的识读步骤如下。

① 了解图名、比例。

② 了解剖面图与平面图的对应关系。

③ 了解被剖切到的墙体、楼板、楼梯和屋顶。

④ 了解屋面、楼面、地面的构造层次及做法。

⑤ 了解屋面的排水方式。

⑥ 了解可见的部分。

⑦ 了解剖面图上的尺寸标注。

⑧ 了解详图索引符号的位置和编号。

(三) 剖面图识读要点

① 按照平面图中标明的剖切位置和剖切方向，校核剖面图所标明的轴线号、剖切的部位和内容与平面图是否一致。

② 校对尺寸、标高是否与平面图、立面图相一致；校对剖面图中内装修做法与材料做法表是否一致。在校对尺寸、标高和材料做法时，加深对房屋内部各处做法的整体概念。

五、建筑详图

建筑详图是把房屋的细部或构配件（如楼梯、门窗）的形状、大小、材料和做法等，按正投影原理，用较大比例绘制出的图样，故又叫大样图，它是对建筑平面图、立面图、剖面图的补充。

(一) 建筑详图的基本内容

建筑详图所表现的内容相当广泛，可以不受任何限制。只要平、立、剖视图中没有表达清楚的地方都可用详图进行说明。因此，根据房屋复杂的程度，建筑标准的不同，详图的数量及内容也不尽相同。

一般来说，建筑详图包括外墙墙身详图、楼梯详图、卫生间详图、门窗详图以及阳台、雨篷和其他固定设施的详图。建筑详图中需要表明以下内容：

① 详图的名称、图例；

② 详图符号及其编号以及还需要另画详图时的索引符号；

③ 建筑构配件（如门、窗、楼梯、阳台）的形状、详细构造；

④ 细部尺寸等；

⑤ 详细说明建筑物细部及剖面节点（如檐口、窗台等）的形式、做法、用料、规格及详细尺寸；

⑥ 表示施工要求及制作方法；

⑦ 定位轴线及其编号；

⑧ 需要标注的标高等。

(二) 外墙身详图识读

外墙身详图实际上是建筑剖面图的局部放大图。它主要表示房屋的屋顶、檐口、楼层、地面、窗台、门窗顶、勒脚、散水等处的构造，楼板与墙的连接关系。

外墙身详图的主要内容包括以下几方面。

① 标注墙身轴线编号和详图符号。

② 采用分层文字说明的方法表示屋面、楼面、地面的构造。

③ 表示各层梁、楼板的位置及与墙身的关系。

④ 表示檐口部分例如女儿墙的构造、防水及排水构造。

⑤ 表示窗台、窗过梁（或圈梁）的构造情况。

⑥ 表示勒脚部分例如房屋外墙的防潮、防水和排水的做法。外墙身的防潮层一般在室内底层地面下 60mm 左右处。外墙面下部有 30mm 厚 1：3 水泥砂浆，面层为褐色水刷石的勒脚。墙根处有坡度 5% 的散水。

⑦ 标注各部位的标高及高度方向和墙身细部的大小尺寸。

⑧ 文字说明各装饰内、外表面的厚度及所用的材料。

（三）楼梯详图识读

楼梯详图一般包括平面图、剖面图及踏步栏杆详图等，它们表示出楼梯的形式，踏步、平台、栏杆的构造、尺寸、材料和做法。楼梯详图分为建筑详图与结构详图，并分别绘制。对于比较简单的楼梯，建筑详图和结构详图可以合并绘制，编入建筑施工图和结构施工图。

1. 楼梯平面图

一般每一层楼都要画一张楼梯平面图。三层以上的房屋，若中间各层的楼梯位置及其梯段数、踏步数和大小相同时，通常只画底层、中间层和顶层三个平面图。

楼梯平面图实际是各层楼梯的水平剖面图，水平剖切位置应在每层上行第一梯段及门窗洞口的任一位置处。各层（除顶层外）被剖到的梯段，按《房屋建筑制图统一标准》（GB/T 50001—2001）规定，均在平面图中以一根45°折断线表示。

在各层楼梯平面图中应标注该楼梯间的轴线及编号，以确定其在建筑平面图中的位置。底层楼梯平面图还应注明楼梯剖面图的剖切符号。

平面图中要注出楼梯间的开间和进深尺寸、楼地面和平台面的标高及各细部的详细尺寸。通常把梯段长度尺寸与踏面数、踏面宽的尺寸合写在一起。

2. 楼梯剖面图

假想用一铅垂平面通过各层的一个梯段和门窗洞将楼梯剖开，向另一未剖到的梯段方向投影，所得到的剖面图即为楼梯剖面图。

楼梯剖面图表达出房屋的层数，楼梯梯段数，步级数以及楼梯形式，楼地面、平台的构造及与墙身的连接等。

若楼梯间的屋面没有特殊之处，一般可不画。

楼梯剖面图中还应标注地面、平台面、楼面等处的标高和梯段、楼层、门窗洞口的高度尺寸。楼梯高度尺寸注法与平面图梯段长度注法相同。例如 $16\times150=2400(\text{mm})$，16 为步级数，表示该梯段为 16 级，150mm 为踏步高度。

楼梯剖面图中也应标注承重结构的定位轴线及编号。对需画详图的部位注出详图索引符号。

3. 节点详图

楼梯节点详图主要表示栏杆、扶手和踏步的细部构造。

此外，建筑详图还有门窗详图、厨房详图、卫生间详图等各种类型的详图，但是这些详图相对比较简单，一般人参照图纸都能够理解，所以在此不做另外介绍。

第三节　结构施工图快速识读

一、初识结构施工图

（一）结构施工图的内容与作用

1. 房屋结构与结构构件

建筑物的结构按所使用的材料可以分为木结构、砌体结构、混凝土结构、钢结构和混合结构等。建筑结构根据其结构形式可以分为排架结构、框架结构、剪力墙结构、筒体结构和大跨结构等。其中，框架结构是目前多层房屋的主要结构形式；剪力墙结构和筒体结构主要用于高层建筑。图 2-11 为混凝土结构示意图。

混合结构。混合结构是指不同部位的结构构件由两种或两种以上结构材料组成的结构，如砌体-混凝土结构、混凝土-钢结构。

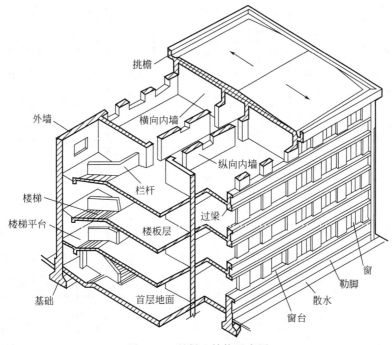

图 2-11　混凝土结构示意图

2. 结构施工图的作用

房屋结构施工图是表达房屋承重构件（如基础、梁、板、柱及其他构件）的布置、形状、大小、材料、构造及其相互关系的图样，主要用来作为施工放线、开挖基槽、支模板、绑扎钢筋、设置预埋件、浇捣混凝土和安装梁、板、柱等构件及编制预算和施工组织计划等的依据。

3. 结构施工图内容

结构施工图的具体内容如表 2-3 所示。

表 2-3　结构施工图的具体内容

名　称	内　容
结构设计说明	结构设计说明是带全局性的文字说明,内容包括:抗震设计与防火要求,材料的选型、规格、强度等级,地基情况,施工注意事项,选用标准图集等
结构平面布置图	结构平面布置图包括基础平面图、楼层结构平面布置图、屋面结构平面图等
构件详图	构件详图内容包括梁、板、柱及基础结构详图、楼梯结构详图、屋架结构详图和其他(天窗、雨篷、过梁等)详图

（二）结构施工图常用构件代号

为了图示简明扼要，便于查阅、施工，在结构施工图中常用规定的代号来表示结构构件。构件的代号通常以构件名称的汉语拼音第一个大写字母表示，如表 2-4 所示。

表 2-4 结构施工图常用构件代号

序号	名称	代号	序号	名称	代号	序号	名称	代号
1	板	B	19	圈梁	QL	37	承台	CT
2	屋面板	WB	20	过梁	GL	38	设备基础	SJ
3	空心板	KB	21	连系梁	LL	39	桩	ZH
4	槽型板	CB	22	基础梁	JL	40	挡土墙	DQ
5	折板	ZB	23	楼梯梁	TL	41	地沟	DG
6	密肋板	MB	24	框架梁	KL	42	柱间支撑	ZC
7	楼梯板	TB	25	框支梁	KZL	43	垂直支撑	CC
8	盖板或沟盖板	GB	26	屋面框架梁	WKL	44	水平支撑	SC
9	挡雨板、檐口板	YB	27	檩条	LT	45	梯	T
10	吊车安全走道板	DB	28	屋架	WJ	46	雨篷	YP
11	墙板	QB	29	托架	TJ	47	阳台	YT
12	天沟板	TGB	30	天窗架	CJ	48	梁垫	LD
13	梁	L	31	框架	KJ	49	预埋件	M—
14	屋面梁	WL	32	刚架	GJ	50	天窗端壁	TD
15	吊车梁	DL	33	支架	ZJ	51	钢筋网	W
16	单轨吊车梁	DDL	34	柱	Z	52	钢筋骨架	G
17	轨道连接	DGL	35	框架柱	KZ	53	基础	J
18	车挡	CD	36	构造柱	GZ	54	暗柱	AZ

注：1. 预制钢筋混凝土构件、现浇钢筋混凝土构件、钢构件和木构件，一般可直接采用本表中的构件代号。在设计中，当需要区别上述构件种类时，应在图纸中加以说明。

2. 预应力钢筋混凝土构件代号，应在构件代号前加注"Y"，如 Y-KB 表示预应力钢筋混凝土空心板。

（三）结构施工图中钢筋的识读

1. 常用钢筋符号

常用钢筋符号表示如表 2-5 所示。

表 2-5 普通钢筋强度标准值

种类	符号	常用直径/mm	钢筋等级
HPB300（Q300）	φ	8～20	Ⅰ
HRB 335（20MnSi）	φ	6～50	Ⅱ
HRB 400（20MnSiV、20MnSiNb、20MnTi）	φ	6～50	Ⅲ
RRB 400（K20MnSi）	φ^R	8～40	Ⅳ

2. 钢筋的标注

钢筋的直径、根数及相邻钢筋中心距在图样上一般采用引出线方式标注，其标注形式有下面两种。

① 标注钢筋的根数和直径，如图 2-12 所示。

② 标注钢筋的直径和相邻钢筋中心距，如图 2-13 所示。

3. 构件中钢筋的名称

配置在钢筋混凝土结构中的钢筋（图 2-14）按其作用可分为以下几种。

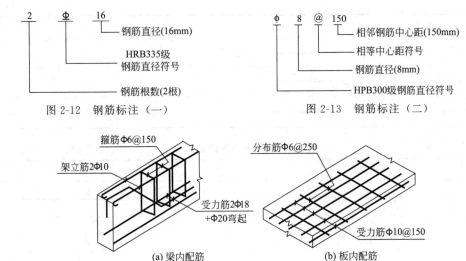

图 2-12 钢筋标注（一）　　　　　图 2-13 钢筋标注（二）

图 2-14 构件中钢筋的名称

（1）受力筋 承受拉、压应力的钢筋。配置在受拉区的称受拉钢筋；配置在受压区的称受压钢筋。受力筋还分为直筋和弯起筋两种。

（2）箍筋 承受部分斜拉应力，并固定受力筋的位置。

（3）架立筋 用于固定梁内钢箍位置，与受力筋、钢箍一起构成钢筋骨架。

（4）分布筋 用于板内，与板的受力筋垂直布置，并固定受力筋的位置。

当受力钢筋为 HPB300 级钢筋时，钢筋的端部设弯钩，以加强与混凝土的握裹力，如图 2-15 所示；如果是带肋钢筋，端部不必设弯钩。

（5）构造筋 因构件构造要求或施工安装需要而配置的钢筋，如腰筋、预埋锚固筋、吊环等。

4. 钢筋与接头表示方法

钢筋与接头的一般表示方法如表 2-6～表 2-8 所示。

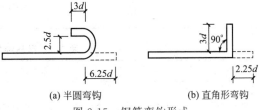

图 2-15 钢筋弯钩形式

表 2-6 普通钢筋的一般表示法

序号	名称	图例	说明
1	钢筋横断面	●	—
2	无弯钩的钢筋端部		下图表示长、短钢筋投影重叠时，短钢筋的端部用45°斜划线表示
3	带半圆形弯钩的钢筋端部		—
4	带直钩的钢筋端部		—
5	带丝扣的钢筋端部		—
6	无弯钩的钢筋搭接		—
7	带半圆弯钩的钢筋搭接		—

序号	名称	图例	说明
8	带直钩的钢筋搭接		—
9	花篮螺丝钢筋接头	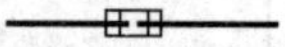	—
10	机械连接的钢筋接头		用文字说明机械连接的方式

表 2-7　预应力钢筋的表示方法

序号	名称	图例
1	预应力钢筋或钢绞线	
2	后张法预应力钢筋断面 无黏结预应力钢筋断面	
3	单根预应力钢筋断面	
4	张拉端锚具	
5	固定端锚具	
6	锚具的端视图	
7	可动联结件	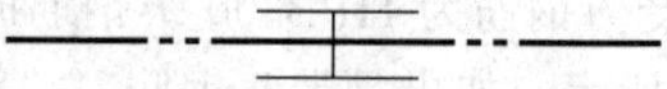
8	固定联结件	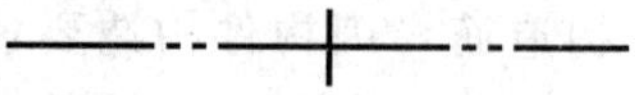

表 2-8　钢筋焊接接头标注方法

名称	接头形式	标注方法	名称	接头形式	标注方法
单面焊接的钢筋接头	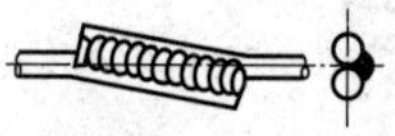	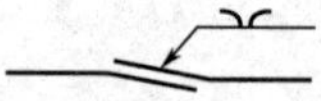	接触对焊（闪光焊）的钢筋接头		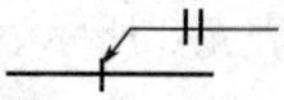
双面焊接的钢筋接头	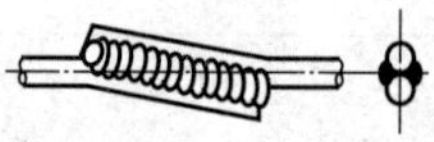	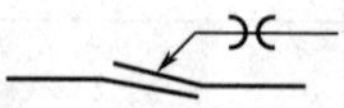	坡口平焊的钢筋接头	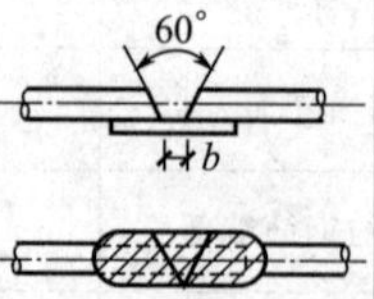	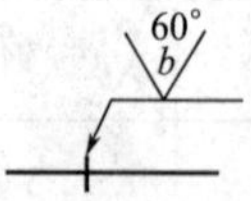
用帮条单面焊接的钢筋接头	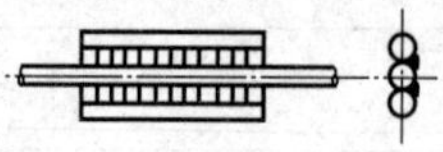	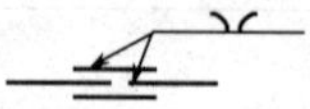			
用帮条双面焊接的钢筋接头	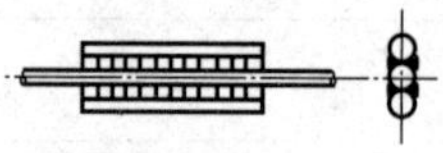		坡口立焊接的钢筋接头	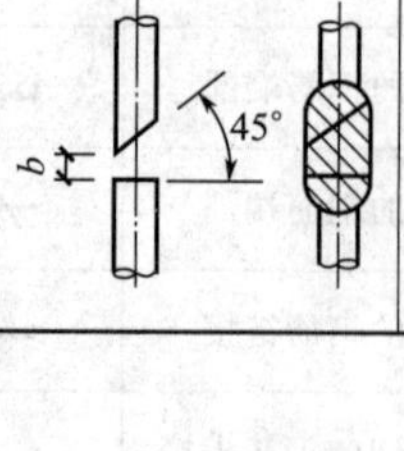	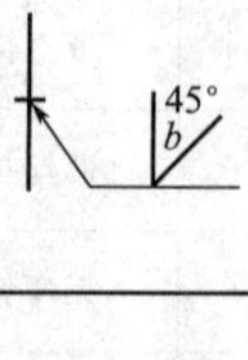

5. 钢筋的尺寸标注

受力钢筋的尺寸按外尺寸标注，箍筋的尺寸按内尺寸标注，如图 2-16 所示。

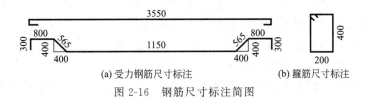

图 2-16 钢筋尺寸标注简图

6. 钢筋的混凝土保护层

为防止钢筋锈蚀，加强钢筋与混凝土的黏结力，在构件中的钢筋外缘到构件表面应保持一定的厚度，该厚度称为保护层。保护层的厚度应查阅设计说明。当设计无具体要求时，保护层厚度应不小于钢筋直径，并应符合表 2-9 的要求。

表 2-9　钢筋混凝土保护层厚度　　　　　　　　　　　　单位：mm

环境与条件	构件名称	混凝土强度等级		
		低于 C25	C25 及 C30	高于 C30
室内正常环境	板、墙、壳	15		
	梁和柱	25		
露天或室内高湿度环境	板、墙、壳	35	25	15
	梁和柱	45	35	25
有垫层	基础	35		
无垫层		70		

（四）结构施工图的识读要点

1. 方法和顺序

看图纸必须掌握正确的方法，如果没有掌握看图方法，往往抓不住要点，分不清主次，其结果必然收效甚微。实践经验告诉我们，看图的方法一般是先要弄清楚图纸的特点。从看图经验归纳的顺口溜是："从上往下看、从左往右看、从里向外看、由大到小看、由粗到细看，图样与说明对照看，建筑与结施图结合看"。必要时还要把设备图拿来参照看，这样才能得到较好的看图效果。但是由于图面上的各种线条纵横交错，各种图例、符号繁多，对初学者来说，开始看图时必须要有耐心，认真细致，并要花费较长时间的实践，才能把图看明白。

看图顺序是，先看设计总说明，以了解建筑概况、技术要求等，然后看图。一般按目录的排列逐张往下看，如先看建筑总平面图，了解建筑物的地理位置、高程、坐标、朝向以及与建筑物有关的一些其他情况。

看完建筑总平面图之后，则一般先看建筑施工图中的建筑平面图，从而了解房屋的长度、宽度、轴线间尺寸、开间大小、内部一般布局等。看了平面图之后再看立面图和剖面图，从而达到对该建筑物有一个总体的了解。

在对每张图纸经过初步全面的看阅之后，对建筑、结构、水、电设备大致了解之后，可以再回过头来根据施工程序的先后，从基础施工图开始一步步深入看图。

先从基础平面图、剖面图了解挖土的深度，从基础的构造、尺寸、轴线位置等开始仔细地看图。按照基础—结构—建筑—结合设施（包括各类详图）这个施工程序进行看图，遇到问题可以记下来，以便在继续看图中得到解决，或到设计交底时再提出问题。

在看基础施工图时，还应结合看地质勘探图，了解土质情况，以便施工中核对土质构造，保证地基土的质量。

在图纸全部看完之后，可按不同工种有关的施工部分，将图纸再细读，如：砌砖工序要了解墙多厚、多高，门、窗洞口多大，是清水墙还是浑水墙，窗口有没有出檐，用什么过梁等。木工工序就关心哪儿要支模板，如现浇钢筋混凝土梁、柱，就要了解梁、柱的断面尺寸、标高、长度、高度等；除结构之外，木工工序还要了解门窗的编号、数量、类型和建筑商有关的木装饰图纸。钢筋工序则凡是有钢筋的地方，都要看清才能配料和绑扎。

通过看图纸，详细了解要施工的建筑物，在必要时边看图边做笔记，记下关键的内容，忘记时可以备查。这些关键的内容是轴线尺寸，开间尺寸，层高，楼高，主要梁、柱的截面尺寸、长度、高度；混凝土强度等级，砂浆强度等级等。当然在施工中不可能看一次图就将建筑物全部记住，还要结合每个工序再仔细看与施工时有关的部分图纸。总之，能做到按图施工无差错，才算把图纸看懂了。

2. 看图的要点

看图要点的具体内容如下。

① 了解基础深度、开挖方式（图纸上未注明开挖方式的，结合施工方案确定）以及基础、墙体的材料做法。

② 了解结构设计说明中涉及工程量计算的条款内容，以便在工程量计算时全面领会图纸的设计意图，避免重算或漏算。

③ 了解构件的平面布置及节点图的索引位置，以免在计算时乱翻图纸查找，浪费时间。

④ 砖混结构要弄清圈梁有几种截面高度，具体分布在哪些墙体部位，内外墙圈梁宽度是否一致，以便在混凝土体积计算时确定是否需要区分不同宽度计算。

⑤ 弄清挑檐、阳台、雨篷的墙内平衡梁与相交的连梁或圈梁的连接关系，以便在计算时做到心中有数。

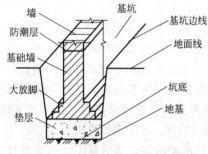

图 2-17　条形基础组成示意图

二、基础图识读

基础是建筑物的重要组成部分，它承受建筑物的全部荷载，并将其传给地基。基础的构造形式一般包括条形基础、独立基础、桩基础、箱形基础、筏形基础等。图 2-17 为条形基础组成示意图。

(一) 基础图的基本内容

基础图是表示建筑物相对标高±0.000以下基础的平面布置、类型和详细构造的图样，它是施工放线、开挖基槽或基坑、砌筑基础的依据，一般包括基础平面图、基础详图和说明三部分。

> **知识小贴士**
>
> **基础平面图。** 在基础平面图中应表示出墙体轮廓线、基础轮廓线、基础的宽度和基础剖面图的位置、标注定位轴线和定位轴线之间的距离。在基础剖面图中应包括全部不同基础的剖面图。图中应正向反映剖切位置处基础的类型、构造和钢筋混凝土基础的配筋情况，所用材料的强度、钢筋的种类、数量和布方式等，应详尽标注各部分尺寸。

(二) 基础图的识读步骤

阅读基础图时，首先看基础平面图，再看基础详图。

1. 识读基础平面图

识读基础平面图的步骤及方法如下。

① 轴线网。对照建筑平面图查阅轴线网，二者必须一致。

② 基础墙的厚度、柱的截面尺寸，它们与轴线的位置关系。

③ 基础底面尺寸。对于条形基础，基础底面尺寸就是指基础底面宽度；对于独立基础，基础底面尺寸就是指基础底面的长和宽。

④ 管沟的宽度及分布位置。

⑤ 墙体留洞位置。

⑥ 断面剖切符号。阅读剖切符号，明确基础详图的剖切位置及编号。

2. 识读基础详图

识读基础详图的步骤及方法如下。

① 看图名、比例。从基础的图名或代号和轴线编号，对照基础平面图，依次查阅，确定基础所在位置。

② 看基础的断面形式、大小、材料以及配筋。

③ 看基础断面图中基础梁的高、宽尺寸或标高以及配筋。

④ 看基础断面图的各部分详细尺寸。注意大放脚的做法、垫层厚度，圈梁的位置和尺寸、配筋情况等。

⑤ 看管线穿越洞口的详细做法。

⑥ 看防潮层位置及做法。了解防潮层与正负零之间的距离及所用材料。

⑦ 阅读标高尺寸。通过室内外地面标高及基础底面标高，可以计算出基础的高度和埋置深度。

（三）基础图识读要点

基础图识读的要点如下。

① 基础图的识读顺序一般是根据结构类型，从下向上看。

② 在识读基础图时，要注意基础所用的材料细节。

③ 在识读基础图时，要确认并核实基础埋置深度、基础底面标高，基础类型、轴线尺寸、基础配筋、圈梁的标高、基础预留空洞位置及标高等数据，并与其他结构施工图对应起来看。

④ 识读基础图时，要核实基础的标高是否与建筑图相矛盾，平面尺寸是否和建筑图相符，构造柱、独立柱等的位置是否与平面图、结构图相一致。

⑤ 确认基础埋置深度是否符合施工现场的实际情况等。

三、结构平面图识读

建筑物结构平面图（图 2-18）反映所有梁所形成的梁网，相关的墙、柱和板等构件的相对位置，板的类型、梁的位置和代号，钢筋混凝土现

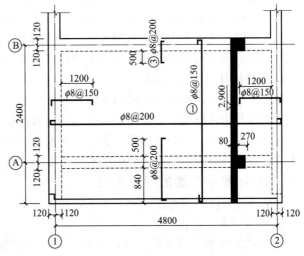

图 2-18 现浇板结构平面图

浇板的配筋方式和钢筋编号、数量、标注定位轴线及开间、进深、洞口尺寸和其他主要尺寸等。

（一）结构平面图内容

建筑物结构平面图一般包括结构平面布置图、局部剖面详图、构件统计表、构件钢筋配筋标注和设计说明等。

1. 楼层结构平面图

在楼层结构平面图中应主要表示以下内容。

① 图名和比例。比例一般采用1：100，也可以用1：200。

② 轴线及其编号和轴线间尺寸。

③ 预制板的布置情况和板宽、板缝尺寸。

④ 现浇板的配筋情况。

⑤ 墙体、门窗洞口的位置，预留洞口的位置和尺寸。门窗洞口宽用虚线表示，在门窗洞口处注明预制钢筋混凝土过梁的数量和代号，如 1GL10.3，或现浇过梁的编号 GL1、GL2 等。

⑥ 各节点详图的剖切位置。

⑦ 圈梁的平面布置。一般用粗点划线画出圈梁的平面位置，并用 QL1 等这样的编号标注，圈梁断面尺寸和配筋情况通常配以断面详图表示。

2. 平屋顶结构平面图

与楼层结构平面图表示方法基本相同，不过有几个地方在识读时需要注意。

① 一般屋面板应有上人孔或设有出屋面的楼梯间和水箱间。

② 屋面上的檐口设计为挑檐时应有挑檐板。

③ 若屋面设有上人楼梯间时，原来的楼梯间位置应设计有屋面板，而不再是楼梯的梯段板。

④ 有烟道、通风管道等出屋面的构造时，应有预留孔洞。

⑤ 若采用结构找坡的平屋面，则平屋面上应有不同的标高，并且以分水线为最高处，天沟或檐沟内侧的轴线上为最低处。

3. 局部剖面详图

在结构平面图中，鉴于比例的关系，往往无法把所有结构内容全部表达清楚，尤其是局部较复杂或重点的部分更是如此。因此，必须采用较大比例的图形加以表述，这就是所谓的局部剖面详图。它主要用来表示砌体结构平面图中梁、板、墙、柱和圈梁等构件之间的关系及构造情况，例如板搁置于墙上或梁上的位置、尺寸，施工的方法等。

4. 构件统计表与设计说明

为了方便识图，在结构平面图中设置有构件表，在该表中列出所有构件的序号、构造尺寸、数量以及构件所采用的通用图集的编号、名称等。

在结构设计中，更难以用图形表达，或根本不能用图形表达者，往往采用文字说明的方式表达；在结构局部详图设计说明中对施工方法和材料等提出具体要求。

（二）结构平面图的识读步骤

这里以现浇板为例介绍结构平面图的识读步骤，具体内容如下。

① 查看图名、比例。

② 校核轴线编号及间距尺寸，与建筑平面图的定位轴线必须一致。

③ 阅读结构设计总说明或有关说明，确定现浇板的混凝土强度等级。

④ 明确现浇板的厚度和标高。

⑤ 明确板的配筋情况，并参阅说明了解未标注分布筋的情况。

(三) 结构平面图识读要点

结构平面图识读要点如下。

① 建筑平面图主要表示建筑各部分功能布置情况，位置尺寸关系等情况，而结构平面图主要表示组成建筑内部的各个构件的结构尺寸、配筋情况、连接方式等。

② 对照建筑图，核实柱网、轴线号。

③ 弄清楚墙厚度、柱子尺寸与轴线的关系。

④ 注意墙、柱变截面。

⑤ 统计梁的编号，应标注齐全、准确；梁的截面尺寸、宽度，标明与轴线的关系，居中或偏心、与柱齐一般不标注，只是做统一说明。

⑥ 看得见的构件边线一般用细实线，看不见的则用虚线。剖到的结构构件断面一般涂黑。

⑦ 楼板标高有变化处，一般有小剖面表示标高变化情况。

⑧ 注意特殊板的厚度尺寸。当大部分板厚度相同时，一般只标出特殊的板厚，其余的用文字说明。

⑨ 掌握伸缩缝、沉降缝、防震缝后浇带的位置、尺寸。

⑩ 在结构平面图中，一定要弄清楚所有预留洞、预埋件的标注数据。在后期施工过程中不同工种的施工预留、预埋配合往往在附注中或总说明中会有说明。

四、结构详图识读

钢筋混凝土构件结构详图主要表明构件内部的形状、大小、材料、构造及连接关系等，它的图示特点是假定混凝土是透明体，构件内部的配筋则一目了然，因此结构详图也叫配筋图。

(一) 结构详图内容

钢筋混凝土结构构件详图的主要内容有：

① 构件名称或代号、绘制比例；

② 构件定位轴线及其编号；

③ 构件的形状、尺寸、配筋和预埋件；

④ 钢筋的直径、尺寸和构件底面的结构标高；

⑤ 施工说明等。

(二) 结构详图识图要点

结构详图识图要点如下。

① 核实清楚构件编号，构件一般在剖面上有完整的表达。

② 弄清楚配筋种类和型号。

③ 确认每一个详图细部尺寸。

④ 弄清楚详图中标注的构造做法等。

⑤ 确认不同楼梯的形式（折板、平板等板式及梁式），核实净高。需要注意，有时候由于建筑考虑因素不全，净高不能满足。

⑥ 通过设计文字说明弄清楚混凝土等级及分布筋等。

第三章

建筑工程主体结构计算规则与注解

第一节 分部分项工程项目划分

一、建筑工程分部分项工程划分

根据《建设工程工程量清单计价规范》（GB 50500—2013）的规定，建筑工程划分为 17 个分部工程：土石方工程，地基处理与边坡支护工程，桩基工程，砌筑工程，混凝土及钢筋混凝土工程，金属结构工程，木结构工程，门窗工程，屋面及防水工程，保温、隔热、防腐工程，楼地面装饰工程，墙、柱面装饰与隔断、幕墙工程，天棚工程，油漆、涂料、裱糊工程，其他装饰工程，拆除工程，措施项目。

每个分部工程中又分为若干分项工程，例如桩基工程分为打桩和灌注桩两个分项工程。建筑工程的分部分项工程项目划分具体可以参见表 3-1。

表 3-1 建筑工程的分部分项工程划分

序号	分部工程名称	分项工程名称	序号	分部工程名称	分项工程名称
1	土石方工程	1. 土方工程 2. 石方工程 3. 回填	5	混凝土及钢筋混凝土工程	1. 现浇混凝土基础 2. 现浇混凝土柱 3. 现浇混凝土梁 4. 现浇混凝土墙 5. 现浇混凝土板 6. 现浇混凝土楼梯 7. 现浇混凝土其他构件 8. 后浇带 9. 预制混凝土柱 10. 预制混凝土梁 11. 预制混凝土屋架 12. 预制混凝土板 13. 预制混凝土楼梯 14. 其他预制构件 15. 钢筋工程 16. 螺栓、铁件
2	地基处理与边坡支护工程	1. 地基处理 2. 基坑与边坡支护			
3	桩基工程	1. 桩基工程 2. 灌注桩			
4	砌筑工程	1. 砖砌体 2. 砌块砌体 3. 石砌体 4. 垫层			

续表

序号	分部工程名称	分项工程名称	序号	分部工程名称	分项工程名称
6	金属结构工程	1. 钢网架 2. 钢屋架、钢托架、钢桁架、钢架桥 3. 钢柱 4. 钢梁 5. 钢板楼板、墙板 6. 钢构件 7. 金属制品	13	天棚工程	1. 天棚抹灰 2. 天棚吊顶 3. 采光天棚 4. 天棚其他装饰
7	木结构工程	1. 木屋架 2. 木构件 3. 屋面木基层	14	油漆、涂料、裱糊工程	1. 门油漆 2. 窗油漆 3. 木扶手及其他板条、线条油漆 4. 木材面油漆 5. 金属面油漆 6. 抹灰面油漆 7. 喷刷涂料 8. 裱糊
8	门窗工程	1. 木门 2. 金属门 3. 金属卷帘（闸门） 4. 厂库房大门、特种门 5. 其他门 6. 木窗 7. 金属窗 8. 门窗套 9. 窗台板 10. 窗帘、窗帘盒、轨	15	其他装饰工程	1. 柜类、货架 2. 压条、装饰线 3. 扶手、栏杆、栏板装饰 4. 暖气罩 5. 浴厕配件 6. 雨篷、旗杆 7. 招牌、灯箱 8. 美术字
9	屋面及防水工程	1. 瓦、型材及其他屋面 2. 屋面防水及其他 3. 墙面防水、防潮 4. 楼（地）面防水、防潮	16	拆除工程	1. 砖砌体拆除 2. 混凝土及钢筋混凝土构件拆除 3. 木构件拆除 4. 抹灰层拆除 5. 块料面层拆除 6. 龙骨及饰面拆除 7. 屋面拆除 8. 铲除油漆涂料裱糊面 9. 栏杆栏板、轻质隔断隔墙拆除 10. 门窗拆除 11. 金属构件拆除 12. 管道及卫生洁具拆除 13. 灯具、玻璃拆除 14. 其他构件拆除 15. 开孔（打洞）
10	保温、隔热、防腐工程	1. 保温、隔热 2. 防腐面层 3. 其他防腐			
11	楼地面装饰工程	1. 整体面层及找平 2. 块料面层 3. 橡塑面层 4. 其他材料面层 5. 踢脚线 6. 楼梯面层 7. 台阶装饰 8. 零星装饰项目			
12	墙、柱面装饰与隔断、幕墙工程	1. 墙面抹灰 2. 柱（梁）面抹灰 3. 零星抹灰 4. 墙面块料面层 5. 柱（梁）面镶贴块料 6. 镶贴零星块料 7. 墙饰面 8. 柱（梁）饰面 9. 幕墙工程 10. 隔断	17	措施项目	1. 脚手架工程 2. 混凝土模板及支架 3. 垂直运输 4. 超高施工增加 5. 大型机械设备进出场及安拆 6. 施工排水、降水 7. 安全文明施工及其他措施项目

　　现在绝大多数工程项目都采用清单计价方式，因此在对建筑工程结构进行项目划分时，应该采用《建设工程工程量清单计价规范》（GB 50500—2013）中所列的分部分项工程进

行，然后再对照定额标准进行分项子目组合计价。

例如，在进行项目砌筑实心砖墙的计价时，清单项目编号为 010401003，根据具体施工工艺对应查《全国统一建筑工程基础定额》中浑水砖墙项目。比如二四墙，就查定额编号 4-10，对应的就是 1 砖墙的人工、材料、机械定额费用。

二、具体列分部分项工程项目

一般来说，现在都是根据《建设工程工程量清单计价规范》（GB 50500—2013）中的规定列分部分项工程项目。

（一）根据施工工艺确定分部工程

根据建筑工程的施工图内容、施工方案及施工技术要求等，参照表 3-1 中的建筑工程分部、分项工程划分项目，确定该建筑工程的分部工程项目，一般从土石方工程开始，按照施工图结构顺序内容，逐个确定分部工程项目。通常情况下，一般的框架混凝土结构房屋主体施工大致可以分为土石方工程，桩基工程，措施项目，砌筑工程，混凝土及钢筋混凝土工程，门窗工程，木结构工程，楼地面工程，屋面及防水工程，保温、隔热、防腐工程，天棚工程以及相应的各种装饰项目。

（二）确定分项工程

分部工程确定完后，参照施工图顺序，逐步确定分项工程项目。例如混凝土结构房屋的混凝土及钢筋混凝土分部工程中，如果采用现浇施工，一般又可以分为现浇混凝土基础、现浇混凝土柱、现浇混凝土梁、现浇混凝土墙、现浇混凝土板、现浇混凝土楼梯、现浇混凝土其他构件以及后浇带等分项工程项目。

（三）列子项

当建筑工程的分部分项工程项目列完之后，就需要根据定额内容列出每一个分项工程对应的子项。一般来说，能够与施工项目对应上的定额子项，按照定额中确定的子项列出；如果施工项目有，而定额中没有对应的子项，则按照每个地区颁发的补充定额列出子项。

知识小贴士 列子项应注意的事项。需要注意的是，列子项时，一定要看清定额中关于该子项所用材料及其规格、构造做法等施工条件的说明。如果与施工内容完全相同，则完全套用定额中的该子项；还有很多情况下，施工内容会有部分条件与定额子项说明不同，这个时候就要再列一个调整的子项。例如，某住宅钢门窗刷漆三遍，需要先列出 11-574（本书除非特殊说明，提及定额编号，都以《全国建筑工程统一基础定额》为准）单层钢门窗刷调和漆两遍子项，再补充列出 11-576 单层钢门窗每增加一遍调和漆子项。

例如，多层砖混结构房屋砌筑工程分项中需要列出砖基础、1 砖混水砖墙、钢筋砖过梁等子项。

对于一个分项工程含多个子项的项目，一定要将其全部子项列完整，避免丢项，影响最后的预算造价。例如，预制钢筋混凝土空心板（板厚 120mm），需要列出 5-164 空心板模板、5-323ϕ6 钢筋（点焊）、5-435 空心板混凝土三个子项。

第二节　建筑面积计算

一、建筑面积的含义

（一）建筑面积

建筑面积是指房屋建筑各层水平面积相加后的总面积，它包括房屋建筑中的使用面积、辅助面积和结构面积三部分。

> **知识小贴士**
>
> **使用面积。** 使用面积是指建筑物各层平面布置中可直接为生产或生活使用的净面积的总和，如居住生活间、工作间和生产间等的净面积。
>
> **辅助面积。** 辅助面积是指建筑物各层平面布置中为辅助生产或生活使用的净面积的总和，如楼梯间、走道间、电梯井等所占面积。
>
> **结构面积。** 结构面积是指建筑物各层平面布置中的墙柱体、垃圾道、通风道、室外楼梯等结构所占面积的总和。

（二）建筑面积对于工程计价的重要作用

建筑面积是建设工程计价中的一个重要指标。建筑面积之所以重要，是因为它具有以下重要作用。

① 建筑面积是国家控制基本建设规模的主要指标。

② 建筑面积是初步设计阶段选择概算指标的重要依据之一。根据图纸计算出来的建筑面积和设计图纸表面的结构特征，查表找出相应的概算指标，从而可以编制出概算书。

③ 建筑面积在施工图预算阶段是校对某些分部分项工程的依据。如场地平整、楼地面、屋面等工程量可以用建筑面积来校对。

④ 建筑面积是计算面积利用系数、土地利用系数及单位建筑面积经济指标的依据。

二、建筑面积计算规则

（一）应计算面积的项目规定

① 单层建筑物的建筑面积，应按其外墙勒脚以上结构外围水平面积计算，并应符合下列规定。

a. 单层建筑物高度在 2.20m 及以上者应计算全面积；高度不足 2.20m 者应计算 1/2 面积。

b. 利用坡屋顶内空间时，净高超过 2.10m 的部位应计算全面积，净高在 1.20~2.10m 的部位应计算 1/2 面积，净高不足 1.20m 的部位不应计算面积。

注：建筑面积的计算是以勒脚以上外墙结构外边线计算，勒脚是墙根部很矮的一部分墙体加厚，不能代表整个外墙结构，所以要扣除勒脚墙体加厚的部分。

② 单层建筑物内设有局部楼层者，局部楼层的二层及以上楼层，有围护结构的应按其结构外围水平面积计算，无围护结构的应按其结构底板水平面积计算。

层高在 2.20m 及以上者应计算全面积；层高不足 2.20m 者应计算 1/2 面积。

注：1. 单层建筑物应按不同的高度确定其面积的计算。其高度指室内地面标高至屋面板板面结构标高之间的垂直距

离。遇有以屋面板找坡的平屋顶单层建筑物，其高度指室内地面标高至屋面板最低处板面结构标高之间的垂直距离。

2. 坡屋顶内空间建筑面积计算，可参照《住宅设计规范》（GB 50096—2011）有关规定，将坡屋顶的建筑按不同净高确定其面积的计算。净高指楼面或地面至上部楼板底面或吊顶底面之间的垂直距离。

③ 多层建筑物首层应按其外墙勒脚以上结构外围水平面积计算；二层及以上楼层应按其外墙结构外围水平面积计算。层高在 2.20m 及以上者应计算全面积；层高不足 2.20m 者应计算 1/2 面积。

注：多层建筑物的建筑面积应按不同的层高分别计算。层高是指上、下两层楼面结构标高之间的垂直距离。建筑物最底层的层高，有基础底板的指基础底板上表面结构标高至上层楼面的结构标高之间的垂直距离；没有基础底板的指地面标高至上层楼面结构标高之间的垂直距离。最上一层的层高是指楼面结构标高至屋面板板面结构标高之间的垂直距离，遇有以屋面板找坡的屋面，层高指楼面结构标高至屋面板最低处板面结构标高之间的垂直距离。

④ 多层建筑坡屋顶内和场馆看台下，当设计加以利用时净高超过 2.10m 的部位应计算全面积，净高在 1.20～2.10m 的部位应计算 1/2 面积，当设计不利用或室内净高不足 1.20m 时不应计算面积。

注：多层建筑坡屋顶内和场馆看台下的空间应视为坡屋顶内的空间，设计加以利用时应按其净高确定其面积的计算，设计不利用的空间不应计算建筑面积。

⑤ 地下室、半地下室（车间、商店、车站、车库、仓库等），包括相应的有永久性顶盖的出入口，应按其外墙上口（不包括采光井、外墙防潮层及其保护墙）外边线所围水平面积计算。层高在 2.20m 及以上者应计算全面积；层高不足 2.20m 者应计算 1/2 面积。

注：地下室、半地下室应以其外墙上口外边线所围水平面积计算。原计算规则规定按地下室、半地下室上口外墙外围水平面积计算，文字上不甚严密，"上口外墙"容易理解为地下室、半地下室的上一层建筑的外墙，由于上一层建筑外墙与地下室墙的中心线不一定完全重叠，多数情况是凸出或凹进地下室外墙中心线。

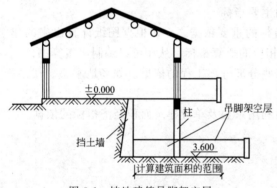

图 3-1 坡地建筑吊脚架空层

⑥ 坡地的建筑物吊脚架空屋（图 3-1）、深基础架空层、设计加以利用并有围护结构层，层高 2.20m 及以上的部位应计算全面积；层高不足 2.20m 的部位应计算 1/2 面积。设计加以利用、无围护结构的建筑吊脚架空层，应按其利用部位水平面积的 1/2 计算。设计不利用的深基础架空层、坡地吊脚架空层、多层建筑坡屋顶内、场馆看台下的空间不应计算面积。

⑦ 建筑物的门厅、大厅按一层计算建筑面积。门厅、大厅内设有回廊时，应按其结构底板水平面积计算。层高在 2.20m 及以上者应计算全面积；层高不足 2.20m 者应计算 1/2 面积。

⑧ 建筑物间有围护结构的架空走廊，应按其围护结构外围水平面积计算，层高在 2.20m 及以上者应计算全面积；层高不足 2.20m 者应计算 1/2 面积。有永久性顶盖、无围护结构的应按其结构底板水平面积的 1/2 计算。

⑨ 立体书库、立体仓库、立体车库，无结构层的应按一层计算，有结构层的应按其结构层面积分别计算。层高在 2.20m 及以上者应按计算面积计算，层高在 2.20m 及以上者应计算全面积，层高不足 2.20m 者应计算 1/2 面积。

注：立体车库、立体仓库、立体书库不规定是否有围护结构，均按是否有结构层计算，应区分不同的层高确定建筑面积计算的范围，改变过去按书架层和货架层计算面积的规定。

⑩ 有围护结构的舞台灯光控制室，应按其围护结构外围水平面积计算，层高在 2.20m 及以上者应计算全面积，层高不足 2.20m 者应计算 1/2 面积。

⑪ 建筑物外有围护结构的落地橱窗、门斗、挑廊、走廊、檐廊，应按其围护结构外围水平面积计算。层高在 2.20m 及以上者应计算全面积；层高不足 2.20m 者应计算 1/2 面积。有永久性顶盖、无围护结构的应按其结构底板水平面积的 1/2 计算。

⑫ 有永久性顶盖无围护结构的场馆看台应按其顶盖水平投影面积的 1/2 计算。

注："场馆"实质上是指"场"（如足球场、网球场等）看台上有永久性顶盖部分。"馆"应是有永久性顶盖和围护结构的，应按单层或多层建筑相关规定计算面积。

⑬ 建筑物顶部有围护结构的楼梯间、水箱间、电梯机房等，层高在 2.20m 及以上者应计算全面积；层高不足 2.20m 者应计算 1/2 面积。

注：如遇建筑物屋顶的楼梯间是坡屋顶，应按坡屋顶的相关规定计算面积。

⑭ 设有围护结构不垂直于水平面而超出底板外沿的建筑物，应按其底板面的外围水平面积计算，层高在 2.20m 及以上者应计算全面积，层高不足 2.20m 者应计算 1/2 面积。

注：设有围护结构不垂直于水平面而超出底板外沿的建筑物是指向建筑物外倾斜的墙体。若遇有向建筑物内倾斜的墙体，应视为坡屋顶，应按坡屋顶有关规定计算面积。

⑮ 建筑物内的室内楼梯间、电梯井、观光电梯井、提物井、管道井、通风排气竖井、垃圾道、附墙烟囱应按建筑物的自然层计算。

注：室内楼梯间的面积计算，应按楼梯依附的建筑物的自然层数计算，并在建筑物面积内。遇跃层建筑，其共用的室内楼梯应按自然层计算面积；上、下两错层户室共用的室内楼梯，应选上一层的自然层计算面积（图 3-2）。

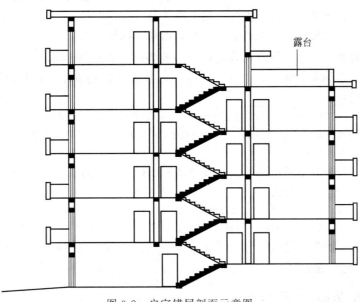

图 3-2　户室错层剖面示意图

⑯ 雨篷结构的外边线至外墙结构外边线的宽度超过 2.10m 者，应按雨篷结构板的水平投影面积的 1/2 计算。

注：雨篷均以其宽度超过 2.10m 或不超过 2.10m 衡量，超过 2.10m 者应按雨篷的结构板水平投影面积的 1/2 计算。有柱雨篷和无柱雨篷计算应一致。

⑰ 有永久性顶盖的室外楼梯，应按建筑物自然层的水平投影面积的 1/2 计算。

注：室外楼梯，最上层楼梯无永久性顶盖，或不能完全遮盖楼梯的雨篷，上层楼梯不计算面积，上层楼梯可视为下层楼梯的永久性顶盖，下层楼梯应计算面积。

⑱ 建筑物的阳台均应按其水平投影面积的 1/2 计算。

注：建筑物的阳台，不论是凹阳台、挑阳台、封闭阳台、不封闭阳台，均按其水平投影面积的一半计算。

⑲ 有永久性顶盖、无围护结构的车棚、货棚、站台、加油站、收费站等，应按其顶盖水平投影面积的 1/2 计算。

注：车棚、货棚、站台、加油站、收费站等的面积计算。由于建筑技术的发展，出现许多新型结构，如柱不再是单纯的直立的柱，而出现 V 形柱、Λ 形柱等不同类型的柱，给面积计算带来许多争议。为此，《建筑工程建筑面积计算规范》（GB/T 50303—2013）中不以柱来确定面积的计算，而依据顶盖的水平投影面积计算。在车棚、货棚、站台、加油站、收费站内设有围护结构的管理室、休息室等，另按相关规定计算面积。

⑳ 高低联跨的建筑物，应以高跨结构外边线为界分别计算建筑面积；高低跨内部连通时，其变形缝应计算在低跨面积内。

㉑ 以幕墙作为围护结构的建筑物，应按幕墙外边线计算建筑面积。

㉒ 建筑物外墙外侧有保温隔热层的，应按保温隔热层外边线计算建筑面积。

㉓ 建筑物内的变形缝，应按其自然层合并在建筑物面积内计算。

注：此处所指建筑物内的变形缝是与建筑物相连通的变形缝，即暴露在建筑物内，在建筑物内可以看得见的变形缝。

（二）不应计算面积的项目

下列项目不应计算面积：

① 建筑物通道（骑楼、过街楼的底层）。

② 建筑物内的设备管道夹层。

③ 建筑物内分隔的单层房间，舞台及后台悬挂幕布、布景的天桥、挑台等。

④ 屋顶水箱、花架、凉棚、露台、露天游泳池。

⑤ 建筑物内的操作平台、上料平台、安装箱和罐体的平台。

⑥ 勒脚、附墙柱、垛、台阶、墙面抹灰、装饰面、镶贴块料面层、装饰性幕墙、空调室外机搁板（箱）、飘窗、构件、配件、宽度在 2.10m 及以内的雨篷以及建筑物内不相连通的装饰性阳台、挑廊。

注：突出墙外的勒脚、附墙柱垛、台阶、墙面抹灰、装饰面、镶贴块料面层、装饰性幕墙、空调室外机搁板（箱）、飘窗、构件、配件、宽度在 2.10m 及以内的雨篷以及与建筑物内不相连通的装饰性阳台、挑廊等均不属于建筑结构，不应计算建筑面积。

⑦ 无永久性顶盖的架空走廊、室外楼梯和用于检修、消防等的室外钢楼梯、爬梯。

⑧ 自动扶梯、自动人行道。

注：自动扶梯（斜步道滚梯），除两端固定在楼层板或梁之外，扶梯本身属于设备，为此扶梯不宜计算建筑面积。水平步道（滚梯）属于安装在楼板上的设备，不应单独计算建筑面积。

⑨ 独立烟囱、烟道、地沟、油（水）罐、气柜、水塔、贮油（水）池、贮仓、栈桥、地下人防通道、地铁隧道。

三、建筑面积计算实例

【例 3-1】 如图 3-3 所示为一高低联跨单层工业厂房，试求该建筑物的建筑面积。

【解】 6m 高跨建筑面积 $S_1 = (45.0+0.5) \times (10+0.3-0.3) = 455.0 (\text{m}^2)$

10m 高跨建筑面积 $S_2 = (45.0+0.5) \times (18.0+0.6) = 846.3 (\text{m}^2)$

9m 高跨建筑面积 $S_3 = (45.0+0.5) \times (10+0.3-0.3) = 455.0 (\text{m}^2)$

总建筑面积 $S = 455.0+846.3+455.0 = 1756.3 (\text{m}^2)$

对于此类建筑物，由于内容一致，不必区分高跨低跨，按一般单层建筑物对待即可。

$$S = (45.0+0.5) \times (38.00+0.3+0.3) = 1756.3 (\text{m}^2)$$

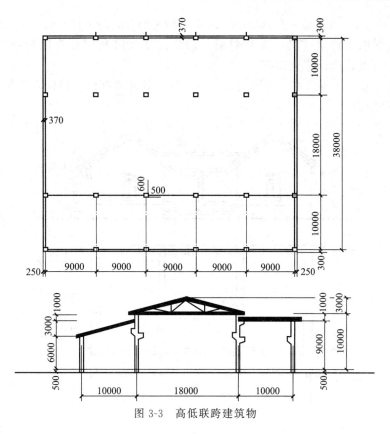

图 3-3 高低联跨建筑物

【例 3-2】 如图 3-4 所示，已知某建筑物建在山坡上，试求该建筑物的建筑面积。

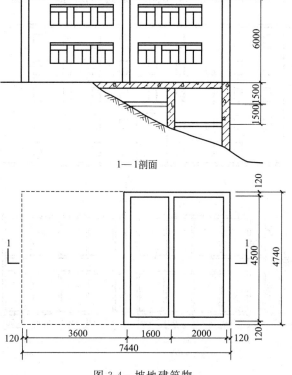

图 3-4 坡地建筑物

【解】$S=(7.44\times4.74)\times2+(2.0+1.6+0.12\times2)\times4.74\times1/2=79.63(\text{m}^2)$

坡地的建筑物吊脚架空层、深基础架空层，设计加以利用并有围护结构的，层高在 2.20m 及以上的部位应计算全面积。

【例 3-3】 如图 3-5 所示，已知檐高 3.00m，试计算外带有顶盖和柱，但无维护结构的走廊、檐廊的建筑面积。

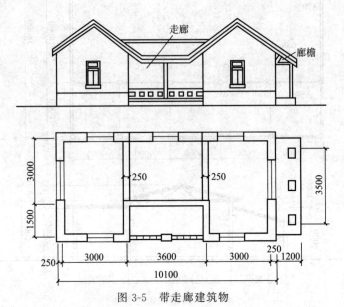

图 3-5 带走廊建筑物

【解】$S_{廊}=(3.6-0.25)\times1.5\times1/2+1.2\times4.5\times1/2=5.21(\text{m}^2)$

【例 3-4】 已知建筑物如图 3-6 所示，试求带通道多层建筑物的建筑面积。

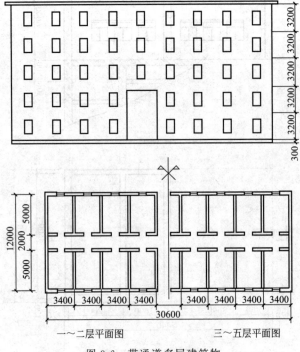

一～二层平面图　　三～五层平面图

图 3-6 带通道多层建筑物

【解】一、二层 $S_1=(13.6+0.24)\times(12.00+0.24)\times2\times2=677.61(\text{m}^2)$

　　　　三～五层 $S_2=(30.60+0.24)\times(12.00+0.24)\times3=1132.44(\text{m}^2)$

　　　　　　　　$S=S_1+S_2=677.61+1132.44=1810.05(\text{m}^2)$

其余，除通道少算二层建筑面积之外，与五层建筑相同。

$S=(30.60+0.24)\times(12.00+0.24)\times5-(3.40-0.24)\times(12.00+0.24)\times2=1810.05(\text{m}^2)$

【例3-5】已知建筑物如图3-7所示，试求不封闭的挑阳台、凹阳台、半凹半挑阳台的建筑面积。

【解】$S_{\text{阳台}}=[1.00\times1.50\times2+1.00\times3.00+(0.33+0.37+0.33)\times3.00]\times1/2$

　　　　$=4.545(\text{m}^2)$

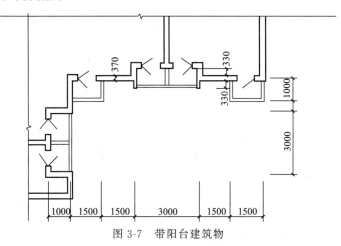

图3-7　带阳台建筑物

第三节　土石方工程计算

一、土石方工程计算规则

（一）土方工程

土方工程工程量清单项目设置、项目特征描述的内容、计量单位及工程量计算规则应按表3-2的规定执行。

表3-2　土方工程（编码：010101）

项目编码	项目名称	项目特征	计量单位	工程量计算规则	工作内容
010101001	平整场地	1. 土壤类别 2. 弃土运距 3. 取土运距	m²	按设计图示尺寸以建筑物首层建筑面积计算	1. 土方挖填 2. 场地找平 3. 运输
010101002	挖一般土方	1. 土壤类别 2. 挖土深度 3. 弃土运距	m³	按设计图示尺寸以体积计算	1. 排地表水 2. 土方开挖 3. 围护（挡土板）及拆除 4. 基底钎探 5. 运输
010101003	挖沟槽土方			按设计图示尺寸以基础垫层底面积乘以挖土深度计算	
010101004	挖基坑土方				

续表

项目编码	项目名称	项目特征	计量单位	工程量计算规则	工作内容
010101005	冻土开挖	1. 冻土厚度 2. 弃土运距	m³	按设计图示尺寸开挖面积乘厚度以体积计算	1. 爆破 2. 开挖 3. 清理 4. 运输
010101006	挖淤泥、流砂	1. 挖掘深度 2. 弃淤泥、流砂距离		按设计图示位置、界限以体积计算	1. 开挖 2. 运输
010101007	管沟土方	1. 土壤类别 2. 管外径 3. 挖沟深度 4. 回填要求	1. m 2. m³	1. 以米计量,按设计图示以管道中心线长度计算 2. 以立方米计量,按设计图示管底垫层面积乘以挖土深度计算;无管底垫层按管外径的水平投影面积乘以挖土深度计算。不扣除各类井的长度,井的土方并入	1. 排地表水 2. 土方开挖 3. 围护(挡土板)、支撑 4. 运输 5. 回填

注: 1. 挖土应按自然地面测量标高至设计地坪标高的平均厚度确定。竖向土方、山坡切土开挖深度应按基础垫层底表面标高至交付施工现场地标高确定,无交付施工场地标高时,应按自然地面标高确定。

2. 建筑物场地厚度≤±300mm的挖、填、运、找平,应按本表中平整场地项目编码列项。厚度>±300mm的竖向布置挖土或山坡切土应按本表中挖一般土方项目编码列项。

3. 沟槽、基坑、一般土方的划分为:底宽≤7m,底长>3倍底宽为沟槽;底长≤3倍底宽、底面积≤150m²为基坑;超出上述范围则为一般土方。

4. 挖土如需截桩头时,应按桩基工程相关项目编码列项。

5. 桩间挖土不扣除桩的体积,并在项目特征中加以描述。

6. 弃、取土运距可以不描述,但应注明由投标人根据施工现场实际情况自行考虑,决定报价。

7. 土壤的分类应按表3-5确定,如土壤类别不能准确划分时,招标人可注明为综合,由投标人根据地勘报告决定报价。

8. 土方体积应按挖掘前的天然密实体积计算。如需按天然密实体积折算时,应按表3-11中系数计算。

9. 挖沟槽、基坑、一般土方,因工作面和放坡增加的工程量(管沟工作面增加的工程量),是否并入各土方工程量中,按各省、自治区、直辖市或行业建设主管部门的规定实施,如并入各土方工程量中,办理工程结算时,按经发包人认可的施工组织设计规定计算,编制工程量清单时可按表3-7、表3-10和表3-11规定计算。

10. 挖方出现流砂、淤泥时,应根据实际情况由发包人与承包人双方现场签证确认工程量。

11. 管沟土方项目适用于管道(给排水、工业、电力、通信)、光(电)缆沟[包括人(手)孔、接口坑]及连接井(检查井)等。

(二)石方工程

石方工程工程量清单项目设置、项目特征描述的内容、计量单位及工程量计算规则应按表3-3的规定执行。

表3-3 石方工程(编码:010102)

项目编码	项目名称	项目特征	计量单位	工程量计算规则	工作内容
010102001	挖一般石方			按设计图示尺寸以体积计算	
010102002	挖沟槽石方	1. 岩石类别 2. 开凿深度 3. 弃碴运距	m³	按设计图示尺寸沟槽底面积乘以挖石深度以体积计算	1. 排地表水 2. 凿石 3. 运输
010102003	挖基坑石方			按设计图示尺寸基坑底面积乘以挖石深度以体积计算	

项目编码	项目名称	项目特征	计量单位	工程量计算规则	工作内容
010102004	管沟石方	1. 岩石类别 2. 管外径 3. 挖沟深度	1. m 2. m³	1. 以米计量，按设计图示以管道中心线长度计算 2. 以立方米计量，按设计图示截面积乘以长度计算	1. 排地表水 2. 凿石 3. 回填 4. 运输

注：1. 挖石应按自然地面测量标高至设计地坪标高的平均厚度确定。基础石方开挖深度应按基础垫层底表面标高至交付施工现场地标高确定，无交付施工场地标高时应按自然地面标高确定。

2. 厚度>±300mm 的竖向布置挖石或山坡凿石应按本表中挖一般石方项目编码列项。

3. 沟槽、基坑、一般石方的划分为：底宽≤7m，底长>3 倍底宽为沟槽；底长≤3 倍底宽、底面积≤150m² 为基坑；超出上述范围则为一般石方。

4. 弃碴运距可以不描述，但应注明由投标人根据施工现场实际情况自行考虑，决定报价。

5. 岩石的分类应按表 3-6 确定。

6. 石方体积应按挖掘前的天然密实体积计算。如需按天然密实体积折算时，应按规范表 3-9 中系数计算。

7. 管沟石方项目适用于管道（给排水、工业、电力、通信）、光（电）缆沟［包括人（手）孔、接口坑］及连接井（检查井）等。

（三）回填

回填工程量清单项目设置、项目特征描述的内容、计量单位及工程量计算规则应按表 3-4 的规定执行。

表 3-4　回填（编码：010103）

项目编码	项目名称	项目特征	计量单位	工程量计算规则	工作内容
010103001	回填方	1. 密实度要求 2. 填方材料品种 3. 填方粒径要求 4. 填方来源、运距	m³	按设计图示尺寸以体积计算 1. 场地回填：回填面积乘平均回填厚度 2. 室内回填：主墙间面积乘回填厚度，不扣除间隔墙 3. 基础回填：挖方体积减去自然地坪以下埋设的基础体积（包括基础垫层及其他构筑物）	1. 运输 2. 回填 3. 压实
010103002	余方弃置	1. 废弃料品种 2. 运距	m³	按挖方清单项目工程量减利用回填方体积（正数）计算	余方点装料运输至弃置点

注：1. 填方密实度要求，在无特殊要求情况下，项目特征可描述为满足设计和规范的要求。

2. 填方材料品种可以不描述，但应注明由投标人根据设计要求验方后方可填入，并符合相关工程的质量规范要求。

3. 填方粒径要求，在无特殊要求情况下，项目特征可以不描述。

4. 如需买土回填，应在项目特征填方来源中描述，并注明买土方数量。

二、土石方计算规则详解

（一）土壤及岩石的分类

因各个建筑物、构筑物所处的地理位置不同，其土壤的强度、密实性、透水性等物理性质和力学性质也有很大差别，这就直接影响到土石方工程的施工方法。因此，单位工程土石方所消耗的人工数量和机械台班就有很大差别，综合反映的施工费用也不相同。所以，正确区分土石方的类别对于能否准确地进行造价编制关系很大。土壤及岩石的分类详见表 3-5 和表 3-6。

表 3-5　土壤的分类

土壤分类	土壤名称	开挖方法
一、二类土	粉土、砂土(粉砂、细砂、中砂、粗砂、砾砂)、粉质黏土、弱中盐渍土、软土(淤泥质土、泥炭、泥炭质土)、软塑红黏土、冲填土	用锹,少许用镐、条锄开挖,机械能全部直接铲挖满载者
三类土	黏土、碎石土(圆砾、角砾)混合土、可塑红黏土、硬塑红黏土、强盐渍土、素填土、压实填上	主要用镐、条锄,少许用锹开挖。机械需部分刨松方能铲挖满载者或可直接铲挖但不能满载者
四类土	碎石土(卵石、碎石、漂石、块石)、坚硬红黏土、超盐渍土、杂填土	全部用镐、条锄挖掘,少许用撬棍挖掘,机械须普遍刨松方能铲挖满载者

注：本表土的名称及其含义按国家标准《岩土工程勘察规范》(GB 50021—2001)(2009 年版)定义。

表 3-6　岩石的分类

岩石分类		代表性岩石	开挖方法
极软岩		1. 全风化的各种岩石 2. 各种半成岩	部分用手凿工具、部分用爆破法开挖
软质岩	软岩	1. 强风化的坚硬岩或较硬岩 2. 中等风化—强风化的较软岩 3. 未风化—微风化的页岩、泥岩、泥质砂岩等	用风镐和爆破法开挖
	较软岩	1. 中等风化—强风化的坚硬岩或较硬岩 2. 未风化—微风化的凝灰岩、千枚岩、泥灰岩、砂质泥岩等	用爆破法开挖
硬质岩	较硬岩	1. 微风化的坚硬岩 2. 未风化—微风化的大理岩、板岩、石灰岩、白云岩、钙质砂岩等	用爆破法开挖
	坚硬岩	未风化—微风化的花岗岩、闪长岩、辉绿岩、玄武岩、安山岩、片麻岩、石英岩、石英砂岩、硅质砾岩、硅质石灰岩等	用爆破法开挖

注：本表依据国家标准《工程岩体分级级标准》(GB 50218—1994)和《岩土工程勘察规范》(GB 50021—2001)(2009 年版)整理。

(二) 土石方工程计算常用数据

1. 干、湿土的划分

土方工程由于基础埋置深度和地下水位的不同以及受到季节施工的影响，出现干土与湿土之分。

知识小贴士

　　干土与湿土之分。干、湿土的划分，应以地质勘察资料中地下常水位为划分标准，地下常水位以上为干土，以下为湿土。如果采用人工(集水坑)降低地下水位时，干、湿土的划分仍以常水位为准；当采用井点降水后，常水位以下的土不能按湿土计算，均按干土计算。

2. 沟槽、基坑划分条件

为了满足实际施工中各类不同基础的人工土方工程开挖需要，准确地反映实际工程造价，一般情况下企业定额将人工挖坑槽工程划分为人工挖地坑、人工挖地槽、人工挖土方、山坡切土及挖流砂淤泥等项目。山坡切土和挖流砂淤泥项目较好确定，其余三个项目的划分条件见表 3-7。

表 3-7 人工挖地坑、地槽、土方划分条件

项 目	坑底面积/m²	槽底宽度/m
人工挖地坑	≤20	—
人工挖地槽	—	≤3，且槽长大于槽宽三倍以上
人工挖土方	>20	>3
	人工场地平整平均厚度在 30cm 以上的挖土	

注：坑底面积、槽底宽度不包括加宽工作面的尺寸。

3. 放坡及放坡系数

（1）放坡 不管是用人工或是机械开挖土方，在施工时为了防止土壁坍塌都要采取一定的施工措施，如放坡、支挡板或打护坡桩。放坡是施工中较常用的一种措施。

当土方开挖深度超过一定限度时，将上口开挖宽度增大，将土壁做成具有一定坡度的边坡，防止土壁坍塌，在土方工程中称为放坡。

（2）放坡起点 实践经验表明：土壁稳定与土壤类别、含水率和挖土深度有关。放坡起点就是指某类别土壤边壁直立不加直撑开挖的最大深度，一般是指设计室外地坪标高至基础底标高的深度。放坡起点应根据土质情况确定。

（3）放坡系数 将土壁做成一定坡度的边坡时，土方边坡的坡度以其高度 H 与边坡宽度 B 之比来表示，如图 3-8 所示，即

$$土方坡度 = \frac{H}{B} = \frac{1}{\left(\frac{B}{H}\right)} = 1 : \frac{B}{H}$$

设 $K = \frac{B}{H}$，得

$$土方坡度 = 1 : K$$

故称 K 为放坡系数。

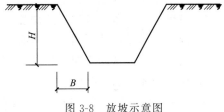

图 3-8 放坡示意图

放坡系数的大小通常由施工组织设计确定，如果施工组织设计无规定时也可由当地建设主管部门规定的土壤放坡系数确定。表 3-8 为一般规定的挖土方、地槽、地坑的放坡起点及放坡系数。

表 3-8 放坡系数

土类别	放坡起点/m	人工挖土	机械挖土		
			在坑内作业	在坑上作业	顺沟槽在坑上作业
一、二类土	1.20	1：0.5	1：0.33	1：0.75	1：0.5
三类土	1.50	1：0.33	1：0.25	1：0.67	1：0.33
四类土	2.00	1：0.25	1：0.10	1：0.33	1：025

注：1. 沟槽、基坑中土类别不同时，分别按其放坡起点、放坡系数，依不同土类别厚度加权平均计算。
2. 计算放坡时，在交接处的重复工程量不予扣除，原槽、坑作基础垫层时，放坡自垫层上表面开始计算。

【例 3-6】 已知开挖深度 $H = 2.2m$，槽底宽度 $A = 2.0m$，土质为三类土，采用人工开挖，试确定上口开挖宽度是多少。

【解】 查表 3-8 可知，三类土放坡起点深度 $h = 1.5m$，人工挖土的坡度系数 $K = 0.33$。由于开挖深度 H 大于放坡起点深度 h，采取放坡开挖。

（1）每边边坡宽度 B

$$B = KH = 0.33 \times 2.2 = 0.73 (\text{m})$$

（2）上口开宽度 A'

$$A' = A + 2B = 2.0 + 2 \times 0.73 = 3.46 (\text{m})$$

【例 3-7】已知某基坑开挖深度 $H = 10\text{m}$。其中表层土为一、二类土，厚 $h_1 = 2\text{m}$；中层土为三类土，厚 $h_2 = 5\text{m}$；下层土为四类土，厚 $h_3 = 3\text{m}$。采用正铲挖土机在坑底开挖，试确定其坡度系数。

【解】对于这种在同一坑内有三种不同类别土壤的情况，根据有关规定应分别按其放坡起点、放坡系数，依不同土壤厚度加权平均计算其放坡系数。

查表 3-8 可知，一、二类土坡度系数 $K_1 = 0.33$；三类土坡系数 $K_2 = 0.25$；四类土坡度系数 $K_3 = 0.10$。

综合坡度系数

$$K = \frac{K_1 h_1 + K_2 h_2 + K_3 h_3}{H} = \frac{0.33 \times 2 + 0.25 \times 5 + 0.10 \times 3}{10} = 0.22$$

4. 工作面

根据基础施工的需要，挖土时按基础垫层的双向尺寸向周边放出一定范围的操作面积，作为工人施工时的操作空间，这个单边放出的宽度就称为工作面。

基础工程施工时所需要增设的工作面，应根据已批准的施工组织设计确定。但在编制工程造价时，则应按企业定额规定计算。如某企业定额规定工作面增加如下：

① 砖基础每边增加工作面 20cm；

② 浆砌毛石、条石基础每边增加工作面 15cm；

③ 混凝土基础或垫层需支模板时，每边增加工作面 30cm；

④ 基础垂直面做防水层时，每边增加工作面 80cm（防水层面）。

5. 其他需要注意的事项

其他需要注意事项的具体内容如下所示。

① 当开挖深度超过放坡起点深度时，可以采用放坡开挖，也可以采用支挡土板开挖或采取其他的支护措施。编制造价时应根据已批准的施工组织设计规定选定，如果施工组织设计无规定，则均应按放坡开挖编制造价。

② 定额内所列的放坡起点、坡度系数、工作面，仅作为编制造价时计算土方工程量使用。实际施工中，应根据具体的土质情况和挖土深度，按照安全操作规程和施工组织设计的要求放坡和设置工作面，以保证施工安全和操作要求。实际施工中无论是否放坡，无论放坡系数多少，均按定额内的放坡系数计算工程量，不得调整。定额与实际工作面差异所发生的土方量差亦不允许调整。

③ 当造价内计算了放坡工程量后，实际施工中由于边坡坡度不足所造成的边坡塌方，其经济损失应由承包商承担，工程合同工期也不得顺延；发生的边坡小面积支挡土板，也不得套用支挡土板计算费用，其费用由承包商承担。

④ 当开挖深度超过放坡起点深度，而实际施工中某边土壁又无法采用放坡施工（例如与原有建筑物或道路相临一侧的开挖、稳定性较差的杂填土层的开挖等），确需采用支挡土板开挖时，必须有相应的已批准的施工组织设计，方可按支挡土板开挖编制工程造价，否则不论实际是否需要采用支挡土板开挖，均按放坡开挖编制，支挡土板所用工料不得列入工程造价。

⑤ 计算支挡土板开挖的挖土工程量时，按图示槽、坑底宽度尺寸每边各增加工作面 10cm 计算，这 10cm 为支挡土板所占宽度。

⑥ 已批准的施工组织设计采用护坡桩或其他方法支护时，不得再按放坡或支挡土板开挖编制造价，但打护坡桩或其他支护应另列项目计算。

（三）人工与机械土石方计算说明

1. 人工土石方

人工土石方计算的具体内容如下。

① 人工挖地槽、地坑定额深度最深为 6m，超过 6m 时可另作补充定额。

② 人工土方定额是按干土编制的，如挖湿土时，人工乘以系数 1.18。干湿的划分，应根据地质勘测资料，以地下常水位为准划分，地下常水位以上为干土，以下为湿土。

③ 人工挖孔桩定额适用于在有安全防护措施的条件下施工。

④ 定额中未包括地下水位以下施工的排水费用，发生时另行计算。挖土方时如有地表水需要排除时，亦应另行计算。

⑤ 支挡土板定额项目分为密撑和疏撑。密撑是指满支挡土板，疏撑是指间隔支挡土板。实际间距不同时，定额不作调整。

⑥ 在有挡土板支撑下挖土方时，按实挖体积，人工乘系数 1.43。

⑦ 挖桩间土方时，按实挖体积（扣除桩体占用体积），人工乘以系数 1.5。

⑧ 人工挖孔桩，桩内垂直运输方式按人工考虑。如深度超过 12m 时，16m 以内按 12m，项目人工用量乘以系数 1.3，20m 以内乘以系数 1.5 计算。同一孔内土壤类别不同时，按定额加权计算；如遇有流砂、淤泥时，另行处理。

⑨ 场地竖向布置挖填土方时，不再计算平整场地的工程量。

⑩ 石方爆破定额是按炮眼法松动爆破编制的，不分明炮、闷炮，但闷炮的覆盖材料应另行计算。

⑪ 石方爆破定额是按电雷管导电起爆编制的，如采用火雷管爆破时，雷管应换算，数量不变。扣除定额中的胶质导线，换为导火索，导火索的长度按每个雷管 2.12m 计算。

2. 机械土石方

① 岩石的分类详见表 3-6。

② 推土机推土、推石碴，铲运机铲运土重车上坡时，如果坡度大于 5% 时，其运距按坡度区段斜长乘以表 3-9 中的系数计算。

表 3-9　不同坡度时的运距计算系数

坡度/%	5~10	15 以内	20 以内	25 以内
系数	1.75	2.0	2.25	2.50

③ 汽车、人力车、重车上坡降效因素，已综合在相应的运输定额项目中，不再另行计算。

④ 机械挖土方工程量，按机械挖土方 90%、人工挖土方 10% 计算；人工挖土部分按相应定额项目人工乘以系数 2。

⑤ 土壤含水率定额是按天然含水率为准制定，含水率大于 25% 时，定额人工、机械乘以系数 1.15；若含水率大于 40% 时另行计算。

⑥ 推土机推土或铲运机铲土土层平均厚度小于 300mm 时，推土机台班用量乘以系数 1.25，铲运机台班用量乘以系数 1.17。

⑦ 挖掘机在垫板上进行作业时，人工、机械乘以系数 1.25，定额内不包括垫板铺设所需的工料、机械消耗。

⑧ 推土机、铲运机推、铲未经压实的积土时，按定额项目乘以系数 0.73。

⑨ 机械土方定额是按三类土编制的，如实际土壤类别不同时，定额中机械台班量乘以表 3-10 中的系数。

表 3-10　不同土壤类别的机械台班计算系数

项目	一、二类土壤	四类土壤
推土机推土方	0.84	1.18
铲运机铲土方	0.84	1.26
自行铲运机铲土方	0.86	1.09
挖掘机挖土方	0.84	1.14

⑩ 定额中的爆破材料是按炮孔中无地下渗水、积水编制的，炮孔中若出现地下渗水、积水时，处理渗水或积水发生的费用另行计算。定额内未计爆破时所需覆盖的安全网、草袋、架设安全屏障等设施，发生时另行计算。

⑪ 机械上下行驶坡道土方合并在土方工程量内计算。

⑫ 汽车运土运输道路是按一、二、三类道路综合确定的，已考虑了运输过程中道路清理的人工；如需要铺筑材料时，另行计算。

（四）土石方工程量计算一般规则

① 土方体积均以挖掘前的天然密实体积为准计算，如遇有必须以天然密实体积折算时，可按表 3-11 所列数值换算。

表 3-11　土方体积折算表

虚方体积	天然密实度体积	夯实后体积	松填体积
1.00	0.77	0.67	0.83
1.30	1.00	0.87	1.08
1.50	1.15	1.00	1.25
1.20	0.92	0.80	1.00

② 石方体积应按挖掘前的天然密实体积为准计算。如需按天然密实体积折算时，可按表 3-12 所列数值换算。

表 3-12　石方体积折算表

石方类别	天然密实度体积	虚方体积	松填体积	码方
石方	1.0	1.54	1.31	
块石	1.0	1.75	1.43	1.67
砂夹石	1.0	1.07	0.94	

③ 挖土一律以设计室外地坪标高为准计算。

（五）平整场地及碾压工程量计算

① 人工平整场地是指建筑场地挖、填土方厚度在 ±30cm 以内及找平。挖、填土方厚度超过 ±30cm 时，按场地土方平衡竖向布置图另行计算。

② 平整场地工程量按建筑物外墙外边线每边各加 2m，以平方米计算。

③ 建筑场地原土碾压以平方米计算，填土碾压按图示填土厚度以立方米计算。

（六）挖掘沟槽、基坑土方工程量计算

① 沟槽、基坑按照以下规定进行划分：

a. 凡图示沟槽底宽在 3m 以内，且沟槽长大于槽宽三倍以上的，为沟槽；

b. 凡图示基坑底面积在 20m² 以内的为基坑；

c. 凡图示沟槽底宽 3m 以外，坑底面积 20m² 以上，平整场地挖土方厚度在 30cm 以上，均按挖土方计算。

② 计算挖沟槽、基坑、土方工程量需放坡时，放坡系数按表 3-8 的规定计算。

③ 挖沟槽、基坑需支挡土板时，其宽度按图示沟槽、基坑底宽，单面加 10cm，双面加 20cm 计算。挡土板面积，按槽、坑垂直面的支撑面积计算。支挡土板后不得再计算放坡。

④ 管沟施工所增加的工作面按表 3-13 的规定计算。

表 3-13 管沟施工所增加的工作面

管道结构宽/mm 管沟材料/mm	≤500	≤1000	≤2500	>2500
混凝土及钢筋混凝土管道	400	500	600	700
其他材质管道	300	400	500	600

注：1. 本表按《全国统一建筑工程预算工程量计算规则》（GJDGZ-101—95）整理。

2. 管道结构宽：有管座的按基础外缘，无管座的按管道外径。

⑤ 基础施工所需工作面宽度按表 3-14 规定计算。

表 3-14 基础施工所需工作面宽度计算

基础材料	每边增加工作面宽度/mm
砖基础	200
浆砌毛石、条石基础	150
混凝土基础垫层支模板	300
混凝土基础支模板	300
基础垂直面作防水层	800（防水层面）

⑥ 挖沟槽长度，外墙按图示中心线长度计算，内墙按图示基础底面之间净长线长度计算；内外突出部分（垛、附墙烟囱等）体积并入沟槽土方工程量内计算。

⑦ 人工挖土方深度超过 1.5m 时，按表 3-15 增加工日。

表 3-15 人工挖土方超深增加工日   单位：100m³

深 2m 以内	深 4m 以内	深 6m 以内
5.55 工日	17.60 工日	26.16 工日

⑧ 挖管道沟槽按图示中心线长度计算。沟底宽度，设计有规定的，按设计规定尺寸计算；设计无规定的，可按表 3-16 规定的宽度计算。

表 3-16 管道地沟沟底宽度计算表   单位：m

管径/mm	铸铁管、钢管、石棉水泥管	混凝土、钢筋混凝土、预应力混凝土管	陶土管
50～70	0.60	0.80	0.70
100～200	0.70	0.90	0.80
250～350	0.80	1.00	0.90
400～450	1.00	1.30	1.10

续表

管径/mm	铸铁管、钢管、石棉水泥管	混凝土、钢筋混凝土、预应力混凝土管	陶土管
500~600	1.30	1.50	1.40
700~800	1.60	1.80	—
900~1000	1.80	2.00	—
1100~1200	2.00	2.30	—
1300~1400	2.20	2.60	—

注：1. 按上表计算管道沟土方工程量时，各种井类及管道（不含铸铁给排水管）接口等处需加宽，增加的土方量不再另行计算。底面积大于 $20m^2$ 的井类，其增加工程量并入管沟土方内计算。

2. 铺设铸铁给排水管道时，其接口等处土方增加量可按铸铁给排水管道地沟土方总量的 2.5% 计算。

⑨ 沟槽、基坑深度按图示槽、坑底面至室外地坪深度计算；管道地沟按图示沟底至室外地坪深度计算。

（七）土石方回填与运输计算

1. 土（石）方回填

土（石）方回填土区分夯填、松填，按图示回填体积并依下列规定，以"m^3"计算。

① 沟槽、基坑回填土，沟槽、基坑回填体积以挖方体积减去设计室外地坪以下埋设砌筑物（包括基础垫层、基础等）体积计算。

② 管道沟槽回填，以挖方体积减去管径所占体积计算。管径在 500mm 以下的不扣除管道所占体积；管径超过 500mm 以上时，按表 3-17 的规定扣除管道所占体积计算。

表 3-17 管道扣除土方体积

管道名称	管道直径/mm					
	501~600	601~800	801~1000	1001~1200	1201~1400	1401~1600
钢管	0.21	0.44	0.71			
铸铁管	0.24	0.49	0.77			
混凝土管	0.33	0.60	0.92	1.15	1.35	1.55

③ 房心回填土，按主墙之间的面积乘以回填土厚度计算。

④ 余土或取土工程量，可按下式计算：

$$余土外运体积＝挖土总体积－回填土总体积$$

当计算结果为正值时为余土外运体积，负值时为取土体积。

⑤ 地基强夯按设计图示强夯面积，区分夯击能量，夯击遍数以"m^2"计算。

2. 土方运距计算规则

① 推土机推土运距：按挖方区重心至回填区重心之间的直线距离计算。

② 铲运机运土运距：按挖方区重心至卸土区重心加转向距离 45m 计算。

③ 自卸汽车运土运距：按挖方区重心至填土区（或堆放地点）重心的最短距离计算。

（八）石方工程

岩石开凿及爆破工程量按不同石质采用不同方法计算：

① 人工凿岩石，按图示尺寸以"m^3"计算；

② 爆破岩石按图示尺寸以"m^3"计算。其沟槽、基坑深度、宽度允许超挖量：次坚石为 200mm，特坚石为 150mm。超挖部分岩石并入岩石挖方量之内计算。

（九）井点降水计算

井点降水计算的具体内容如下。

① 井点降水区别轻型井点、喷射井点、大口径井点、电渗井点、水平井点，按不同井臂深度的井管安装、拆除，以根为单位计算，按使用套、使用天计算。

② 井点套组成：轻型井点，50 根为 1 套；喷射井点，30 根为 1 套；大口径井点，45 根为 1 套；电渗井点阳极，30 根为 1 套；水平井点，10 根为 1 套。

③ 井管间距应根据地质条件和施工降水要求，依施工组织设计确定，施工组织设计没有规定时，可按轻型井点管距 0.8～1.6m，喷射井点管距 2～3m 确定。

④ 使用天应以每昼夜 24h 为一天，使用天数应按施工组织设计规定的使用天数计算。

第四节 地基处理与边坡支护工程

(一) 地基处理

地基处理工程量清单项目设置、项目特征描述的内容、计量单位及工程量计算规则应按表 3-18 的规定执行。

表 3-18 地基处理（编码：010201）

项目编码	项目名称	项目特征	计量单位	工程量计算规则	工作内容
010201001	换填垫层	1. 材料种类及配比 2. 压实系数 3. 掺加剂品种	m^3	按设计图示尺寸以体积计算	1. 分层铺填 2. 碾压、振密或夯实 3. 材料运输
010201002	铺设土工合成材料	1. 部位 2. 品种 3. 规格		按设计图示尺寸以面积计算	1. 挖填锚固沟 2. 铺设 3. 固定 4. 运输
010201003	预压地基	1. 排水竖井种类、断面尺寸、排列方式、间距、深度 2. 预压方法 3. 预压荷载、时间 4. 砂垫层厚度	m^2		1. 设置排水竖井、盲沟、滤水管 2. 铺设砂垫层、密封膜 3. 堆载、卸载或抽气设备安拆、抽真空 4. 材料运输
010201004	强夯地基	1. 夯击能量 2. 夯击遍数 3. 地耐力要求 4. 夯填材料种类		按设计图示尺寸以加固面积计算	1. 铺设分填材料 2. 强夯 3. 夯填材料运输
010201005	振冲密实（不填料）	1. 地层情况 2. 振密深度 3. 孔距			1. 振冲加密 2. 泥浆运输
010201006	振冲桩（填料）	1. 地层情况 2. 空桩长度、桩长 3. 桩径 4. 填充材料种类	1. m 2. m^3	1. 以米计量，按设计图示尺寸以桩长计算 2. 以立方米计量，按设计桩截面乘以桩长以体积计算	1. 振冲成孔、填料、振实 2. 材料运输 3. 泥浆运输
010201007	砂石桩	1. 地层情况 2. 空桩长度、桩长 3. 桩径 4. 成孔方法 5. 材料种类、级配		1. 以米计量，按设计图示尺寸以桩长（包括桩尖）计算 2. 以立方米计量，按设计桩截面乘以桩长（包括桩尖）以体积计算	1. 成孔 2. 填充、振实 3. 材料运输

项目编码	项目名称	项目特征	计量单位	工程量计算规则	工作内容
010201008	水泥粉煤灰碎石桩	1. 地层情况 2. 空桩长度、桩长 3. 桩径 4. 成孔方法 5. 混合料强度等级	m	按设计图示尺寸以桩长(包括桩尖)计算	1. 成孔 2. 混合料制作、灌注、养护 3. 材料运输
010201009	深层搅拌桩	1. 地层情况 2. 空桩长度、桩长 3. 桩截面尺寸 4. 水泥强度等级、掺量		按设计图示尺寸以桩长计算	1. 预搅下钻、水泥浆制作、喷浆搅拌、提升成桩 2. 材料运输
010201010	粉喷桩	1. 地层情况 2. 空桩长度、桩长 3. 桩径 4. 粉体种类、掺量 5. 水泥强度等级、石灰粉要求		按设计图示尺寸以桩长计算	1. 预搅下钻、喷粉搅拌提升成桩 2. 材料运输
010201011	夯实水泥土桩	1. 地层情况 2. 空桩长度、桩长 3. 桩径 4. 成孔方法 5. 水泥强度等级 6. 混合料配比		按设计图示尺寸以桩长(包括桩尖)计算	1. 成孔、夯底 2. 水泥土拌和、填料、夯实 3. 材料运输
010201012	高压喷射注浆桩	1. 地层情况 2. 空桩长度、桩长 3. 桩截面 4. 注浆类型、方法 5. 水泥强度等级	m	按设计图示尺寸以桩长计算	1. 成孔 2. 水泥浆制作、高压喷射注浆 3. 材料运输
010201013	石灰桩	1. 地层情况 2. 空桩长度、桩长 3. 桩径 4. 成孔方法 5. 掺和料种类、配合比		按设计图示尺寸以桩长(包括桩尖)计算	1. 成孔 2. 混合料制作、运输、夯填
010201014	灰土(土)挤密桩	1. 地层情况 2. 空桩长度、桩长 3. 桩径 4. 成孔方法 5. 灰土级配			1. 成孔 2. 灰土拌和、运输、填充、夯实
10201015	柱锤冲扩桩	1. 地层情况 2. 空桩长度、桩长 3. 桩径 4. 成孔方法 5. 桩体材料种类、配合比		按设计图示尺寸以桩长计算	1. 安拔套管 2. 冲孔、填料、夯实 3. 桩体材料制作、运输
010201016	注浆地基	1. 地层情况 2. 空钻深度、注浆深度 3. 注浆间距 4. 浆液种类及配比 5. 注浆方法 6. 水泥强度等级	1. m 2. m³	1. 以米计量,按设计图示尺寸以钻孔深度计算 2. 以立方米计量,按设计图示尺寸以加固体积计算	1. 成孔 2. 注浆导管制作、安装 3. 浆液制作、压浆 4. 材料运输

项目编码	项目名称	项目特征	计量单位	工程量计算规则	工作内容
10201017	褥垫层	1. 厚度 2. 材料品种及比例	1. m² 2. m³	1. 以平方米计量，按设计图示尺寸以铺设面积计算 2. 以立方米计量，按设计图示尺寸以体积计算	材料拌和、运输、铺设、压实

注：1. 地层情况按表 3-5 和表 3-6 的规定，并根据岩土工程勘察报告按单位工程各地层所占比例（包括范围值）进行描述。对无法准确描述的地层情况，可注明由投标人根据岩土工程勘察报告自行决定报价。

2. 项目特征中的桩长应包括桩尖，空桩长度＝孔深－桩长，孔深为自然地面至设计桩底的深度。

3. 高压喷射注浆类型包括旋喷、摆喷、定喷，高压喷射注浆方法包括单管法、双重管法、三重管法。

4. 如采用泥浆护壁成孔，工作内容包括土方、废泥浆外运；如采用沉管灌注成孔，工作内容包括桩尖制作、安装。

（二）基坑与边坡支护

基坑与边坡支护工程量清单项目设置、项目特征描述的内容、计量单位及工程量计算规则应按表 3-19 的规定执行。

表 3-19　基坑与边坡支护（编码：010202）

项目编码	项目名称	项目特征	计量单位	工程量计算规则	工作内容
010202001	地下连续墙	1. 地层情况 2. 导墙类型、截面 3. 墙体厚度 4. 成槽深度 5. 混凝土类别、强度等级 6. 接头形式	m³	按设计图示墙中心线长乘以厚度乘以槽深以体积计算	1. 导墙挖填、制作、安装、拆除 2. 挖土成槽、固壁、清底置换 3. 混凝土制作、运输、灌注、养护 4. 接头处理 5. 土方、废泥浆外运 6. 打桩场地硬化及泥浆池、泥浆沟
010202002	咬合灌注桩	1. 地层情况 2. 桩长 3. 桩径 4. 混凝土类别、强度等级 5. 部位		1. 以米计量，按设计图示尺寸以桩长计算 2. 以根计量，按设计图示数量计算	1. 成孔、固壁 2. 混凝土制作、运输、灌注、养护 3. 套管压拔 4. 土方、废泥浆外运 5. 打桩场地硬化及泥浆池、泥浆沟
010202003	圆木桩	1. 地层情况 2. 桩长 3. 材质 4. 尾径 5. 桩倾斜度	1. m 2. 根	1. 以米计量，按设计图示尺寸以桩长（包括桩尖）计算 2. 以根计量，按设计图示数量计算	1. 工作平台搭拆 2. 桩机竖拆、移位 3. 桩靴安装 4. 沉桩
010202004	预制钢筋混凝土板桩	1. 地层情况 2. 送桩深度、桩长 3. 桩截面 4. 沉桩方式 5. 连接方式 6. 混凝土强度等级			1. 工作平台搭拆 2. 桩机竖拆、移位 3. 沉桩 4. 板桩连接
010202005	型钢桩	1. 地层情况或部位 2. 送桩深度、桩长 3. 规格型号 4. 桩倾斜度 5. 防护材料种类 6. 是否拔出	1. t 2. 根	1. 以吨计量，按设计图示尺寸以质量计算 2. 以根计量，按设计图示数量计算	1. 工作平台搭拆 2. 桩机竖拆、移位 3. 打（拔）桩 4. 接桩 5. 刷防护材料

续表

项目编码	项目名称	项目特征	计量单位	工程量计算规则	工作内容
010202006	钢板桩	1. 地层情况 2. 桩长 3. 板桩厚度	1. t 2. m²	1. 以吨计量,按设计图示尺寸以质量计算 2. 以平方米计量,按设计图示墙中心线长乘以桩长以面积计算	1. 工作平台搭拆 2. 桩机竖拆、移位 3. 打拔钢板桩
010202007	预应力锚杆、锚索	1. 地层情况 2. 锚杆(索)类型、部位 3. 钻孔深度 4. 钻孔直径 5. 杆体材料品种、规格、数量 6. 预应力 7. 浆液种类、强度等级	1. m 2. 根	1. 以米计量,按设计图示尺寸以钻孔深度计算 2. 以根计量,按设计图示数量计算	1. 钻孔、浆液制作、运输、压浆 2. 锚杆、锚索索制作、安装 3. 张拉锚固 4. 锚杆、锚索施工平台搭设、拆除
010202008	土钉	1. 地层情况 2. 钻孔深度 3. 钻孔直径 4. 置入方法 5. 杆体材料品种、规格、数量 6. 浆液种类、强度等级			1. 钻孔、浆液制作、运输、压浆 2. 锚杆、土钉制作、安装 3. 锚杆、土钉施工平台搭设、拆除
010202009	喷射混凝土、水泥砂浆	1. 部位 2. 厚度 3. 材料种类 4. 混凝土(砂浆)类别、强度等级	m²	按设计图示尺寸以面积计算	1. 修整边坡 2. 混凝土(砂浆)制作、运输、喷射、养护 3. 钻排水孔、安装排水管 4. 喷射施工平台搭设、拆除
010202010	混凝土支撑	1. 部位 2. 混凝土种类 3. 混凝土强度等级	m³	按设计图示尺寸以体积计算	1. 模板(支架或支撑)制作、安装、拆除、堆放、运输及清理模内杂物、刷隔离剂等 2. 混凝土制作、运输、浇筑、振捣、养护
010202011	钢支撑	1. 部位 2. 钢材品种、规格 3. 探伤要求	t	按设计图示尺寸以质量计算。不扣除孔眼质量,焊条、铆钉、螺栓等不另增加质量	1. 支撑、铁件制作(摊销、租赁) 2. 支撑、铁件安装 3. 探伤 4. 刷漆 5. 拆除 6. 运输

注:1. 地层情况按表3-5和表3-6的规定,并根据岩土工程勘察报告按单位工程各地层所占比例(包括范围值)进行描述。对无法准确描述的地层情况,可注明由投标人根据岩土工程勘察报告自行决定报价。

2. 土钉置入方法包括钻孔置入、打入或射入等。

3. 混凝土种类指清水混凝土、彩色混凝土等,如在同一地区既使用预拌(商品)混凝土又允许现场搅拌混凝土时,也应注明(下同)。

4. 地下连续墙和喷射混凝土(砂浆)的钢筋网、咬合灌注桩的钢筋笼及钢筋混凝土支撑的钢筋制作、安装,按混凝土及钢筋混凝土工程中相关项目列项。本部分未列的基坑与边坡支护的排桩按桩基工程中相关项目列项。水泥土墙、坑内加固按表地基处理中相关项目编码列项。砖、石挡土墙、护坡按砌筑工程中相关项目编码列项。混凝土挡土墙按混凝土及钢筋混凝土工程中相关项目列项。

第五节 桩基工程

一、桩基工程工程量计算规则

(一)打桩

打桩工程量清单项目设置、项目特征描述的内容、计量单位及工程量计算规则应按表 3-20 的规定执行。

表 3-20 打桩(编码:010301)

项目编码	项目名称	项目特征	计量单位	工程量计算规则	工作内容
010301001	预制钢筋混凝土方桩	1. 地层情况 2. 送桩深度、桩长 3. 桩截面 4. 桩倾斜度 5. 沉桩方式 6. 接桩方式 7. 混凝土强度等级	1. m 2. m³ 3. 根	1. 以米计量,按设计图示尺寸以桩长(包括桩尖)计算 2. 以立方米计量,按设计图示截面积乘以桩长(包括桩尖)以实体积计算 3. 以根计量,按设计图示数量计算	1. 工作平台搭拆 2. 桩机竖拆、移位 3. 沉桩 4. 接桩 5. 送桩
010301002	预制钢筋混凝土管桩	1. 地层情况 2. 送桩深度、桩长 3. 桩外径、壁厚 4. 桩倾斜度 5. 沉桩方式 6. 接桩方式 7. 混凝土强度等级 8. 填充材料种类 9. 防护材料种类			1. 工作平台搭拆 2. 桩机竖拆、移位 3. 沉桩 4. 接桩 5. 送桩 6. 桩尖制作安装 7. 填充材料、刷防护材料
010301003	钢管桩	1. 地层情况 2. 送桩深度、桩长 3. 材质 4. 管径、壁厚 5. 桩倾斜度 6. 沉桩方法 7. 填充材料种类 8. 防护材料种类	1. t 2. 根	1. 以吨计量,按设计图示尺寸以质量计算 2. 以根计量,按设计图示数量计算	1. 工作平台搭拆 2. 桩机竖拆、移位 3. 沉桩 4. 接桩 5. 送桩 6. 切割钢管、精割盖帽 7. 管内取土 8. 填充材料、刷防护材料
010301004	截(凿)桩头	1. 桩类型 2. 桩头截面、高度 3. 混凝土强度等级 4. 有无钢筋	1. m³ 2. 根	1. 以立方米计量,按设计桩截面乘以桩头长度以体积计算 2. 以根计量,按设计图示数量计算	1. 截桩头 2. 凿平 3. 废料外运

注:1. 地层情况按表 3-5 和表 3-6 的规定,并根据岩土工程勘察报告按单位工程各地层所占比例(包括范围值)进行描述。对无法准确描述的地层情况,可注明由投标人根据岩土工程勘察报告自行决定报价。

2. 项目特征中的桩截面、混凝土强度等级、桩类型等可直接用标准图代号或设计桩型进行描述。

3. 预制钢筋混凝土方桩、预制钢筋混凝土管桩项目以成品桩编制,应包括成品桩购置费,如果用现场预制,应包括现场预制的所有费用。

4. 打试验桩和打斜桩应按相应项目编码单独列项,并应在项目特征中注明试验桩或斜桩(斜率)。

5. 截(凿)桩头项目适用于地基处理与边坡支护工程、桩基工程所列桩的桩头截(凿)。

6. 预制钢筋混凝土管桩桩顶与承台的连接构造按混凝土及钢筋混凝土工程相关项目列项。

（二）灌注桩

灌注桩工程量清单项目设置、项目特征描述的内容、计量单位及工程量计算规则应按表 3-21 的规定执行。

表 3-21　灌注桩（编码：010302）

项目编码	项目名称	项目特征	计量单位	工程量计算规则	工作内容
010302001	泥浆护壁成孔灌注桩	1. 地层情况 2. 空桩长度、桩长 3. 桩径 4. 成孔方法 5. 护筒类型、长度 6. 混凝土类别、强度等级			1. 护筒埋设 2. 成孔、固壁 3. 混凝土制作、运输、灌注、养护 4. 土方、废泥浆外运 5. 打桩场地硬化及泥浆池、泥浆沟
010302002	沉管灌注桩	1. 地层情况 2. 空桩长度、桩长 3. 复打长度 4. 桩径 5. 沉管方法 6. 桩尖类型 7. 混凝土类别、强度等级	1. m 2. m³ 3. 根	1. 以米计量，按设计图示尺寸以桩长（包括桩尖）计算 2. 以立方米计量，按不同截面在桩长范围内以体积计算 3. 以根计量，按设计图示数量计算	1. 打（沉）拔钢管 2. 桩尖制作、安装 3. 混凝土制作、运输、灌注、养护
010302003	干作业成孔灌注桩	1. 地层情况 2. 空桩长度、桩长 3. 桩径 4. 扩孔直径、高度 5. 成孔方法 6. 混凝土类别、强度等级			1. 成孔、扩孔 2. 混凝土制作、运输、灌注、振捣、养护
010302004	挖孔桩土（石）方	1. 土（石）类别 2. 挖孔深度 3. 弃土（石）运距	m³	按设计图示尺寸截面积乘以挖孔深度以立方米计算	1. 排地表水 2. 挖土、凿石 3. 基底钎探 4. 运输
010302005	人工挖孔灌注桩	1. 桩芯长度 2. 桩芯直径、扩底直径、扩底高度 3. 护壁厚度、高度 4. 护壁混凝土类别、强度等级 5. 桩芯混凝土类别、强度等级	1. m³ 2. 根	1. 以立方米计量，按桩芯混凝土体积计算 2. 以根计量，按设计图示数量计算	1. 护壁制作 2. 混凝土制作、运输、灌注、振捣、养护
010302006	钻孔压浆桩	1. 地层情况 2. 空钻长度、桩长 3. 钻孔直径 4. 水泥强度等级	1. m 2. 根	1. 以米计量，按设计图示尺寸以桩长计算 2. 以根计量，按设计图示数量计算	钻孔、下注浆管、投放骨料，浆液制作、运输，压浆

续表

项目编码	项目名称	项目特征	计量单位	工程量计算规则	工作内容
010302007	灌注桩后压浆	1. 注浆导管材料、规格 2. 注浆导管长度 3. 单孔注浆量 4. 水泥强度等级	孔	按设计图示以注浆孔数计算	1. 注浆导管制作、安装 2. 浆液制作、运输、压浆

注：1. 地层情况按表 3-5 和表 3-6 的规定，并根据岩土工程勘察报告按单位工程各地层所占比例（包括范围值）进行描述。对无法准确描述的地层情况，可注明由投标人根据岩土工程勘察报告自行决定报价。

2. 项目特征中的桩长应包括桩尖，空桩长度＝孔深－桩长，孔深为自然地面至设计桩底的深度。

3. 项目特征中的桩截面（桩径）、混凝土强度等级、桩类型等可直接用标准图代号或设计桩型进行描述。

4. 泥浆护壁成孔灌注桩是指在泥浆护壁条件下成孔，采用水下灌注混凝土的桩。其成孔方法包括冲击成孔、冲抓锥成孔、回旋钻成孔、潜水钻成孔、泥浆护壁的旋挖成孔等。

5. 沉管灌注桩的沉管方法包括锤击沉管法、振动沉管法、振动冲击沉管法、内夯沉管法等。

6. 干作业成孔灌注桩是指不用泥浆护壁和套管护壁的情况下，用钻机成孔后，下钢筋笼，灌注混凝土的桩，适于地下水位以上的土层使用。其成孔方法包括螺旋钻成孔、螺旋钻成孔扩底、干作业的旋挖成孔等。

7. 桩基础的承载力检测、桩身完整性检测等费用按国家相关取费标准单独计算，不在本清单项目中。

8. 混凝土灌注桩的钢筋笼制作、安装，按混凝土及钢筋混凝土工程中相关项目编码列项。

二、桩基工程工程量计算规则详解

（一）桩的分类

桩按施工方法的不同可分为预制桩和灌注桩两大类。

1. 预制桩

预制桩按所用材料的不同可分为混凝土预制桩、钢桩和木桩。沉桩的方式有锤击或振动打入、静力压入和旋入等。

（1）混凝土预制桩 混凝土预制桩的截面形状、尺寸和长度可在一定范围内按需要选择，其横截面有方、圆等各种形状。

预应力混凝土管桩采用先张法预应力和离心成型法制作。经高压蒸汽养护生产的为 PHC 管桩，其桩身混凝土强度等级为 C80 或高于 C80；未经高压蒸汽养护生产的为 PCTP 管桩（C60～接近 C80）。建筑工程中常用的 PHC、PC 管桩的外径一般为 300～600mm，分节长度为 5～13m。

（2）钢桩 常用的钢桩有下端开口或闭口的钢管桩以及 H 型钢桩等。

（3）木桩 木桩常用松木、杉木做成。其桩径（小头直径）一般为 160～260mm，桩长为 4～6m。

知识小贴士

混凝土预制桩。 普通实心方桩的截面边长一般为 300～500mm，现场预制桩的长度一般在 25～30m 以内，工厂预制桩的分节长度一般不超过 12m，沉桩时在现场通过接桩连接到所需长度。

钢桩。 一般钢管桩的直径为 250～1200mm。H 型钢桩的穿透能力强，自重轻，锤击沉桩的效果好，承载能力高，无论起吊、运输或是沉桩、接桩都很方便。其缺点是耗钢量大，成本高，因而只在少数重要工程中使用。

木桩。 木桩自重小，具有一定的弹性和韧性，又便于加工、运输和施工。木桩在泼水环境下是耐久的，但在干湿交替的环境中极易腐烂，故应打入最低地下水位为 0.5m。由于木桩的承载能力很小，以及木材的供应问题，现在只在木材产地和某些应急工程中使用。

2. 灌注桩

灌注桩是直接在所设计桩位处成孔，然后在孔内加入钢筋笼（也有省去钢筋的），再浇筑混凝土而成。与混凝土预制桩比较，灌注桩一般只根据使用期间可能出现的内力配置钢筋，用钢量较省。当持力层顶面起伏不平时，桩长可在施工过程中根据要求在某一范围内取定。灌注桩的横截面呈圆形，可以做成大直径和扩底桩。保证灌注桩承载力的关键在于施工时桩身的成形和混凝土质量。

灌注桩有几十个品种，大体可归纳为沉管灌注桩和钻（冲、磨、挖）孔灌注桩两大类。同一类桩还可按施工机械和施工方法以及直径的不同予以细分。

（1）沉管灌注桩　沉管灌注桩可采用锤击振动、振动冲击等方法沉管成孔，其施工程序为：打桩机就位→沉管→浇筑混凝土→边拔管、边振动→安放钢筋笼→继续浇筑混凝土→成型。

为了扩大桩径（这时桩距不宜太小）和防止缩颈，可对沉管灌注桩加以"复打"。所谓复打，就是在浇灌混凝土并拔出钢管后，立即在原位放置预制桩尖（或闭合管端活瓣），再次沉管，并再浇筑混凝土。复打后的桩，其横截面面积增大，承载力提高，但其造价也相应增加。

（2）钻（冲、磨）孔灌注桩　各种钻孔在施工时都要把桩孔位置处的土排出地面，然后清除孔内残渣，安放钢筋笼，最后浇筑混凝土。直径为 600mm 或 650mm 的钻孔桩，常用回转机具成孔，桩长 10～30m。目前国内的钻（冲）孔灌注桩在钻进时不下钢套筒，而是利用泥浆保护孔壁以防坍孔，清孔（排走孔底沉渣）后在水下浇筑混凝土，常用桩径为800mm、1000mm、1200mm 等。我国常用灌注桩的适用范围见表 3-22。

表 3-22　常用灌注桩的适用范围

成孔方法		适用范围
泥浆护壁成孔	冲抓 冲击，直径 800mm 回转钻	碎石类土、砂类土、粉土、黏性土及风化岩。冲击成孔的，进入中等风化和微风岩层的速度比回转钻快，深度可达 40m 以上。
	潜水钻 600mm,800mm	黏性土、淤泥、淤泥质土及砂土，深度可达 50m
干作业成孔	螺旋钻 400mm	地下水位以上的黏性土、粉土及人工填土，深度在 15m 内
	钻孔扩底，底部直径可达 1000mm	地下水位以上的坚硬，硬塑的黏性土及中密以上的砂类土
	机动洛阳铲（人工）	地下水位以上黏性土、黄土及人工填土
沉管成孔	锤击 340～800mm	硬塑黏性土、粉土、砂类土，直径 600mm 以上的可达强风化岩，深度可在 20～30m
	振动 400～500mm	可塑黏性土、中细砂、深度可达 20m
爆扩成孔，底部直径可在 800mm		地下水位以上的黏性土、黄土、碎石类土及风化岩

（3）挖孔桩　挖孔桩可采用人工或机械挖掘成孔。人工挖孔桩施工时应人工降低地下水位，每挖探 0.9～1.0m，就浇筑或喷射一圈混凝土护壁（上下圈之间用插筋连接），达到所需深度时，再进行扩孔，最后在护壁内安装钢筋和浇筑混凝土。挖孔桩的优点是可直接观察地层情况、孔底易清除干净、设备简单、噪声小、各场区同时施工、桩径大、适应性强，且比较经济。

(二) 工程量计算注意事项

① 计算打桩（灌注桩）工程量前应确定下列事项：

a. 确定土质级别，依工程地质资料中的土层构造，土壤的物理、化学性质及每米沉桩时间鉴别适用的定额土质级别；

b. 确定施工方法、工艺流程、采用机型，确定桩、土壤、泥浆运距。

② 打预制钢筋混凝土桩的体积，按设计桩长（包括桩尖，不扣除桩尖虚体积）乘以桩截面面积计算。管桩的空心体积应扣除。如管桩的空心部分按设计要求浇筑混凝土或其他填充材料时，应另行计算。

$$方桩：V = FLN$$

式中　V——预制钢筋混凝土桩工程量，m^3；

　　　F——预制钢筋混凝土桩截面面积，m^2；

　　　L——设计桩长（包括桩尖，不扣除桩尖虚体积），m；

　　　N——桩根数。

$$管桩：V = \pi(R^2 - r^2)LN$$

式中　R——管桩外半径，m；

　　　r——管桩内半径，m。

③ 接桩：电焊接桩按设计接头，以"个"计算；硫黄胶泥接桩按桩断面，以"平方米"计算。

④ 送桩：按桩截面面积乘以送桩长度（即打桩架底至桩顶面高度，或自桩顶面至自然地坪面另加 0.5m）计算。

⑤ 打拔钢板桩按钢板桩质量以"吨"计算。

⑥ 打孔灌注桩。

a. 混凝土桩、砂桩、碎石桩的体积，按设计规定的桩长（包括桩尖，不扣除桩尖虚体积）乘以钢管管箍外径截面面积计算。

灌注混凝土桩设计直径与钢管外径的选用见表 3-23。

表 3-23　灌注桩设计直径与钢管外径的选用

设计外径/mm	采用钢管外径/mm	
300	325	371
350	371	377
400	425	—
450	465	—

计算公式如下：

$$V = \pi D^2 L / 4$$

或

$$V = \pi R^2 L$$

式中　D——钢管外径，m；

　　　L——桩设计全长（包括桩尖），m；

　　　R——钢管半径，m。

b. 扩大桩的体积按单桩体积乘以次数计算。

c. 打孔后先埋入预制混凝土桩尖再灌注混凝土者，桩尖接钢筋混凝土规定计算体积，灌注桩按设计长度（自桩尖顶面至桩顶面高度）乘以钢管管箍外径截面面积计算。预制混凝土桩尖计算体积用以下公式进行计算：

$$V = (1/3\pi R^2 H_1 + \pi r^2 H_2)n$$

式中　R，H_1——桩尖的半径和高度，m；

r，H_2——桩尖芯的半径和高度，m；

n——桩的根数。

⑦ 钻孔灌注桩按设计桩长（包括桩尖，不扣除桩尖虚体积）增加 0.25m 乘以设计断面面积计算。

$$V = F(L + 0.25)N$$

式中　V——钻孔灌注桩工程量，m³；

F——钻孔灌注桩设计截面面积，m²；

L——设计桩长，m；

N——钻孔灌注桩根数。

⑧ 灌注混凝土桩的钢筋笼制作依设计规定，按钢筋混凝土相应项目以"吨"计算。

⑨ 泥浆运输工程量按钻孔体积以"立方米"计算。

⑩ 其他。

a. 安、拆导向夹具，按设计图纸规定的水平延长米计算；

b. 桩架 90°调面只适用轨道式、走管式、导杆、筒式柴油打桩机，以"次"计算。

第六节　砌筑工程计算

一、砌筑工程工程量计算规则

（一）砖砌体

砖砌体工程量清单项目设置、项目特征描述的内容、计量单位及工程量计算规则应按表 3-24 的规定执行。

表 3-24　砖砌体（编码：010401）

项目编码	项目名称	项目特征	计量单位	工程量计算规则	工作内容
010401001	砖基础	1. 砖品种、规格、强度等级 2. 基础类型 3. 砂浆强度等级 4. 防潮层材料种类	m³	按设计图示尺寸以体积计算 包括附墙垛基础宽出部分体积，扣除地梁（圈梁）、构造柱所占体积，不扣除基础大放脚 T 形接头处的重叠部分及嵌入基础内的钢筋、铁件、管道、基础砂浆防潮层和单个面积≤0.3m² 的孔洞所占体积，靠墙暖气沟的挑檐不增加 基础长度：外墙按外墙中心线，内墙按内墙净长线计算	1. 砂浆制作、运输 2. 砌砖 3. 防潮层铺设 4. 材料运输
010401002	砖砌挖孔桩护壁	1. 砖品种、规格、强度等级 2. 砂浆强度等级		按设计图示尺寸以立方米计算	1. 砂浆制作、运输 2. 砌砖 3. 材料运输

项目编码	项目名称	项目特征	计量单位	工程量计算规则	工作内容
010401003	实心砖墙	1. 砖品种、规格、强度等级 2. 墙体类型 3. 砂浆强度等级、配合比	m³	按设计图示尺寸以体积计算。 扣除门窗洞口、过人洞、空圈、嵌入墙内的钢筋混凝土柱、梁、圈梁、挑梁、过梁及凹进墙内的壁龛、管槽、暖气槽、消火栓箱所占体积,不扣除梁头、板头、檩头、垫木、木楞头、沿缘木、木砖、门窗走头、砖墙内加固钢筋、木筋、铁件、钢管及单个面积≤0.3m² 的孔洞所占的体积。凸出墙面的腰线、挑檐、压顶、窗台线、虎头砖、门窗套的体积亦不增加。凸出墙面的砖垛并入墙体体积内计算。 1. 墙长度:外墙按中心线、内墙按净长计算; 2. 墙高度: (1)外墙:斜(坡)屋面无檐口天棚者算至屋面板底;有屋架且室内外均有天棚者算至屋架下弦底另加200mm;无天棚者算至屋架下弦底另加 300mm,出檐宽度超过600mm 时按实砌高度计算;与钢筋混凝土楼板隔层者算至板顶。平屋顶算至钢筋混凝土板底。 (2)内墙:位于屋架下弦者,算至屋架下弦底;无屋架者算至天棚底另加100mm;有钢筋混凝土楼板隔层者算至楼板顶;有框架梁时算至梁底。 (3)女儿墙:从屋面板上表面算至女儿墙顶面(如有混凝土压顶时算至压顶下表面)。 (4)内、外山墙:按其平均高度计算。 3. 框架间墙:不分内外墙按墙体净尺寸以体积计算。 4. 围墙:高度算至压顶上表面(如有混凝土压顶时算至压顶下表面),围墙柱并入围墙体积内	1. 砂浆制作、运输 2. 砌砖 3. 刮缝 4. 砖压顶砌筑 5. 材料运输
010401004	多孔砖墙	1. 砖品种、规格、强度等级 2. 墙体类型 3. 砂浆强度等级、配合比			
010401005	空心砖墙	1. 砖品种、规格、强度等级 2. 墙体类型 3. 砂浆强度等级、配合比			
010401006	空斗墙	1. 砖品种、规格、强度等级 2. 墙体类型 3. 砂浆强度等级、配合比	m³	按设计图示尺寸以空斗墙外形体积计算。墙角、内外墙交接处、门窗洞口立边、窗台砖、屋檐处的实砌部分体积并入空斗墙体积内	1. 砂浆制作、运输 2. 砌砖 3. 装填充料 4. 刮缝 5. 材料运输
010401007	空花墙			按设计图示尺寸以空花部分外形体积计算,不扣除空洞部分体积	
010404008	填充墙			按设计图示尺寸以填充墙外形体积计算	
010401009	实心砖柱	1. 砖品种、规格、强度等级 2. 柱类型 3. 砂浆强度等级、配合比		按设计图示尺寸以体积计算。扣除混凝土及钢筋混凝土梁垫、梁头所占体积	1. 砂浆制作、运输 2. 砌砖 3. 刮缝 4. 材料运输
010401010	多孔砖柱	1. 砖品种、规格、强度等级 2. 柱类型 3. 砂浆强度等级、配合比		按设计图示尺寸以体积计算。扣除混凝土及钢筋混凝土梁垫、梁头所占体积	

续表

项目编码	项目名称	项目特征	计量单位	工程量计算规则	工作内容
010401011	砖检查井	1. 井截面 2. 砖品种、规格、强度等级 3. 垫层材料种类、厚度 4. 底板厚度 5. 井盖安装 6. 混凝土强度等级 7. 砂浆强度等级 8. 防潮层材料种类	座	按设计图示数量计算	1. 砂浆制作、运输 2. 铺设垫层 3. 底板混凝土制作、运输、浇筑、振捣、养护 4. 砌砖 5. 刮缝 6. 井池底、壁抹灰 7. 抹防潮层 8. 材料运输
010401012	零星砌砖	1. 零星砌砖名称、部位 2. 砖品种、规格、强度等级 3. 砂浆强度等级、配合比	1. m³ 2. m² 3. m 4. 个	1. 以立方米计量,按设计图示尺寸截面积乘以长度计算 2. 以平方米计量,按设计图示尺寸水平投影面积计算 3. 以米计量,按设计图示尺寸长度计算 4. 以个计量,按设计图示数量计算	1. 砂浆制作、运输 2. 砌砖 3. 刮缝 4. 材料运输
010401013	砖散水、地坪	1. 砖品种、规格、强度等级 2. 垫层材料种类、厚度 3. 散水、地坪厚度 4. 面层种类、厚度 5. 砂浆强度等级	m²	按设计图示尺寸以面积计算	1. 土方挖、运、填 2. 地基找平、夯实 3. 铺设垫层 4. 砌砖散水、地坪 5. 抹砂浆面层
010401014	砖地沟、明沟	1. 砖品种、规格、强度等级 2. 沟截面尺寸 3. 垫层材料种类、厚度 4. 混凝土强度等级 5. 砂浆强度等级	m	以米计量,按设计图示以中心线长度计算	1. 土方挖、运、填 2. 铺设垫层 3. 底板混凝土制作、运输、浇筑、振捣、养护 4. 砌砖 5. 刮缝、抹灰 6. 材料运输

注:1. "砖基础"项目适用于各种类型砖基础,如柱基础、墙基础、管道基础等。

2. 基础与墙(柱)身使用同一种材料时,以设计室内地面为界(有地下室者,以地下室室内设计地面为界),以下为基础,以上为墙(柱)身。基础与墙身使用不同材料时,位于设计室内地面高度≤±300mm时,以不同材料为分界线,高度>±300mm时,以设计室内地面为分界线。

3. 砖围墙以设计室外地坪为界,以下为基础,以上为墙身。

4. 框架外表面的镶贴砖部分,按零星项目编码列项。

5. 附墙烟囱、通风道、垃圾道应按设计图示尺寸以体积(扣除孔洞所占体积)计算,并入所依附的墙体体积内。当设计规定孔洞内需抹灰时,应按楼地面装饰工程中零星抹灰项目编码列项。

6. 空斗墙的窗间墙、窗台下、楼板下、梁头下等的实砌部分,按零星砌砖项目编码列项。

7. "空花墙"项目适用于各种类型的空花墙。使用混凝土花格砌筑的空花墙,实砌墙体与混凝土花格应分别计算,混凝土花格按混凝土及钢筋混凝土中预制构件相关项目编码列项。

8. 台阶、台阶挡墙、梯带、锅台、炉灶、蹲台、池槽、池槽腿、砖胎模、花台、花池、楼梯栏板、阳台栏板、地垄墙、≤0.3m²的孔洞填塞等,应按零星砌砖项目编码列项。砖砌锅台与炉灶可按外形尺寸以个计算,砖砌台阶可按水平投影面积以平方米计算,小便槽、地垄墙可按长度计算,其他工程按立方米计算。

9. 砖砌体内钢筋加固,应按混凝土及钢筋混凝土工程中相关项目编码列项。

10. 砖砌体勾缝按楼地面装饰工程中相关项目编码列项。

11. 检查井内的爬梯按混凝土及钢筋混凝土工程中相关项目编码列项;井、池内的混凝土构件按混凝土及钢筋混凝土工程中混凝土及钢筋混凝土预制构件编码列项。

12. 如施工图设计标注"做法见标准图集"时,应注明标准图集的编码、页号及节点大样。

（二）砌块砌体

砌块砌体工程量清单项目设置、项目特征描述的内容、计量单位及工程量计算规则应按表 3-25 的规定执行。

表 3-25　砌块砌体（编码：010402）

项目编码	项目名称	项目特征	计量单位	工程量计算规则	工作内容
010402001	砌块墙	1. 砌块品种、规格、强度等级 2. 墙体类型 3. 砂浆强度等级	m³	设计图示尺寸以体积计算。 扣除门窗洞口、过人洞、空圈、嵌入墙内的钢筋混凝土柱、梁、圈梁、挑梁、过梁及凹进墙内的壁龛、管槽、暖气槽、消火栓箱所占体积，不扣除梁头、板头、檩头、垫木、木楞头、沿缘木、木砖、门窗走头、砌块墙内加固钢筋、木筋、铁件、钢管及单个面积≤0.3m² 的孔洞所占的体积。凸出墙面的腰线、挑檐、压顶、窗台线、虎头砖、门窗套的体积亦不增加。凸出墙面的砖垛并入墙体体积内计算。 1. 墙长度：外墙按中心线、内墙按净长计算； 2. 墙高度： (1)外墙：斜(坡)屋面无檐口天棚者算至屋面板底；有屋架且室内外均有天棚者算至屋架下弦底另加 200mm；无天棚者算至屋架下弦底另加 300mm；出檐宽度超过 600mm 时按实砌高度计算；与钢筋混凝土楼板隔层者算至板顶；平屋面算至钢筋混凝土板底。 (2)内墙：位于屋架下弦者，算至屋架下弦底；无屋架者算至天棚底另加 100mm；有钢筋混凝土楼板隔层者算至楼板顶；有框架梁时算至梁底。 (3)女儿墙：从屋面板上表面算至女儿墙顶面（如有混凝土压顶时算至压顶下表面）。 (4)内、外山墙：按其平均高度计算。 3. 框架间墙：不分内外墙，按墙体净尺寸以体积计算。 4. 围墙：高度算至压顶上表面（如有混凝土压顶时算至压顶下表面），围墙柱并入围墙体积内	1. 砂浆制作、运输 2. 砌砖、砌块 3. 勾缝 4. 材料运输
010402002	砌块柱	1. 砖品种、规格、强度等级 2. 墙体类型 3. 砂浆强度等级		按设计图示尺寸以体积计算。 扣除混凝土及钢筋混凝土梁垫、梁头、板头所占体积	

注：1. 砌体内加筋、墙体拉结的制作、安装，应按清单中相关项目编码列项。

2. 砌块排列应上、下错缝搭砌，如果搭错缝长度满足不了规定的压搭要求，应采取压砌钢筋网片的措施，具体构造要求按设计规定。若设计无规定时，应注明由投标人根据工程实际情况自行考虑。

3. 砌体垂直灰缝宽＞30mm 时，采用 C20 细石混凝土灌实。灌注的混凝土应按混凝土及钢筋混凝土工程相关项目编码列项。

（三）石砌体

石砌体工程量清单项目设置、项目特征描述的内容、计量单位及工程量计算规则应按表 3-26的规定执行。

表 3-26 石砌体（编码：010403）

项目编码	项目名称	项目特征	计量单位	工程量计算规则	工作内容
010403001	石基础	1. 石料种类、规格 2. 基础类型 3. 砂浆强度等级		按设计图示尺寸以体积计算。 　　包括附墙垛基础宽出部分体积，不扣除基础砂浆防潮层及单个面积≤0.3m² 的孔洞所占体积，靠墙暖气沟的挑檐不增加体积。基础长度：外墙按中心线，内墙按净长计算	1. 砂浆制作、运输 2. 吊装 3. 砌石 4. 防潮层铺设 5. 材料运输
010403002	石勒脚	1. 石料种类、规格 2. 石表面加工要求 3. 勾缝要求 4. 砂浆强度等级、配合比		按设计图示尺寸以体积计算，扣除单个面积＞0.3m² 的孔洞所占的体积	
010403003	石墙	1. 石料种类、规格 2. 石表面加工要求 3. 勾缝要求 4. 砂浆强度等级、配合比	m³	按设计图示尺寸以体积计算。 　　扣除门窗洞口、过人洞、空圈、嵌入墙内的钢筋混凝土柱、梁、圈梁、挑梁、过梁及凹进墙内的壁龛、管槽、暖气槽、消火栓箱所占体积，不扣除梁头、板头、檩头、垫木、木楞头、沿缘木、木砖、门窗走头、石墙内加固钢筋、木筋、铁件、钢管及单个面积≤0.3m² 的孔洞所占的体积。凸出墙面的腰线、挑檐、压顶、窗台线、虎头砖、门窗套的体积亦不增加。凸出墙面的砖垛并入墙体体积内计算。 　　1. 墙长度：外墙按中心线、内墙按净长计算； 　　2. 墙高度： 　　(1)外墙：斜(坡)屋面无檐口天棚者算至屋面板底；有屋架且室内外均有天棚者算至屋架下弦底另加 200mm；无天棚者算至屋架下弦底另加 300mm；出檐宽度超过 600mm 时按实砌高度计算；平屋顶算至钢筋混凝土板底。 　　(2)内墙：位于屋架下弦者，算至屋架下弦底；无屋架者算至天棚底另加 100mm；有钢筋混凝土楼板隔层者算至楼板顶；有框架梁时算至梁底。 　　(3)女儿墙：从屋面板上表面算至女儿墙顶面(如有混凝土压顶时算至压顶下表面)。 　　(4)内、外山墙：按其平均高度计算。 　　3. 围墙：高度算至压顶上表面(如有混凝土压顶时算至压顶下表面)，围墙柱并入围墙体积内	1. 砂浆制作、运输 2. 吊装 3. 砌石 4. 石表面加工 5. 勾缝 6. 材料运输

续表

项目编码	项目名称	项目特征	计量单位	工程量计算规则	工作内容
010403004	石挡土墙	1. 石料种类、规格 2. 石表面加工要求 3. 勾缝要求 4. 砂浆强度等级、配合比		按设计图示尺寸以体积计算	1. 砂浆制作、运输 2. 吊装 3. 砌石 4. 变形缝、泄水孔、压顶抹灰 5. 滤水层 6. 勾缝 7. 材料运输
010403005	石柱				1. 砂浆制作、运输 2. 吊装 3. 砌石 4. 石表面加工 5. 勾缝 6. 材料运输
010403006	石栏杆		m	按设计图示尺寸以长度计算	
010403007	石护坡	1. 垫层材料种类、厚度 2. 石料种类、规格 3. 护坡厚度、高度 4. 石表面加工要求 5. 勾缝要求 6. 砂浆强度等级、配合比	m³	按设计图示尺寸以体积计算	1. 铺设垫层 2. 石料加工 3. 砂浆制作、运输 4. 砌石 5. 石表面加工 6. 勾缝 7. 材料运输
010403008	石台阶				
010403009	石坡道		m²	按设计图示以水平投影面积计算	
010403010	石地沟、明沟	1. 沟截面尺寸 2. 土壤类别、运距 3. 垫层材料种类、厚度 4. 石料种类、规格 5. 石表面加工要求 6. 勾缝要求 7. 砂浆强度等级、配合比	m	按设计图示以中心线长度计算	1. 土方挖、运 2. 砂浆制作、运输 3. 铺设垫层 4. 砌石 5. 石表面加工 6. 勾缝 7. 回填 8. 材料运输

注：1. 石基础、石勒脚、石墙的划分：基础与勒脚应以设计室外地坪为界。勒脚与墙身应以设计室内地面为界。石围墙内外地坪标高不同时，应以较低地坪标高为界，以下为基础；内外标高之差为挡土墙时，挡土墙以上为墙身。

2. "石基础"项目适用于各种规格（粗料石、细料石等）、各种材质（砂石、青石等）和各种类型（柱基、墙基、直形、弧形等）的基础。

3. "石勒脚""石墙"项目适用于各种规格（粗料石、细料石等）、各种材质（砂石、青石、大理石、花岗石等）和各种类型（直形、弧形等）的勒脚和墙体。

4. "石挡土墙"项目适用于各种规格（粗料石、细料石、块石、毛石、卵石等）、各种材质（砂石、青石、石灰石等）和各种类型的（直形、弧形、台阶形等）的挡土墙。

5. "石柱"项目适用于各种规格、各种石质、各种类型的石柱。

6. "石栏杆"项目适用于无雕饰的一般石栏杆。

7. "石护坡"项目适用于各种石质和各种石料（粗料石、细料石、片石、块石、毛石、卵石等）。

8. "石台阶"项目包括石梯带（垂带），不包括石梯膀，石梯膀应按桩基工程中石挡土墙项目编码列项。

9. 如施工图设计标注"做法见标准图集"时，应在项目特征描述中注明标准图集的编码、页号及节点大样。

（四）垫层

垫层工程量清单项目设置、项目特征描述的内容、计量单位及工程量计算规则应按表 3-27 的规定执行。

表 3-27　垫层（编码：010404）

项目编码	项目名称	项目特征	计量单位	工程量计算规则	工作内容
010404001	垫层	垫层材料种类、配合比、厚度	m³	按设计图示尺寸以立方米计算	1. 垫层材料的拌制 2. 垫层铺设 3. 材料运输

注：除混凝土垫层应按混凝土及钢筋混凝土工程中相关项目编码列项外，没有包括垫层要求的清单项目应按本表垫层项目编码列项。

二、砌筑工程计算规则详解

（一）砌筑工程的内容

砌筑工程主要内容包括砌砖、砌石和构筑物三部分，具体内容如表 3-28 所示。

表 3-28　砌筑工程的主要内容

名称	内容
砌砖	砖基础、砖柱；砌块墙、多孔砖墙；砖砌外墙；砖砌内墙；空斗墙、空花墙；填充墙、墙面砌贴砖（地下室）；墙基防潮、围墙及其他
砌石	毛石基础、护坡、墙身；方整石墙、柱、台阶；荒料毛石加工（毛石面加工）
构筑物	烟囱砖基础，筒身及砖加工；烟囱内衬；烟道砌砖及烟道内衬；砖水塔；砌筑工程的内容可以参考图 3-9

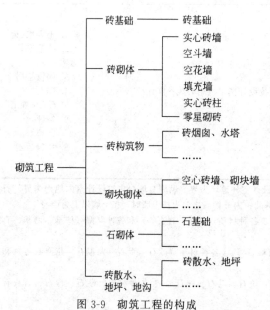

图 3-9　砌筑工程的构成

（二）计算规则详解

1. 砌筑工程量一般规则

砌筑工程量的一般规则如下。

① 计算墙体时，应扣除门窗洞口、过人洞、空圈、嵌入墙身的钢筋混凝土柱、梁（包括过梁、圈梁、挑梁）、砖平碹、平砌砖过梁和暖气包壁龛及内墙板头的体积，并不扣除梁头、外墙板头、檩头、垫木、木楞头、沿椽木、木砖、门窗走头、砖墙内的加固钢筋、木筋、铁件、钢管及每个面积在 0.3 m² 以下的孔洞等所占的体积，突出墙面的窗台虎头砖、压顶线、山墙泛水、烟囱根、门窗套及三皮砖以内的腰线和挑檐体积亦不增加。

② 砖垛、三皮砖以上的腰线和挑檐等体积并入墙身体积内计算。

③ 附墙烟囱（包括附墙通风道、垃圾道）按其外形体积计算，并入所依附的墙体积内，不扣除每一个孔洞横截面在 0.1 m² 以下的体积，但孔洞内的抹灰工程量亦不增加。

④ 女儿墙高度，自外墙顶面至图示女儿墙顶面高度，区分不同墙厚并入外墙计算。

⑤ 砖平拱、平砌砖过梁按图示尺寸以立方米计算。如设计无规定时，砖平碹按门窗洞口宽度两端共加 100mm，乘以高度（门窗洞口宽小于 1500mm 时，高度为 240mm，大于 1500mm 时高度为 365mm）计算；平砌砖过梁按门窗洞口宽度两端共加 500mm，高度按 440mm 计算。

2. 砌体厚度计算

① 标准砖以 240mm×115mm×53mm 为准，其砌体计算厚度按表 3-29 计算。

表 3-29　标准砖砌体计算厚度

砖数（厚度）	1/4	1/2	3/4	1	1.5	2	2.5	3
计算厚度/mm	53	115	180	240	365	490	615	740

② 使用非标准砖时，其砌体厚度应按砖实际规格和设计厚度计算。

3. 基础与墙身的划分

① 基础与墙（柱）身使用同一种材料时，以设计室内地面为界（有地下室者，以地下室室内设计地面为界），以下为基础，以上为墙（柱）身。

② 基础与墙身使用不同材料时，位于设计室内地面±300mm 以内时，以不同材料为分界线，超过±300mm 时以设计室内地面为分界线。

③ 砖、石围墙以设计室外地坪为界线，以下为基础，以上为墙身。

4. 基础长度计算

① 外墙墙基按外墙中心线长度计算；内墙墙基按内墙基净长计算。基础大放脚 T 形接头处的重叠部分以及嵌入基础的钢筋、铁件、管道、基础防潮层和单个面积在 0.3m² 以内孔洞所占的体积不予扣除，但靠墙暖气沟的挑檐亦不增加。附墙垛基础宽出部分体积应并入基础工程量内。

② 砖砌挖孔桩护壁工程量按实砌体积计算。

5. 墙长度计算

外墙长度按外墙中心线长度计算，内墙长度按内墙净长线计算。

6. 墙身高度计算

（1）外墙墙身高度　斜（坡）屋面无檐口、无天棚者（图 3-10）算至屋面板底；有屋架，且室内外均有天棚者（图 3-11）算至屋架下弦底面另加 200mm；无天棚者算至屋架下弦底加 300mm，出檐宽度超过 600mm 时应按实砌高度计算；平屋面（图 3-12）算至钢筋混凝土板底。

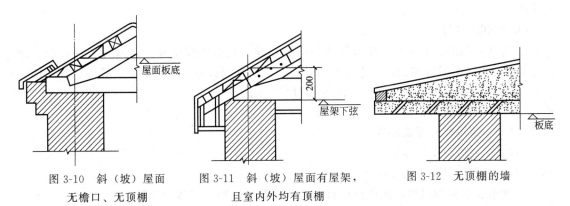

图 3-10　斜（坡）屋面
无檐口、无顶棚

图 3-11　斜（坡）屋面有屋架，
且室内外均有顶棚

图 3-12　无顶棚的墙

（2）内墙墙身高度　位于屋架下弦者，其高度算至屋架底；无屋架者算至天棚底另加100mm；有钢筋混凝土楼板隔层者算至板底；有框架梁时算至梁底面。

（3）内、外山墙墙身高度　按其平均高度计算。

7. 框架间砌体计算

框架间砌体区分内外墙以框架间的净空面积乘以墙厚计算，框架外表镶贴砖部分亦并入框架间砌体工程量内计算。

8. 空花墙计算

按空花部分外形体积以"立方米"计算，空花部分不予扣除，其中实体部分以立方米另行计算。

9. 空斗墙计算

按外形尺寸以"立方米"计算，墙角、内外墙交接处，门窗洞口立边，窗台砖及屋檐处的实砌部分已包括在定额内，不另行计算，但窗间墙、窗台下、楼板下、梁头下等实砌部分应另行计算，套零星砌体定额项目。

10. 多孔砖、空心砖计算

按图示厚度以"立方米"计算，不扣除其孔、空心部分体积。

11. 填充墙计算

按外形尺寸以"立方米"计算，其中实砌部分已包括在定额内，不另计算。

12. 加气混凝土墙、硅酸盐砌块墙、小型空心砌块墙计算

按图示尺寸以"立方米"计算，按设计规定需要镶嵌砖砌体部分已包括在定额内，不另计算。

13. 其他砖砌体计算

其他砖砌体计算的内容如下。

① 砖砌锅台、炉灶，不分大小，均按图示外形尺寸以"立方米"计算，不扣除各种空洞的体积。

② 砖砌台阶（不包括梯带）按水平投影面积以"平方米"计算。

③ 厕所蹲台、水槽腿、灯箱、垃圾箱、台阶挡墙或梯带、花台、花池、地垄墙及支撑地楞的砖墩、房上烟囱、屋面架空隔热层砖墩及毛石墙的门窗立边、窗台虎头砖等实砌体积，以"立方米"计算，套用零星砌体定额项目。

④ 检查井及化粪池部分壁厚均以"立方米"计算，洞口上的砖平拱碹等并入砌体体积内计算。

⑤ 砖砌地沟不分墙基、墙身，合并以"立方米"计算。石砌地沟按其中心线长度以延米计算。

14. 砖烟囱计算

① 筒身，圆形、方形均按图示筒壁平均中心线周长乘以厚度并扣除筒身各种孔洞、钢筋混凝土过梁、圈梁等体积以"立方米"计算，其筒壁周长不同时可按下式分段计算，即

$$V = \sum H \times C \times \pi D$$

式中　V——筒身体积；

　　　H——每段筒身垂直高度；

　　　C——每段筒壁厚度；

　　　D——每段筒壁中心线的平均直径。

② 烟道、烟囱内衬按不同内衬材料并扣除孔洞后以图示实体积计算。

③ 烟囱内壁表面隔热层，按筒身内壁并扣除各种孔洞后的面积以"平方米"计算；填料按烟囱内衬与筒身之间的中心线平均周长乘以图示宽度和高度，并扣除各种孔洞所占体积（但不扣除连接横砖及防沉带体积）后以"立方米"计算。

④ 烟道砌砖：烟道与炉体的划分以第一道闸门为界，炉体内的烟道部分列入炉体工程量计算。

15. 砖砌水塔

① 水塔基础与塔身划分：以砖砌体的扩大部分顶面为界，以上为塔身，以下为基础，分别套相应基础砌体定额。

② 塔身以图示实砌体积计算，并扣除门窗洞口和混凝土构件所占体积，砖平拱碹及砖出檐等并入塔身体积内计算，套水塔砌筑定额。

③ 砖水箱内外壁，不分壁厚，均以图图示实砌体积计算，套相应的内外砖墙定额。

16. 砌体内钢筋

砌体内的钢筋加固应根据设计规定以"吨"计算，套钢筋混凝土工程相应项目。

第七节 混凝土及钢筋混凝土工程计算

一、混凝土及钢筋混凝土工程量计算规则

（一）现浇混凝土基础

现浇混凝土基础工程量清单项目设置、项目特征描述的内容、计量单位、工程量计算规则应按表 3-30 的规定执行。

表 3-30 现浇混凝土基础（编码：010501）

项目编码	项目名称	项目特征	计量单位	工程量计算规则	工作内容
010501001	垫层	1. 混凝土类别 2. 混凝土强度等级	m³	按设计图示尺寸以体积计算。不扣除构件内钢筋、预埋铁件和伸入承台基础的桩头所占体积	1. 模板及支撑制作、安装、拆除、堆放、运输及清理模内杂物、刷隔离剂等 2. 混凝土制作、运输、浇筑、振捣、养护
010501002	带形基础				
010501003	独立基础				
010501004	满堂基础				
010501005	桩承台基础				
010501006	设备基础	1. 混凝土类别 2. 混凝土强度等级 3. 灌浆材料强度等级			

注：1. 有肋带形基础、无肋带形基础应按现浇混凝土基础中相关项目列项，并注明肋高。

2. 箱式满堂基础中柱、梁、墙、板按现浇混凝土柱、梁、墙、板中相关项目分别编码列项；箱式满堂基础底板按现浇混凝土基础中的满堂基础项目列项。

3. 框架式设备基础中柱、梁、墙、板分别按现浇混凝土柱、梁、墙、板相关项目编码列项；基础部分按现浇混凝土基础中相关项目编码列项。

4. 如为毛石混凝土基础，项目特征应描述毛石所占比例。

（二）现浇混凝土柱

现浇混凝土柱工程量清单项目设置、项目特征描述的内容、计量单位、工程量计算规则应按表 3-31 的规定执行。

表 3-31　现浇混凝土柱（编码：010502）

项目编码	项目名称	项目特征	计量单位	工程量计算规则	工作内容
010502001	矩形柱	1. 混凝土类别 2. 混凝土强度等级	m³	按设计图示尺寸以体积计算。 柱高： 1. 有梁板的柱高，应以柱基上表面（或楼板上表面）至上一层楼板上表面之间的高度计算 2. 无梁板的柱高，应以柱基上表面（或楼板上表面）至柱帽下表面之间的高度计算 3. 框架柱的柱高：应以柱基上表面至柱顶高度计算 4. 构造柱按全高计算，嵌接墙体部分（马牙槎）并入柱身体积 5. 依附柱上的牛腿和升板的柱帽并入柱身体积计算	1. 模板及支架（撑）制作、安装、拆除、堆放、运输及清理模内杂物、刷隔离剂等 2. 混凝土制作、运输、浇筑、振捣、养护
010502002	构造柱				
010502003	异形柱	1. 柱形状 2. 混凝土类别 3. 混凝土强度等级			

注：混凝土类别指清水混凝土、彩色混凝土等。如在同一地区既使用预拌（商品）混凝土，又允许现场搅拌混凝土时，也应注明。

（三）现浇混凝土梁

现浇混凝土梁工程量清单项目设置、项目特征描述的内容、计量单位、工程量计算规则应按表 3-32 的规定执行。

表 3-32　现浇混凝土梁（编码：010503）

项目编码	项目名称	项目特征	计量单位	工程量计算规则	工作内容
010503001	基础梁	1. 混凝土类别 2. 混凝土强度等级	m³	按设计图示尺寸以体积计算。伸入墙内的梁头、梁垫并入梁体积内 梁长： 1. 梁与柱连接时，梁长算至柱侧面 2. 主梁与次梁连接时，次梁长算至主梁侧面	1. 模板及支架（撑）制作、安装、拆除、堆放、运输及清理模内杂物、刷隔离剂等 2. 混凝土制作、运输、浇筑、振捣、养护
010503002	矩形梁				
010503003	异形梁				
010503004	圈梁				
010503005	过梁				
010503006	弧形、拱形梁	1. 混凝土类别 2. 混凝土强度等级	m³	按设计图示尺寸以体积计算。伸入墙内的梁头、梁垫并入梁体积内。 梁长： 1. 梁与柱连接时，梁长算至柱侧面 2. 主梁与次梁连接时，次梁长算至主梁侧面	1. 模板及支架（撑）制作、安装、拆除、堆放、运输及清理模内杂物、刷隔离剂等 2. 混凝土制作、运输、浇筑、振捣、养护

（四）现浇混凝土墙

现浇混凝土墙工程量清单项目设置、项目特征描述的内容、计量单位、工程量计算规则应按表 3-33 的规定执行。

表 3-33　现浇混凝土墙（编码：010504）

项目编码	项目名称	项目特征	计量单位	工程量计算规则	工作内容
010504001	直形墙	1. 混凝土类别 2. 混凝土强度等级	m³	按设计图示尺寸以体积计算 扣除门窗洞口及单个面积>0.3m²的孔洞所占体积，墙垛及突出墙面部分并入墙体体积计算内	1. 模板及支架（撑）制作、安装、拆除、堆放、运输及清理模内杂物、刷隔离剂等 2. 混凝土制作、运输、浇筑、振捣、养护
010504002	弧形墙				
010504003	短肢剪力墙				
010504004	挡土墙				

注：短肢剪力墙是指截面厚度不大于300mm、各肢截面高度与厚度之比的最大值大于4但不大于8的剪力墙；各肢截面高度与厚度之比的最大值不大于4的剪力墙按柱项目编码列项。

（五）现浇混凝土板

现浇混凝土板工程量清单项目设置、项目特征描述的内容、计量单位、工程量计算规则应按表3-34的规定执行。

表 3-34　现浇混凝土板（编码：010505）

项目编码	项目名称	项目特征	计量单位	工程量计算规则	工作内容
010505001	有梁板	1. 混凝土类别 2. 混凝土强度等级	m³	按设计图示尺寸以体积计算，不扣除构件内钢筋、预埋铁件及单个面积≤0.3m²的柱、垛以及孔洞所占体积。压型钢板混凝土楼板扣除构件内压形钢板所占体积。有梁板(包括主、次梁与板)按梁、板体积之和计算，无梁板按板和柱帽体积之和计算，各类板伸入墙内的板头并入板体积内，薄壳板的肋、基梁并入薄壳体积内计算	1. 模板及支架（撑）制作、安装、拆除、堆放、运输及清理模内杂物、刷隔离剂等 2. 混凝土制作、运输、浇筑、振捣、养护
010505002	无梁板				
010505003	平板				
010505004	拱板				
010505005	薄壳板				
010505006	栏板				
010505007	天沟(檐沟)、挑檐板			按设计图示尺寸以体积计算	
010505008	雨篷、悬挑板、阳台板			按设计图示尺寸以墙外部分体积计算，包括伸出墙外的牛腿和雨篷反挑檐的体积	
010505009	空心板			按设计图示尺寸以体积计算。空心板(GBF高强薄壁蜂巢芯板等)应扣除空心部分体积	
010505010	其他板			按设计图示尺寸以体积计算	

注：现浇挑檐、天沟板、雨篷、阳台与板（包括屋面板、楼板）连接时，以外墙外边线为分界线；与圈梁（包括其他梁）连接时，以梁外边线为分界线。外边线以外为挑檐、天沟、雨篷或阳台。

（六）现浇混凝土楼梯

现浇混凝土楼梯工程量清单项目设置、项目特征描述的内容、计量单位、工程量计算规则应按表3-35的规定执行。

表 3-35 现浇混凝土楼梯 （编码：010506）

项目编码	项目名称	项目特征	计量单位	工程量计算规则	工作内容
010506001	直形楼梯	1. 混凝土类别 2. 混凝土强度等级	1. m² 2. m³	1. 以平方米计量，按设计图示尺寸以水平投影面积计算。不扣除宽度≤500mm 的楼梯井，伸入墙内部分不计算 2. 以立方米计量，按设计图示尺寸以体积计算	1. 模板及支架（撑）制作、安装、拆除、堆放、运输及清理模内杂物、刷隔离剂等 2. 混凝土制作、运输、浇筑、振捣、养护
010506002	弧形楼梯				

注：整体楼梯（包括直形楼梯、弧形楼梯）水平投影面积包括休息平台、平台梁、斜梁和楼梯的连接梁。当整体楼梯与现浇楼板无梯梁连接时，以楼梯的最后一个踏步边缘加 300mm 为界。

（七）现浇混凝土其他构件

现浇混凝土其他构件工程量清单项目设置、项目特征描述的内容、计量单位、工程量计算规则应按表 3-36 的规定执行。

表 3-36 现浇混凝土其他构件 （编码：010507）

项目编码	项目名称	项目特征	计量单位	工程量计算规则	工作内容
010507001	散水、坡道	1. 垫层材料种类、厚度 2. 面层厚度 3. 混凝土类别 4. 混凝土强度等级 5. 变形缝填塞材料种类	m²	按设计图示尺寸以水平投影面积计算。不扣除单个≤0.3m² 的孔洞所占面积	1. 地基夯实 2. 铺设垫层 3. 模板及支撑制作、安装、拆除、堆放、运输及清理模内杂物、刷隔离剂等 4. 混凝土制作、运输、浇筑、振捣、养护 5. 变形缝填塞
010507002	室外地坪	1. 地坪厚度 2. 混凝土强度等级			
010507003	电缆沟、地沟	1. 土壤类别； 2. 沟截面净空尺寸 3. 垫层材料种类、厚度 4. 混凝土类别 5. 混凝土强度等级 6. 防护材料种类	m	以米计量，按设计图示以中心线长计算	1. 挖填、运土石方 2. 铺设垫层 3. 模板及支撑制作、安装、拆除、堆放、运输及清理模内杂物、刷隔离剂等 4. 混凝土制作、运输、浇筑、振捣、养护 5. 刷防护材料
010507004	台阶	1. 踏步高宽比 2. 混凝土类别 3. 混凝土强度等级	1. m² 2. m³	1. 以平方米计量，按设计图示尺寸水平投影面积计算 2. 以立方米计量，按设计图示尺寸以体积计算	1. 模板及支撑制作、安装、拆除、堆放、运输及清理模内杂物、刷隔离剂等 2. 混凝土制作、运输、浇筑、振捣、养护
010507005	扶手、压顶	1. 断面尺寸 2. 混凝土类别 3. 混凝土强度等级	1. m 2. m³	1. 以米计量，按设计图示的延长米计算 2. 以立方米计量，按设计图示尺寸以体积计算	1. 模板及支架（撑）制作、安装、拆除、堆放、运输及清理模内杂物、刷隔离剂等 2. 混凝土制作、运输、浇筑、振捣、养护
010507006	化粪池、检查井	1. 混凝土强度等级 2. 防水、抗渗要求	1. m³ 2. 座	1. 按设计图示尺寸以体积计算。 2. 以座计量，按设计图示数量计算	1. 模板及支架（撑）制作、安装、拆除、堆放、运输及清理模内杂物、刷隔离剂等 2. 混凝土制作、运输、浇筑、振捣、养护
010507007	其他构件	1. 构件的类型 2. 构件规格 3. 部位 4. 混凝土类别 5. 混凝土强度等级	m³		

注：1. 现浇混凝土小型池槽、垫块、门框等，应按本表其他构件项目编码列项。
2. 架空式混凝土台阶，按现浇楼梯计算。

（八）后浇带

后浇带工程量清单项目设置、项目特征描述的内容、计量单位、工程量计算规则应按表 3-37 的规定执行。

表 3-37　后浇带（编码：010508）

项目编码	项目名称	项目特征	计量单位	工程量计算规则	工作内容
010508001	后浇带	1. 混凝土类别 2. 混凝土强度等级	m³	按设计图示尺寸以体积计算	1. 模板及支架（撑）制作、安装、拆除、堆放、运输及清理模内杂物、刷隔离剂 2. 混凝土制作、运输、浇筑、振捣、养护及混凝土交接面、钢筋等的清理

（九）预制混凝土柱

预制混凝土柱工程量清单项目设置、项目特征描述的内容、计量单位、工程量计算规则应按表 3-38 的规定执行。

表 3-38　预制混凝土柱（编码：010509）

项目编码	项目名称	项目特征	计量单位	工程量计算规则	工作内容
010509001	矩形柱	1. 图代号 2. 单件体积 3. 安装高度 4. 混凝土强度等级 5. 砂浆（细石混凝土）强度等级、配合比	1. m³ 2. 根	1. 以立方米计量，按设计图示尺寸以体积计算。 2. 以根计量，按设计图示尺寸以数量计算	1. 模板制作、安装、拆除、堆放、运输及清理模内杂物、刷隔离剂等 2. 混凝土制作、运输、浇筑、振捣、养护 3. 构件运输、安装 4. 砂浆制作、运输 5. 接头灌缝、养护
010509002	异形柱				

注：以根计量，必须描述单件体积。

（十）预制混凝土梁

预制混凝土梁工程量清单项目设置、项目特征描述的内容、计量单位、工程量计算规则应按表 3-39 的规定执行。

表 3-39　预制混凝土梁（编码：010510）

项目编码	项目名称	项目特征	计量单位	工程量计算规则	工作内容
010510001	矩形梁	1. 图代号 2. 单件体积 3. 安装高度 4. 混凝土强度等级 5. 砂浆（细石混凝土）强度等级、配合比	1. m³ 2. 根	1. 以立方米计量，按设计图示尺寸以体积计算。不扣除构件内钢筋、预埋铁件所占体积 2. 以根计量，按设计图示尺寸以数量计算	1. 模板制作、安装、拆除、堆放、运输及清理模内杂物、刷隔离剂等 2. 混凝土制作、运输、浇筑、振捣、养护 3. 构件运输、安装 4. 砂浆制作、运输 5. 接头灌缝、养护
010510002	异形梁				
010510003	过梁				
010510004	拱形梁				
010510005	鱼腹式吊车梁				
010510006	其他梁				

注：以根计量，必须描述单件体积。

（十一）预制混凝土屋架

预制混凝土屋架工程量清单项目设置、项目特征描述的内容、计量单位、工程量计算规则应按表 3-40 的规定执行。

表 3-40　预制混凝土屋架（编码：010511）

项目编码	项目名称	项目特征	计量单位	工程量计算规则	工作内容
010511001	折线形	1. 图代号 2. 单件体积 3. 安装高度 4. 混凝土强度等级 5. 砂浆（细石混凝土）强度等级、配合比	1. m³ 2. 榀	1. 以立方米计量，按设计图示尺寸以体积计算。不扣除构件内钢筋、预埋铁件所占体积 2. 以榀计量，按设计图示尺寸以数量计算	1. 模板制作、安装、拆除、堆放、运输及清理模内杂物、刷隔离剂等 2. 混凝土制作、运输、浇筑、振捣、养护 3. 构件运输、安装 4. 砂浆制作、运输 5. 接头灌缝、养护
010511002	组合				
010511003	薄腹				
010511004	门式刚架				
010511005	天窗架				

注：1. 以榀计量，必须描述单件体积。

2. 三角形屋架应按本表中折线形屋架项目编码列项。

（十二）预制混凝土板

预制混凝土板工程量清单项目设置、项目特征描述的内容、计量单位、工程量计算规则应按表 3-41 的规定执行。

表 3-41　预制混凝土板（编码：010512）

项目编码	项目名称	项目特征	计量单位	工程量计算规则	工作内容
010512001	平板	1. 图代号 2. 单件体积 3. 安装高度 4. 混凝土强度等级 5. 砂浆（细石混凝土）强度等级、配合比	1. m³ 2. 块	1. 以立方米计量，按设计图示尺寸以体积计算。不扣除单个尺寸≤300mm×300mm 的孔洞所占体积，扣除空心板空洞体积 2. 以块计量，按设计图示尺寸以"数量"计算	1. 模板制作、安装、拆除、堆放、运输及清理模内杂物、刷隔离剂等 2. 混凝土制作、运输、浇筑、振捣、养护 3. 构件运输、安装 4. 砂浆制作、运输 5. 接头灌缝、养护
010512002	空心板				
010512003	槽形板				
010512004	网架板				
010512005	折线板				
010512006	带肋板				
010512007	大型板				
010512008	沟盖板、井盖板、井圈	1. 单件体积 2. 安装高度 3. 混凝土强度等级 4. 砂浆强度等级、配合比	1. m³ 2. 块（套）	1. 以立方米计量，按设计图示尺寸以体积计算。不扣除构件内钢筋、预埋铁件所占体积 2. 以块计量，按设计图示尺寸以"数量"计算	

注：1. 以块、套计量，必须描述单件体积。

2. 不带肋的预制遮阳板、雨篷板、挑檐板、栏板等，应按本表平板项目编码列项。

3. 预制 F 形板、双 T 形板、单肋板和带反挑檐的雨篷板、挑檐板、遮阳板等，应按本表带肋板项目编码列项。

4. 预制大型墙板、大型楼板、大型屋面板等，应按本表中大型板项目编码列项。

（十三）预制混凝土楼梯

预制混凝土楼梯工程量清单项目设置、项目特征描述的内容、计量单位、工程量计算规则应按表 3-42 的规定执行。

表 3-42　预制混凝土楼梯（编码：010513）

项目编码	项目名称	项目特征	计量单位	工程量计算规则	工作内容
010513001	楼梯	1. 楼梯类型 2. 单件体积 3. 混凝土强度等级 4. 砂浆(细石混凝土)强度等级	1. m³ 2. 段	1. 以立方米计量,按设计图示尺寸以体积计算。不扣除构件内钢筋、预埋铁件所占体积,扣除空心踏步板空洞体积 2. 以段计量,按设计图示数量计算	1. 模板制作、安装、拆除、堆放、运输及清理模内杂物、刷隔离剂等 2. 混凝土制作、运输、浇筑、振捣、养护 3. 构件运输、安装 4. 砂浆制作、运输 5. 接头灌缝、养护

注：以块计量，必须描述单件体积。

（十四）其他预制构件

其他预制构件工程量清单项目设置、项目特征描述的内容、计量单位、工程量计算规则应按表 3-43 的规定执行。

表 3-43　其他预制构件（编码：010514）

项目编码	项目名称	项目特征	计量单位	工程量计算规则	工作内容
010514001	垃圾道、通风道、烟道	1. 单件体积 2. 混凝土强度等级 3. 砂浆强度等级	1. m³ 2. m² 3. 根(块)	1. 以立方米计量,按设计图示尺寸以体积计算。不扣除单个面积≤300mm×300mm的孔洞所占体积,扣除烟道、垃圾道、通风道的孔洞所占体积 2. 以平方米计量,按设计图示尺寸以面积计算。不扣除单个面积≤300mm×300mm的孔洞所占面积 3. 以根计量,按设计图示尺寸以数量计算	1. 模板制作、安装、拆除、堆放、运输及清理模内杂物、刷隔离剂等 2. 混凝土制作、运输、浇筑、振捣、养护 3. 构件运输、安装 4. 砂浆制作、运输 5. 接头灌缝、养护
010514002	其他构件	1. 单件体积 2. 构件的类型 3. 混凝土强度等级 4. 砂浆强度等级			

注：1. 以块、根计量，必须描述单件体积。
2. 预制钢筋混凝土小型池槽、压顶、扶手、垫块、隔热板、花格等，按本表中其他构件项目编码列项。

（十五）钢筋工程

钢筋工程工程量清单项目设置、项目特征描述的内容、计量单位、工程量计算规则应按表 3-44 的规定执行。

表 3-44　钢筋工程（编码：010515）

项目编码	项目名称	项目特征	计量单位	工程量计算规则	工作内容
010515001	现浇构件钢筋				1. 钢筋制作、运输 2. 钢筋安装 3. 焊接(绑扎)
010515002	预制构件钢筋	钢筋种类、规格	t	按设计图示钢筋(网)长度(面积)乘单位理论质量计算	
010515003	钢筋网片				1. 钢筋网制作、运输 2. 钢筋网安装 3. 焊接(绑扎)
010515004	钢筋笼				1. 钢筋笼制作、运输 2. 钢筋笼安装 3. 焊接(绑扎)

续表

项目编码	项目名称	项目特征	计量单位	工程量计算规则	工作内容
010515005	先张法预应力钢筋	1. 钢筋种类、规格 2. 锚具种类		按设计图示钢筋长度乘单位理论质量计算	1. 钢筋制作、运输 2. 钢筋张拉
010515006	后张法预应力钢筋	1. 钢筋种类、规格 2. 钢丝种类、规格 3. 钢绞线种类、规格 4. 锚具种类 5. 砂浆强度等级	t	按设计图示钢筋(丝束、绞线)长度乘单位理论质量计算。 1. 低合金钢筋两端均采用螺杆锚具时,钢筋长度按孔道长度减0.35m计算,螺杆另行计算 2. 低合金钢筋一端采用镦头插片、另一端采用螺杆锚具时,钢筋长度按孔道长度计算,螺杆另行计算 3. 低合金钢筋一端采用镦头插片、另一端采用帮条锚具时,钢筋增加0.15m计算;两端均采用帮条锚具时,钢筋长度按孔道长度增加0.3m计算 4. 低合金钢筋采用后张混凝土自锚时,钢筋长度按孔道长度增加0.35m计算 5. 低合金钢筋(钢绞线)采用JM、XM、QM型锚具,孔道长度≤20m时,钢筋长度增加1m计算,孔道长度>20m时,钢筋长度增加1.8m计算 6. 碳素钢丝采用锥形锚具,孔道长度≤20m时,钢丝束长度按孔道长度增加1m计算,孔道长度>20m时,钢丝束长度按孔道长度增加1.8m计算 7. 碳素钢丝采用镦头锚具时,钢丝束长度按孔道长度增加0.35m计算	1. 钢筋、钢丝、钢绞线制作、运输 2. 钢筋、钢丝、钢绞线安装 3. 预埋管孔道铺设 4. 锚具安装 5. 砂浆制作、运输 6. 孔道压浆、养护
010515007	预应力钢丝				
010515008	预应力钢绞线				
010515009	支撑钢筋(铁马)	1. 钢筋种类 2. 规格		按钢筋长度乘单位理论质量计算	钢筋制作、焊接、安装
010515010	声测管	1. 材质 2. 规格型号		按设计图示尺寸质量计算	1. 检测管截断、封头 2. 套管制作、焊接 3. 定位、固定

注:1. 现浇构件中伸出构件的锚固钢筋应并入钢筋工程量内。除设计(包括规范规定)标明的搭接外,其他施工搭接不计算工程量,在综合单价中综合考虑。

2. 现浇构件中固定位置的支撑钢筋、双层钢筋用的"铁马"在编制工程量清单时,其工程数量可为暂估量,结算时按现场签证数量计算。

(十六) 螺栓、铁件

螺栓、铁件工程量清单项目设置、项目特征描述的内容、计量单位、工程量计算规则应按表3-45的规定执行。

表 3-45 螺栓、铁件（编码：010516）

项目编码	项目名称	项目特征	计量单位	工程量计算规则	工作内容
010516001	螺栓	1. 螺栓种类 2. 规格	tt	按设计图示尺寸以质量计算	1. 螺栓、铁件制作、运输 2. 螺栓、铁件安装
010516002	预埋铁件	1. 钢材种类 2. 规格 3. 铁件尺寸			
010516003	机械连接	1. 连接方式 2. 螺纹套筒种类 3. 规格	个	按数量计算	1. 钢筋套丝 2. 套筒连接

注：编制工程量清单时，如果设计未明确，其工程数量可为暂估量，实际工程量按现场签证数量计算。

二、混凝土及钢筋混凝土工程计算规则详解

（一）相关概念

钢筋混凝土结构工程包括混凝土工程、钢筋工程和模板工程三个部分。在施行清单计价方式后，模板工程被列入了措施项目，而在传统的定额计价体系中，模板工程是作为一个重要的分部分项工程参与计量与计价。

知识小贴士

混凝土工程。 混凝土工程包括配料、搅拌、运输、浇捣、养护等过程。混凝土工程按施工方法的不同分现浇和预制两种，预制混凝土工程的内容还包括构件的运输和安装。

钢筋工程。 钢筋工程包括配料、加工、捆绑和安装。有时还要进行冷拉、冷拔等冷加工；预应力还要张拉。钢筋的连接有焊接、机械连接和手工绑扎等。钢筋的种类和规格不同，价格也不同。

1. 现浇混凝土工程

现浇混凝土工程有现浇混凝土基层、现浇混凝土柱、现浇混凝土梁、现浇混凝土墙、现浇混凝土板、现浇混凝土楼梯、现浇混凝土其他构件、后浇带 8 个分部工程，按不同构件共分为 30 个分项工程，其体系详见图 3-13。

2. 预制混凝土工程

预制混凝土工程有预制混凝土柱、预制混凝土梁、预制混凝土屋架、预制混凝土板、预制混凝土楼梯、其他预制构件、混凝土构筑物 7 个分部工程，按不同构件共分为 29 个分项工程，其体系详见图 3-14。

3. 钢筋及铁件工程

钢筋及铁件工程分为钢筋工程和螺栓铁件 2 个分部工程、10 个分项工程，其体系详见图 3-15。

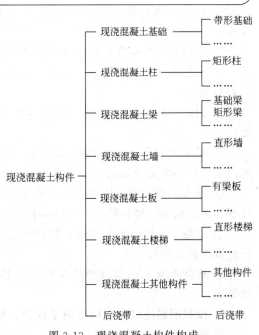

图 3-13 现浇混凝土构件构成

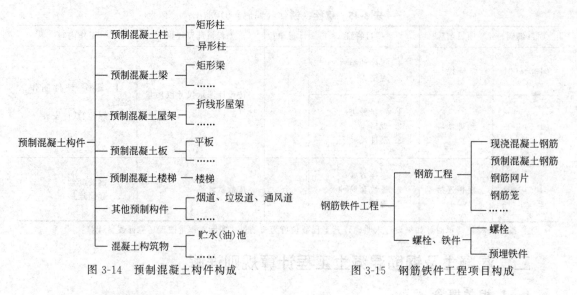

图 3-14　预制混凝土构件构成　　　图 3-15　钢筋铁件工程项目构成

（二）计算规则详解

1. 现浇混凝土及钢筋混凝土模板工程量计算

现浇混凝土及钢筋混凝土模板工程量按以下规定计算。

① 现浇混凝土及钢筋混凝土模板工程量，除另有规定者外，均应区别模板的不同材质，按混凝土与模板接触面的面积，以平方米计算。

② 现浇钢筋混凝土柱、梁、板、墙的支模高度（即室外地坪至板底或板面至板底之间的高度），以 3.6m 以内为准，超过 3.6m 以上部分另按超过部分计算增加支撑工程量。

③ 现浇钢筋混凝土墙、板上单孔面积在 0.3m² 以内的孔洞不予扣除，洞侧壁模板亦不增加；单孔面积在 0.3m² 以外时应予扣除。洞侧壁模板面积并入墙、板模板工程量之内计算。

④ 现浇钢筋混凝土框架分别按梁、板、柱墙有关规定计算。附墙柱并入墙内工程量计算。

⑤ 杯形基础杯口高度大于杯口大边长度的，套高杯基础定额项目。

⑥ 柱与梁、柱与墙、梁与梁等连接的重叠部分以及伸入墙内的梁头、板头部分均不计算模板面积。

⑦ 构造柱外露面均应按图示外露部分计算模板面积。构造柱与墙接触面不计算模板面积。

⑧ 现浇钢筋混凝土悬挑板（雨篷、阳台）按图示外挑部分尺寸的水平投影面积计算。挑出墙外的牛腿梁及板边模板不另计算。

⑨ 现浇钢筋混凝土楼梯，以图示露明面尺寸的水平投影面积计算，不扣除小于 50mm 楼梯井所占面积。楼梯的踏步、踏步板平台梁等侧面模板不另行计算。

⑩ 混凝土台阶不包括梯带，按图示台阶尺寸的水平投影面积计算，台阶端头两侧不另行计算模板面积。

⑪ 现浇混凝土小型池槽按构件外围体积计算，池槽内、外侧及底部的模板不应另行计算。

2. 预制钢筋混凝土构件模板工程量计算

预制钢筋混凝土构件模板工程量按以下规定计算：

① 预制钢筋混凝土模板工程量，除另有规定者外均按混凝土实体体积以立方米计算；

② 小型池槽按外形体积以立方米计算；

③ 预制桩尖按虚体积（不扣除桩尖虚体积部分）计算。

3. 构筑物钢筋混凝土模板工程量计算

构筑物钢筋混凝土模板工程量按以下规定计算：

① 构筑物工程的模板工程量，除另有规定者外，区别现浇、预制和构件类别，分别按现浇混凝土及钢筋混凝土模板和预制钢筋混凝土构件模板的有关规定计算；

② 大型池槽等分别按基础、墙、板、梁、柱等有关规定计算，并套相应定额项目；

③ 液压滑升钢模板施工的烟囱、水塔塔身、贮仓等，均按混凝土体积，以立方米计算，预制倒圆锥形水塔罐壳模板，按混凝土体积，以立方米计算；

④ 预制倒圆锥形水塔罐壳组装、提升、就位，按不同容积以座计算。

4. 钢筋工程量计算

钢筋工程量按以下规定计算。

① 钢筋工程，应区别现浇、预制构件、不同钢种和规格，分别按设计长度乘以单位质量，以吨计算。

② 计算钢筋工程量时，设计已规定钢筋搭接长度的，按规定搭接长度计算；设计未规定搭接长度的，已包括在钢筋的损耗率之内，不另计算搭接长度。钢筋电渣压力焊接、套筒挤压等接头以个计算。

③ 直钢筋长度的计算。

$$直钢筋长度＝混凝土构件长度－两端保护层厚度＋两端弯钩长度$$

当构件内布置的是两端无弯钩的直钢筋时，令弯钩长度为 0 即可。弯钩长度根据弯曲形状确定。当半圆弯钩时取 $6.25d$（d 为钢筋直径）；当直弯钩时取 $3.5d$；当斜弯钩时取 $4.9d$。为了使钢筋不与空气接触氧化而锈蚀，钢筋外面必须有一定厚度的混凝土作为钢筋的保护层。保护层厚度可按图纸规定；如设计无明确规定时，按照施工及验收规范的规定执行。

墙和板：厚度≤100mm，保护层厚度 10mm；厚度＞100mm，保护层厚度 15mm。

梁和柱：受力钢筋，保护层厚度 25mm；箍筋和构造筋，保护层厚度 15mm。

基础：有垫层，保护层厚度 35mm；无垫层，保护层厚度 70mm。

④ 弯曲钢筋长度计算。弯曲钢筋又称元宝钢筋，其长度根据设计图纸的尺寸，按下列公式计算：

$$弯曲钢筋长度＝混凝土构件长度－两端保护层厚度＋两端弯钩长度＋弯起部分增加长度$$

其中，弯起部分增加长度＝弯起筋斜长－弯起部分水平长度

一般地，弯起部分增加长度，根据弯起角度和弯起高度，用弯起筋角度系数计算。若用 H' 表示弯起高度，如图 3-16 所示，则

$$弯曲高度 H'＝梁（板）高（厚）－上下保护层厚度$$

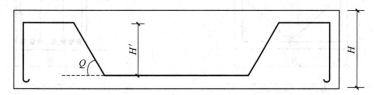

图 3-16　弯曲钢筋长度计算

当 $\theta = 30°$ 时，每个弯起部分增加长度 $= 0.268H'$；$\theta = 45°$ 时，每个弯起部分增加长度 $= 0.414H'$；$\theta = 60°$ 时，每个弯起部分增加长度 $= 0.577H'$。

如设计图纸未明确规定弯起角度时，可参照下列规定执行：

当 $H \leqslant 800mm$ 时，$\theta = 45°$；

当 $H > 800mm$ 时，$\theta = 60°$；

当楼板厚度 $H < 150mm$ 时，$\theta = 30°$。

⑤ 箍筋长度计算。

a. 方形、矩形单箍筋，如图 3-17 所示。

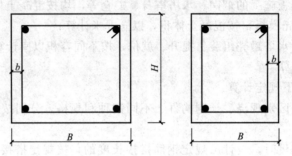

图 3-17 方形、矩形单箍筋长度计算

$$箍筋长度 = (H + B - 4b + 2d_0) \times 2 + 2 个弯钩长度$$

式中　B——构件截面宽度；

　　　H——构件高度；

　　　b——保护层厚度；

　　　d_0——箍筋直径。

为简化计算，方形、矩形单箍筋若钢筋直径为 $\phi 10$ 以下的，可按不扣除保护层厚度也不增加弯钩长度计算，即

$$箍筋长度 = 2 \times (H + B)$$

b. 方形双箍筋，如图 3-18 所示。

$$外箍筋长度 = (B - 2b + d_0) \times 4 + 2 个弯钩长度$$

$$内箍筋长度 = \left[(B - 2b) \times \frac{\sqrt{2}}{2} + d_0 \right] \times 4 + 2 个弯钩长度$$

c. 矩形双箍筋，如图 3-19 所示。

$$每个箍筋长度 = (H - 2b + d_0) \times 2 + (B - 2b + B' + 2d_0) + 2 个弯钩长度$$

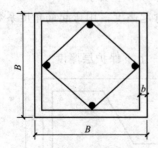

图 3-18 方形双箍筋长度计算

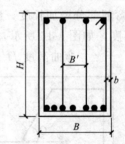

图 3-19 矩形双箍筋长度计算

d. 三角箍筋，如图 3-20 所示。

每个箍筋长度 $= (B - 2b + d_0) + \sqrt{4(H - 2b + d_0)^2 + (B - 2b + d_0)^2} + 2$ 个弯钩长度

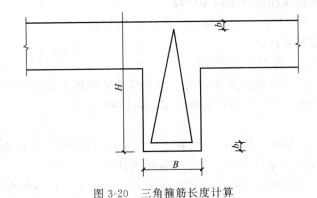

图 3-20　三角箍筋长度计算

e. S 箍筋（拉条），如图 3-21 所示。

$$箍筋长度 = h + d_0 + 2 \text{ 个弯钩长度}$$

f. 箍筋的根数。

$$箍筋的根数 = \frac{箍筋配置段长度}{箍筋间距} + 1$$

g. 螺旋形箍筋，如图 3-22 所示。

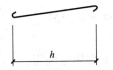

图 3-21　S 箍筋（拉条）长度计算

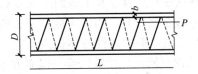

图 3-22　螺旋形箍筋长度计算

$$螺旋箍筋长度 = N \sqrt{P^2 + (D - 2b + d_0)\pi^2} + 2 \text{ 个弯钩长度}$$

式中　N——螺线圈数，$N = \dfrac{L}{P}$；

P——螺距。

⑥ 先张法预应力钢筋按构件外形尺寸计算长度；后张法预应力钢筋按设计图规定的预应力钢筋预留孔道长度，并区别不同的锚具类型，分别按下列规定计算。

a. 低合金钢筋两端采用螺杆锚具时，预应力钢筋按预留孔道长度减 0.35m，螺杆另行计算。

b. 低合金钢筋一端采用镦头插片，另一端采用螺杆锚具时，预应力钢筋长度按预留孔道长度计算，螺杆另行计算。

c. 低合金钢筋一端采用镦头插片，另一端采用帮条锚具时，预应力钢筋增加 0.15m；两端均采用帮条锚具时，预应力钢筋共增加 0.3m 计算。

d. 低合金钢筋采用后张混凝土自锚时，预应力钢筋长度增加 0.35m 计算。

e. 低合金钢筋或钢绞线采用 JM、XM、QM 型锚具，孔道长度在 20m 以内时，预应力钢筋长度增加 1m；孔道长度 20m 以上时，预应力钢筋长度增加 0.35m 计算。

f. 碳素钢丝采用锥形锚具，孔道长在 20m 以内时，预应力钢筋长度增加 1m；孔道长在

20m 以上时，预应力钢筋长度增加 1.8m。

g. 碳素钢丝两端采用镦粗头时，预应力钢丝长度增加 0.35m 计算。

5. 钢筋混凝土构件预埋铁件工程量计算

钢筋混凝土构件预埋铁件工程量按设计图示尺寸以吨计算。

6. 现浇混凝土工程量计算

现浇混凝土工程量，按以下规定计算。

① 混凝土工程量除另有规定者外，均按图示尺寸实体体积以立方米计算，不扣除构件内钢筋、预埋铁件及墙、板中 $0.3m^2$ 内的孔洞所占体积。

② 基础。

a. 有肋带形混凝土基础，其肋高与肋宽之比在 4∶1 以内的，按有肋带形基础计算；超过 4∶1 时，其基础按板式基础计算，以上部分按墙计算。

b. 箱式满堂基础应分别按无梁式满堂基础、柱、墙、梁、板有关规定计算，套相应定额项目。

c. 设备基础除块体以外，其他类型设备基础分别按基础、梁、柱、板、墙等有关规定计算，套相应的定额项目计算。

③ 柱：按图示断面尺寸乘以柱高，以立方米计算。柱高按下列规定确定。

a. 有梁板的柱高，应自柱基上表面（或楼板上表面）至上一层楼板上表面之间的高度计算。

b. 无梁板的柱高，应自柱基上表面（或楼板上表面）至柱帽下表面之间的高度计算。

c. 框架柱的柱高应自柱基上表面至柱顶高度计算。

d. 构造柱按全高计算，与砖墙嵌接部分的体积并入柱身体积内计算。

e. 依附柱上的牛腿并入柱身体积内计算。

④ 梁：按图示断面尺寸乘以梁长以立方米计算。梁长按下列规定确定：

a. 梁与柱连接时，梁长算至柱侧面；

b. 主梁与次梁连接时，次梁长算至主梁侧面。伸入墙内梁头、梁垫体积并入梁体积内计算。

⑤ 板：按图示面积乘以板厚以立方米计算。其中：

a. 有梁板包括主、次梁与板，按梁、板体积之和计算；

b. 无梁板按板和柱帽体积之和计算；

c. 平板按板实体体积计算；

d. 现浇挑檐天沟与板（包括屋面板、楼板）连接时，以外墙为分界线；与圈梁（包括其他梁）连接时，以梁外边线为分界线。外墙边线以外或梁外边线以外为挑檐天沟；

e. 各类板伸入墙内的板头并入板体积内计算。

⑥ 墙：按图示中心线长度乘以墙高及厚度，以立方米计算，应扣除门窗洞口及 $0.3m^2$ 以外孔洞的体积，墙垛及突出部分并入墙体积内计算。

⑦ 整体楼梯包括休息平台、平台梁、斜梁及楼梯的连接梁，按水平投影面积计算，不扣除宽度小于 500mm 的楼梯井，伸入墙内部分不另增加。

⑧ 阳台、雨篷（悬挑板），按伸出外墙的水平投影面积计算，伸出外墙的牛腿不另计算。带反挑檐的雨篷按展开面积并入雨篷内计算。

⑨ 栏杆按净长度以延长米计算。伸入墙内的长度已综合在定额内。栏板以立方米计算，伸入墙内的栏板合并计算。

⑩ 预制板补现浇板缝时按平板计算。

⑪ 预制钢筋混凝土框架柱现浇接头（包括梁接头）按设计规定断面和长度以立方米计算。

7. 预制混凝土工程量计算

预制混凝土工程量按如下的规定计算。

① 混凝土工程量均按图示尺寸实体体积以立方米计算，不扣除构件内钢筋、铁件及小于 300mm×300mm 的孔洞面积。

② 预制桩按桩全长（包括桩尖）乘以桩断面（空心桩应扣除孔洞体积），以立方米计算。

③ 混凝土与钢杆件组合的构件，混凝土部分按构件实体积以立方米计算，钢构件部分按吨计算，分别套相应的定额项目。

8. 固定预埋件工程量计算

固定预埋螺栓、铁件的支架，固定双层钢筋的铁马凳、垫铁件，按审定的施工组织设计规定计算，套相应定额项目。

9. 构筑物钢筋混凝土工程量计算

构筑物钢筋混凝土工程量按以下规定计算。

① 构筑物混凝土除另有规定者外，均按图示尺寸扣除门窗洞口及 0.3m² 以外孔洞所占体积，以实体体积计算。

② 水塔。水塔具体内容计算如下所示：

a. 筒身与槽底以槽底连接的圈梁底为界，以上为槽底，以下为筒身；

b. 筒式塔身及依附于筒身的过梁、雨篷挑檐等并入筒身体积内计算，柱式塔身、柱、梁合并计算；

c. 塔顶及槽底，塔顶包括顶板和圈梁，槽底包括底板挑出的斜壁板和圈梁等合并计算。

③ 贮水池不分平底、锥底、坡底，均按池底计算；壁基梁、池壁不分圆形壁和矩形壁，均按池壁计算；其他项目均按现浇混凝土部分相应项目计算。

10. 钢筋混凝土构件接头灌缝

① 钢筋混凝土构件接头灌缝，包括构件坐浆、灌缝、堵板孔、塞板梁缝等，均按预制钢筋混凝土构件实体体积，以立方米计算。

② 柱与柱基的灌缝按首层柱体积计算；首层以上柱灌缝按各层柱体积计算。

③ 空心板堵孔的人工材料已包括在定额内。如不堵孔，每 10m³ 空心板体积应扣除 0.23m³ 预制混凝土块和 22 个工日。

第八节 措施项目工程量计算

一、措施项目工程量计算规则

（一）脚手架工程

脚手架工程工程量清单项目设置、项目特征描述的内容、计量单位及工程量计算规则应按表 3-46 的规定执行。

表 3-46　脚手架工程（编码：011701）

项目编码	项目名称	项目特征	计量单位	工程量计算规则	工作内容
011701001	综合脚手架	1. 建筑结构形式 2. 檐口高度	m²	按建筑面积计算	1. 场内、场外材料搬运 2. 搭、拆脚手架、斜道、上料平台 3. 安全网的铺设 4. 选择附墙点与主体连接 5. 测试电动装置、安全锁等 6. 拆除脚手架后材料的堆放
011701002	外脚手架	1. 搭设方式 2. 搭设高度 3. 脚手架材质		按所服务对象的垂直投影面积计算	1. 场内、场外材料搬运 2. 搭、拆脚手架、斜道、上料平台 3. 安全网的铺设 4. 拆除脚手架后材料的堆放
011701003	里脚手架				
011701004	悬空脚手架	1. 搭设方式 2. 悬挑宽度 3. 脚手架材质		按搭设的水平投影面积计算	
011701005	挑脚手架		m	按搭设长度乘以搭设层数以延长米计算	
011701006	满堂脚手架	1. 搭设方式 2. 搭设高度 3. 脚手架材质		按搭设的水平投影面积计算	
011701007	整体提升架	1. 搭设方式及启动装置 2. 搭设高度	m²	按所服务对象的垂直投影面积计算	1. 场内、场外材料搬运 2. 选择附墙点与主体连接 3. 搭、拆脚手架、斜道、上料平台 4. 安全网的铺设 5. 测试电动装置、安全锁等 6. 拆除脚手架后材料的堆放
011701008	外装饰吊篮	1. 升降方式及启动装置 2. 搭设高度及吊篮型号		按所服务对象的垂直投影面积计算	1. 场内、场外材料搬运 2. 吊篮的安装 3. 测试电动装置、安全锁、平衡控制器等 4. 吊篮的拆卸

注：1. 使用综合脚手架时，不再使用外脚手架、里脚手架等单项脚手架；综合脚手架适用于能够按"建筑面积计算规则"计算建筑面积的建筑工程脚手架，不适用于房屋加层、构筑物及附属工程脚手架。

2. 同一建筑物有不同檐高时，以建筑物竖向切面分别按不同檐高编列清单项目。

3. 整体提升架已包括2m高的防护架体设施。

4. 脚手架材质可以不描述，但应注明由投标人根据工程实际情况按照《建筑施工扣件式钢管脚手架安全技术规范》、《建筑施工附着升降脚手架管理规定》等规范自行确定。

（二）混凝土模板及支架（撑）

混凝土模板及支架（撑）工程量清单项目设置、项目特征描述的内容、计量单位、工程量计算规则及工作内容应按表 3-47 的规定执行。

表 3-47　混凝土模板及支架（撑）（编码：011702）

项目编码	项目名称	项目特征	计量单位	工程量计算规则	工作内容
011702001	基础	基础类型	m²	按模板与现浇混凝土构件的接触面积计算 1. 现浇钢筋混凝土墙、板单孔面积≤0.3mm²的孔洞不予扣除，洞侧壁模板亦不增加；单孔面积＞0.3m²时应予扣除，洞侧壁模板面积并入墙、板工程量内计算 2. 现浇框架分别按梁、板、柱有关规定计算；附墙柱、暗梁、暗柱并入墙内工程量内计算 3. 柱、梁、墙、板相互连接的重叠部分，均不计算模板面积 4. 构造柱按图示外露部分计算模板面积	1. 模板制作 2. 模板安装、拆除、整理堆放及场内外运输 3. 清理模板黏结物及模内杂物、刷隔离剂等
011702002	矩形柱				
011702003	构造柱				
011702004	异形柱	柱截面形状			
011702005	基础梁	梁截面形状			
011702006	矩形梁	支撑高度			
011702007	异形梁	1. 梁截面 2. 支撑高度			
011702008	圈梁				
011702009	过梁				
011702010	弧形、拱形梁	1. 梁截面 2. 支撑高度			
011702011	直形墙				
011702012	弧形墙				
011702013	短肢剪力墙、电梯井壁				
011702014	有梁板				
011702015	无梁板				
011702016	平板				
011702017	拱板	板厚度			
011702018	薄壳板				
011702019	空心板				
011702020	其他板				
011702021	栏板				
011702022	天沟、檐沟	构件类型		按模板与现浇混凝土构件的接触面积计算	
011702023	雨篷、悬挑板、阳台板	1. 构件类型 2. 板厚度		按图示外挑部分尺寸的水平投影面积计算，挑出墙外的悬臂梁及板边不另计算	
011702024	楼梯	类型		按楼梯（包括休息平台、平台梁、斜梁和楼层板的连接梁）的水平投影面积计算，不扣除宽度≤500mm的楼梯井所占面积，楼梯踏步、踏步板、平台梁等侧面模板不另计算，伸入墙内部分亦不增加	
011702025	其他现浇构件	构件类型		按模板与现浇混凝土构件的接触面积计算	
011702026	电缆沟、地沟	1. 沟类型 2. 沟截面		按模板与电缆沟、地沟接触的面积计算	

续表

项目编码	项目名称	项目特征	计量单位	工程量计算规则	工作内容
011702027	台阶	形状		按图示台阶水平投影面积计算,台阶端头两侧不另计算模板面积。架空式混凝土台阶按现浇楼梯计算	
011702028	扶手	扶手断面尺寸		按模板与扶手的接触面积计算	
011702029	散水	坡度	m²	按模板与散水的接触面积计算	
011702030	后浇带	后浇带部位		按模板与后浇带的接触面积计算	
011702031	化粪池	1. 化粪池部位 2. 化粪池规格		按模板与混凝土接触面积计算	
011702032	检查井	1. 检查井部位 2. 检查井规格			

注:1. 原槽浇筑的混凝土基础、垫层不计算模板。

2. 此混凝土模板及支撑(架)项目只适用于以平方米计量,按模板与混凝土构件的接触面积计算。以"立方米"计量,模板及支撑(支架)不再单列,按混凝土及钢筋混凝土实体项目执行,综合单价中应包含模板及支撑(支架)。

3. 采用清水模板时,应在特征中注明。

4. 若现浇混凝土梁、板支撑高度超过3.6m时,项目特征应描述支撑高度。

(三)垂直运输

垂直运输工程量清单项目设置、项目特征描述的内容、计量单位、工程量计算规则应按表3-48的规定执行。

表3-48　垂直运输(编码:011703)

项目编码	项目名称	项目特征	计量单位	工程量计算规则	工作内容
011703001	垂直运输	1. 建筑物建筑类型及结构形式 2. 地下室建筑面积 3. 建筑物檐口高度、层数	1. m² 2. 天	1. 按建筑面积计算 2. 按施工工期日历天数	1. 垂直运输机械的固定装置、基础制作、安装 2. 行走式垂直运输机械轨道的铺设、拆除、摊销

注:1. 建筑物的檐口高度是指设计室外地坪至檐口滴水的高度(平屋顶系指屋面板底高度),突出主体建筑物屋顶的电梯机房、楼梯出口间、水箱间、瞭望塔、排烟机房等不计入檐口高度。

2. 垂直运输机械指施工工程在合理工期内所需的垂直运输机械。

3. 同一建筑物有不同檐高时,按建筑物的不同檐高做纵向分割,分别计算建筑面积,以不同檐高分别编码列项。

(四)超高施工增加

超高施工增加工程量清单项目设置、项目特征描述的内容、计量单位、工程量计算规则应按表3-49的规定执行。

表3-49　超高施工增加(编码:011704)

项目编码	项目名称	项目特征	计量单位	工程量计算规则	工作内容
011704001	超高施工增加	1. 建筑物建筑类型及结构形式 2. 建筑物檐口高度、层数 3. 单层建筑物檐口高度超过20m,多层建筑物超过6层部分的建筑面积	m²	按建筑物超高部分的建筑面积计算	1. 建筑物超高引起的人工工效降低以及由于人工工效降低引起的机械降效 2. 高层施工用水加压水泵的安装、拆除及工作台班 3. 通信联络设备的使用及摊销

注:1. 单层建筑物檐口高度超过20m,多层建筑物超过6层时,可按超高部分的建筑面积计算超高施工增加。计算层数时,地下室不计入层数。

2. 同一建筑物有不同檐高时,可按不同高度的建筑面积分别计算建筑面积,以不同檐高分别编码列项。

（五）大型机械设备进出场及安拆

大型机械设备进出场及安拆工程量清单项目设置、项目特征描述的内容和计量单位及工程量计算规则应按表 3-50 的规定执行。

表 3-50 大型机械设备进出场及安拆（编码：011705）

项目编码	项目名称	项目特征	计量单位	工程量计算规则	工作内容
011705001	大型机械设备进出场及安拆	1. 机械设备名称 2. 机械设备规格、型号	台次	按使用机械设备的数量计算	1. 安拆费包括施工机械、设备在现场进行安装、拆卸所需的人工、材料、机械和试运转费用以及机械辅助设施的折旧、搭设、拆除等费用 2. 进出场费包括施工机械、设备整体或分体自停放场地运至施工现场或由一个施工地点运至另一个施工地点所发生的运输、装卸、辅助材料等费用

（六）施工排水、降水

施工排水、降水工程量清单项目设置、项目特征描述的内容和计量单位及工程量计算规则应按表 3-51 的规定执行。

表 3-51 施工排水、降水（编码：011706）

项目编码	项目名称	项目特征	计量单位	工程量计算规则	工作内容
011706001	成井	1. 成井方式 2. 地层情况 3. 成井直径 4. 井（滤）管类型、直径	m	按设计图示尺寸以钻孔深度计算	1. 准备钻孔机械、埋设护筒、钻机就位；泥浆制作、固壁；成孔、出渣、清孔等 2. 对接上、下井管（滤管），焊接，安防，下滤料，洗井，连接试抽等
011706002	排水、降水	1. 机械规格、型号 2. 降排水管规格	昼夜	按排、降水日历天数计算	1. 管道安装、拆除，场内搬运等 2. 抽水、值班、降水设备维修等

注：相应专项设备不具备时，可按暂估量计算。

（七）安全文明施工及其他措施项目

安全文明施工及其他措施项目工程量清单项目设置、计量单位、工作内容及包含范围应按表 3-52 的规定执行。

表 3-52 安全文明施工及其他措施项目（编码：011707）

项目编码	项目名称	工作内容及包含范围
011707001	安全文明施工（含环境保护、文明施工、安全施工、临时设施）	1. 环境保护：现场施工机械设备降低噪声、防扰民措施；水泥和其他易飞扬细颗粒建筑材料密闭存放或采取覆盖措施等；工程防扬尘洒水；土石方、建渣外运车辆冲洗、防洒漏等；现场污染源的控制、生活垃圾清理外运、场地排水排污措施；其他环境保护措施 2. 文明施工："五牌一图"；现场围挡的墙面美化（包括内外粉刷、刷白、标语等）、压顶装饰；现场厕所便槽刷白、贴面砖，水泥砂浆地面或地砖，建筑物内临时便溺设施；其他施工现场临时设施的装饰装修、美化措施；现场生活卫生设施；符合卫生要求的饮水设备、淋浴、消毒等设施；生活用洁净燃料；防煤气中毒、防蚊虫叮咬等措施；施工现场操作场地的硬化；治安综合治理；现场绿化、治安综合治理；现场配备医药保健器材、物品费用和急救人员培训；用于现场工人的防暑降温费，电风扇、空调等设备及用电；其他文明施工措施 3. 安全施工包含范围：安全资料、特殊作业专项方案的编制，安全施工标志的购置及安全宣传；"三宝"（安全帽、安全带、安全网）、"四口"（楼梯口、电梯井口、通道口、预留洞口）、"五临边"（阳台围边、楼板围边、屋面围边、槽坑围边、卸料平台两侧），水平防护架、垂直防护架、外架封闭等防护；施工安全用电，包括配电箱三级配电、两级保护装置要求、外电防护措施；起重机、塔吊等起重设备（含井架、门架）和外用电梯的安全防护措施（含警示标志）及卸料平台的临边防护、层间安全门、防护棚等设施；建筑工地起重机械的检验检测；施工机具防护棚及其围栏的安全保护设施；施工安全防护通道；工人的安全防护用品、用具购置；消防设施与消防器材的配置；电气保护、安全照明设施；其他安全防护措施 4. 临时设施包含范围：施工现场采用彩色、定型钢板，砖、混凝土砌块等围挡的安砌、维修、拆除费或摊销；施工现场临时建筑物、构筑物的搭设、维修、拆除或摊销，如临时宿舍、办公室、食堂、厨房、厕所、诊疗所、临时文化福利用房、临时仓库、加工厂、搅拌台及其简易水塔、水池等；施工现场临时设施的搭设、维修、拆除或摊销，如临时供水管道、临时供电管线、小型临时设施等；施工现场规定范围内临时简易道路铺设，临时排水沟、排水设施安砌、维修、拆除；其他临时设施搭设、维修、拆除

项目编码	项目名称	工作内容及包含范围
011707002	夜间施工	1. 夜间固定照明灯具和临时可移动照明灯具的设置、拆除 2. 夜间施工时,施工现场交通标志、安全标牌、警示灯等的设置、移动、拆除 3. 包括夜间照明设备摊销及照明用电、施工人员夜班补助、夜间施工劳动效率降低等
011707003	非夜间施工照明	为保证工程施工正常进行,在如地下室等特殊施工部位施工时所采用的照明设备的安拆、维护、摊销及照明用电等
011707004	二次搬运	包括由于施工场地条件限制而发生的材料、成品、半成品等一次运输不能到达堆放地点,必须进行二次或多次搬运的费用
011707005	冬雨季施工	1. 冬雨(风)季施工时增加的临时设施(防寒保温、防雨、防风设施)的搭设、拆除 2. 冬雨(风)季施工时,对砌体、混凝土等采用的特殊加温、保温和养护措施 3. 冬雨(风)季施工时,施工现场的防滑处理、对影响施工的雨雪的清除 4. 包括冬雨(风)季施工时增加的临时设施的摊销、施工人员的劳动保护用品、冬雨(风)季施工劳动效率降低等费用
011707006	地上、地下设施、建筑物的临时保护设施	在工程施工过程中,对已建成的地上、地下设施和建筑物进行的遮盖、封闭、隔离等必要保护措施所发生的费用
011707007	已完工程及设备保护	对已完工程及设备采取的覆盖、包裹、封闭、隔离等必要保护措施所发生的费用

注：本表所列项目应根据工程实际情况计算措施项目费用,需分摊的应合理计算摊销费用。

二、措施项目工程量计算规则详解

1. 脚手架工程量计算一般规则

① 建筑物外墙脚手架,凡设计室外地坪至檐口(或女儿墙上表面)的砌筑高度在 15m 以下的按单排脚手架计算;砌筑高度在 15m 以上的或砌筑高度虽不足 15m,但外墙门窗及装饰面积超过外墙表面积 60% 以上时,均按双排脚手架计算。

② 建筑物内墙脚手架,凡设计室内地坪至顶板下表面(或山墙高度的 1/2 处)的砌筑高度在 3.6m 以下的,按里脚手架计算;砌筑高度超过 3.6m 以上时,按单排脚手架计算。

③ 石砌墙体,凡砌筑高度超过 1.0m 以上时,按外脚手架计算。

④ 计算内、外墙脚手架时,均不扣除门、窗洞口,空圈空口等所占的面积。

⑤ 同一建筑物高度不同时,应按不同高度分别计算。

⑥ 现浇钢筋混凝土框架柱、梁按双排脚手架计算。

⑦ 围墙脚手架,凡室外自然地坪至围墙顶面的砌筑高度在 3.6m 以下的,按里脚手架计算;砌筑高度超过 3.6m 以上时,按单排脚手架计算。

⑧ 室内天棚装饰面距设计室内地坪在 3.6m 以上时,应计算满堂脚手架,计算满堂脚手架后,墙面装饰工程则不再计算脚手架。

⑨ 滑升模板施工的钢筋混凝土烟囱、筒仓不另计算脚手架。

⑩ 砌筑贮仓按双排外脚手架计算。

⑪ 贮水(油)池大型设备基础,凡距地坪高度超过 1.2m 以上的,均按双排脚手架计算。

⑫ 整体满堂钢筋混凝土基础,凡其宽度超过 3m 以上时,按其底板面积计算满堂脚手架。

2. 砌筑脚手架工程量计算

① 外脚手架按外墙外边线长度乘以外墙砌筑高度，以平方米计算，突出墙外宽度在 24cm 以内的墙垛、附墙烟囱等不计算脚手架；宽度超过 24cm 以外时按图示尺寸展开计算，并入外脚手架工程量之内。

② 里脚手架按墙面垂直投影面积计算。

③ 独立柱按图示柱结构外围周长另加 3.6m，乘以砌筑高度以平方米计算，套用相应外脚手架定额。

3. 现浇钢筋混凝土框架脚手架工程量计算

① 现浇钢筋混凝土柱，按柱图示周长尺寸另加 3.6m 乘以柱高，以平方米计算，套用相应外脚手架定额。

② 现浇钢筋混凝土梁、墙，按设计室外地坪或楼板上表面至楼板底之间的高度，乘以梁、墙净长以平方米计算，套用相应双排外脚手架定额。

4. 装饰工程脚手架工程量计算

① 满堂脚手架按室内净面积计算，其高度在 3.6～5.2m 之间时计算基本层，超过 5.2m 时每增加 1.2m 按增加一层计算，不足 0.6m 的不计。计算式表示如下：

$$满堂脚手架增加层＝\frac{室内净高度－5.2(m)}{1.2(m)}$$

② 挑脚手架按搭设长度和层数以延长米计算。

③ 悬空脚手架按搭设水平投影面积以平方米计算。

④ 高度超过 3.6m 的墙面装饰不能利用原砌筑脚手架时，可以计算装饰脚手架。装饰脚手架按双排脚手架乘以 0.3 计算。

5. 其他脚手架工程量计算

① 水平防护架按实际铺板的水平投影面积，以平方米计算。

② 垂直防护架按自然地坪至最上一层横杆之间的搭设高度，乘以实际搭设长度，以平方米计算。

③ 架空运输脚手架按搭设长度以延长米计算。

④ 烟囱、水塔脚手架区别不同搭设高度以座计算。

⑤ 电梯井脚手架按单孔以座计算。

⑥ 斜道区别不同高度以座计算。

⑦ 砌筑贮仓脚手架不分单筒或贮仓组均按单筒外边线周长乘以设计室外地坪至贮仓上口之间高度，以平方米计算。

⑧ 贮水（油）池脚手架按外壁周长乘以室外地坪至池壁顶面之间高度，以平方米计算。

⑨ 大型设备基础脚手架按其外形周长乘以地坪至外形顶面边线之间高度，以平方米计算。

⑩ 建筑物垂直封闭工程量按封闭面的垂直投影面积计算。

6. 安全网工程量计算

① 立挂式安全网按架网部分的实挂长度乘以实挂高度计算。

② 挑出式安全网按挑出的水平投影面积计算。

7. 垂直运输机械台班用量计算

① 建筑物垂直运输机械台班用量区分不同建筑物的结构类型及高度按建筑面积以平方米计算。建筑面积按本章第二节内容规定计算。

② 构筑物垂直运输机械台班以座计算。超过规定高度时再按每增高 1m 定额项目计算，其高度不足 1m 时亦按 1m 计算。

8. 降效系数

① 各项降效系数中包括的内容指建筑物基础以上的全部工程项目，但不包括垂直运输、各类构件的水平运输及各项脚手架。

② 人工降效按规定内容中的全部人工费乘以定额系数计算。

③ 吊装机械降效按吊装项目中的全部机械费乘以定额系数计算。

④ 其他机械降效按规定内容中的全部机械费（不包括吊装机械）乘以定额系数计算。

9. 建筑物施工用水水泵台班计算

建筑物施工用水加压增加的水泵台班按建筑面积以平方米计算。

第九节　工程量速算方法

一、工程量计算基本要素

（一）工程量构成要素

对于预算人员来说，拿到一份图纸仅可直接读出点和线，不能直接读取面积与体积，这两者都是需要经过后期计算出来的。

工程量构成要素的具体内容如表 3-53 所示。

表 3-53　工程量构成要素的内容

名称	内　容
点（个数）	如窗户几樘、桩几根是可以直接在图中读出来的
线（长度）	如墙体有多长、散水沟有多长，也可以直接在图中读出来
面（面积）	比如室内地坪面积有多少，它是由两条线（边长）的乘积计算出来的
体（体积）	比如，一个板的体积是多少，它是由两个边长、一个厚度三者的乘积而得

仔细分析下来，工程量计算其实并不难，只是几何实体的点（个数、重量）、线（长度）、面（面积）、体（体积）。按几何实体分析，任何一个实体都有它共有的特征值，如长度、面积、体积，三者之间是一种层级递进关系，先有长度，才有面积，再有体积，如图 3-23 所示。

不过，在实际工作中，为什么有的人算得既快又准，有的人不仅算得慢，而且非常容易漏项呢？关键在于算工程量需要有一定的技巧和顺序。

点 —×长度→ 线 —×长度→ 面 —×长度→ 体

图 3-23　工程量计算要素

（二）列计算式

一些刚开始做工程量计算的人，工程量计算底稿中的计算式通常相当长，有时一个计算式子会写满一整页纸，他们习惯于一个子目或分项列一个计算式，例如混凝土柱工程量，便将整个工程中混凝土柱工程用一个计算式完成，240 外砖墙工程量，将整个工程的 240 外砖墙用一个计算式完成。所以，有时一个项目的计算式列一页纸还写不完，用计算器计算都不能一次全部计算完一个式子（因为一般计算器可容纳的位数不够）。这样列计算式的坏处是不便于检查核对，只有自己清楚计算过程，其他人不知道。时间一长，可能连自己也忘记计算过程。

　　计算式列得是否合理，对于工程量的计算准确性，尤其是后期的复核工作非常重要。正确有效的列式章法是：不宜列过长的计算式，所有的计算式都要列清楚部位或名称，例如混凝土柱工程量的计算列式，先要标明所在的部位（轴线等），再列柱的名称，最后再列计算式，有多少种规格的柱，便要列多少个计算式，柱子的宽、厚、高、数量都要列清楚。

二、构件间扣减与分层关系

（一）扣减规则

1. 精确扣减

　　建筑工程构件层次、搭接错综复杂，要保证计算结果的准确，需要对计算规则、扣减关系的完全理解。对构件间的嵌入情况、相关情况出现的"重合"点必须进行精确扣减，这样才能保证工程量计算结果的准确。

　　在处理扣减关系中，要牢记相交的两个构件，一边扣除，另一边必须不扣除，如梁扣柱，柱就不能再扣梁。

2. 近似扣减

　　工程量计算工作并不是必须毫无偏差，通常是在计算结果精确性与工作时间之间寻求平衡。因此，在计算规划的设置上，对一些细微量的计算规则就做了近似处理，从而在保证整体计量精度的基础上简化了工程量计算工作。比如规则中规定：$0.3m^2$ 以内的孔洞在计算工程量时通常是不扣除的；计算内墙抹灰面积时不扣除踢脚线，门窗内侧壁亦不增加。

（二）常见扣减情形及处理

1. 常见情况及处理方法

　　① 嵌入扣减（大构件内含小构件）：如混凝土构件嵌入墙，在计算混凝土构件工程量时设一负值，工程量套墙体清单编码或定额子目，实现对墙体工程量扣减。

　　② 相交扣减（两体量基本相等的构件相交）：如梁与柱相交等。处理好这个扣减问题是要处理好两构件的边界问题。

2. 相交构件间边界的界定

　　界定构件间边界时，应把握以下几个方面的原则。

　　（1）工程量最小原则

　　① 构件拆分最少原则：即在界定构件时，尽量保证拆分后的计算工程量构件数量最少。

　　如图 3-24 所示为两堵砖墙相交，在拆分构件、计算时边界时，可以分为图 3-25 和图 3-26 两种情况。

图 3-24　两堵墙相交　　　　　图 3-25　拆分方案1　　　　　图 3-26　拆分方案2

由以上两图可知，按拆分方案 1，共拆分为 2 个墙段，且两段墙均保持完整。按拆分方案 2，共拆分成了 3 个墙段，而且其中一段墙还被拆分成了两段。自然是选择方案 1 更为方便。

② 取厚优先：较厚的构件与较薄的构件相交，较厚的构件拉通，保持完整性。

③ 外墙优先：外墙与同墙相交，外墙拉通，保持完整性。

④ 墙长优先：同厚度墙相交，长度较长的墙拉通，保持完整性。

（2）主导构件优先原则　在处理扣减关系中，必须明确相交的两个构件中"扣减与被扣减"的关系，哪个构件处于主导地位，应确保其完整性，它不被扣减，与其相交的其他构件全被扣减。

例如柱子一般都是先施工的，要确保其完整性，因而扣减时，计算柱工程量时，与柱相交部分的量，柱拉通计算（即相交部分的量计入柱），而其他板、梁、墙等构件的扣减扣柱。

三、"三线一面"统筹法

（一）"三线一面"统筹法简介

统筹法是一种用来研究、分析事物内在规律及相互依赖关系，从全局角度出发，明确工作重点，合理安排工作顺序，提高工作质量和效率的科学管理方法。

运用统筹思想对工程量计算过程进行分析后，可以看出，虽然各项工程量计算各有特点，但有些数据存在着内在的联系。例如，外墙地槽、外墙基础垫层、外墙基础可以用同一个长度计算工程量。如果我们抓住这些基本数据，利用它来计算较多工程量的这个主要矛盾，就能达到简化工程量计算的目的。

（二）统筹程序、合理安排

统筹程序、合理安排的统筹法计算工程量要点的思想是，不按施工顺序或者不按传统的顺序计算工程量，只按计算简便的原则安排工程量计算顺序。如，有关地面项目工程量计算顺序，按施工顺序完成是

$$\frac{\text{室内回填土}}{\text{长×宽×厚}}①\rightarrow\frac{\text{地面垫层}}{\text{长×宽×厚}}②\rightarrow\frac{\text{地面面层}}{\text{长×宽}}③$$

这一顺序，计算了三次"长×宽"。如果按计算简便的原则安排，上述顺序变为

$$\frac{\text{地面面宽}}{\text{长×宽}}①\rightarrow\frac{\text{地面垫层}}{\text{地面面层×厚}}②\rightarrow\frac{\text{室内回填土}}{\text{地面面层×厚}}③$$

显然，第二种顺序只需计算一次"长×宽"，节省了时间，简化了计算，也提高了结果的准确度。

（三）利用基数连续计算

在工程量计算中有一些反复使用的基数。对于这些基数，我们应在计算各分部分项工程量以前先计算出来，供在后面计算时直接利用，而不必每次都计算，以节约时间，提高计算的速度和准确性。

> **知识小贴士**
>
> 基数。这些基数主要为"三线一面"，即外墙外边线 $L_外$、外墙中心线 $L_中$、内墙净长线 $L_内$ 和底层建筑面积 $S_底$。对于"三线"的长度，如遇墙厚不一或各层平面布局不同时，应按墙厚、层分别统计。另外"室内净面积"和"内墙面净长线"也是经常利用的基数。

1. 底层建筑面积（$S_底$）

建筑面积本身也是一些分部分项的计算指标，如脚手架项目、垂直运输项目等，在一般情况下，它们的工程量都为$S_{建筑面积}$。$S_底$可以作为平整场地、地面垫层、找平层、面层、防水层等项目工程量的基数，见表3-54。

表3-54　底层建筑面积计算工程量项目

基数名称	项目名称	计算方法
$S_底$	人工平整场地	$S=S_底+L_外×2+16$
	室内回填土	$V=(S_底-墙结构面积)×厚度$
	地面垫层	同上
	地面面层	$S=S_底-墙结构面积$
	顶棚面抹灰	同上
	屋面防水卷材	$S=S_底-女儿墙结构面积+四周卷起面积$
	屋面找坡层	$S=(S_底±女儿墙结构面积)×平均厚$

2. 室内净面积（$S_净$）

室内净面积可以作为室内回填土方、地面找平层、垫层、面层和天棚抹灰等的基数。

3. 外墙外边线的长（$L_外$）

外墙外边线是计算平整场地、排水、脚手架等项目的基数，见表3-55。

表3-55　外墙外边线计算工程量项目

基数名称	项目名称	计算方法
$L_外$	人工平整场地	$S=L_外×2+16+S_底$
	墙脚排水坡	$S=(L_外+4×散水宽)×散水宽$
	墙脚明沟（暗沟）	$L=L_外+8×散水宽+4×明沟（暗沟）宽$
	外墙脚手架	$S=L_外×墙高$
	挑檐	$V=(L_外+4×挑檐宽)×挑檐断面积$

4. 外墙中心线（$L_中$）

外墙中心线是外墙基础沟槽土方、外墙基础体积、外墙基础防潮层等项目工程量的计算基数，见表3-56。

表3-56　外墙中心线计算工程量项目

基数名称	项目名称	计算方法
$L_中$	外墙基槽	$V=L_中×基槽断面积$
	外墙基础垫层	$V=L_中×垫层断面积$
	外墙基础	$V=L_中×基础断面积$
	外墙体积	$V=(L_中×墙高-门窗面积)×墙厚$
	外墙圈梁	$V=L_中×圈梁断面积$
	外墙基防潮层	$S=L_中×墙厚$

5. 内墙净长线（$L_内$）

内墙净长线是计算内墙基础体积、内墙体积等项目工程量计算基数，见表3-57。

表 3-57   内墙净长线计算工程量项目

基数名称	项目名称	计算方法
$L_内$	内墙基槽	$V=(L_内-调整值)\times$基槽断面积
	内墙基础垫层	$V=(L_内-调整值)\times$垫层断面积
	内墙基础	$V=L_内\times$基础断面积
	内墙体积	$V=(L_内\times$墙高$-$门窗面积$)\times$墙厚
	内墙圈梁	$V=L_内\times$圈梁断面积
	内墙基防潮层	$S=L_内\times$墙厚

6. 内墙面净长线（$L_{内墙面净长线}$）

内墙面净长线不同于内墙净长线，外墙的内面也称为内墙面。用内墙面净长线来计算踢脚线和内墙面抹灰工程量很方便。

① 踢脚线 L 的计算。踢脚线的工程量为室内净空周长或面积（长度×踢脚线高），即房间内墙面的长度，即 $L=L_{内墙面净长线}$。

② 内墙面抹灰面积 S。如前所述，内墙面不同于内墙墙面，如果仅仅用内墙净长线计算，则会出现工程量漏算的情况。利用内墙面净长线计算内墙面抹灰，则 $S=L_{内墙面净长线}\times H-$T 形头重叠面积，H 为内墙面净高。

（四）"三线一面"统筹法的计算顺序

对于一般工程，分部工程量计算顺序应为先地下后地上，先主体后装饰，先内部后外部。在计算建筑和装饰部分时也要对计算顺序进行合理安排。

① 计算建筑部分时，按基础工程、土石方工程、混凝土工程、木门窗工程、砌筑工程这样一个顺序，而不能按定额的章节顺序来计算，否则会对某些项目反复计算，从而浪费大量的时间。例如，先算出了混凝土工程中的梁、柱的体积和门窗面积，那么，在计算砌筑工程需要扣除墙体内混凝土构件体积和门窗部分在墙体内所占体积时，可以利用前面计算的梁、柱的体积和门窗部分所占的体积。

当然，在计算各分部的各项目工程量时，也有一定的顺序技巧。如计算混凝土工程部分时，一般应采用由下向上，先混凝土、模板后钢筋，分层计算、按层统计，最后汇总的顺序。砌筑工程可从整体上分层计算，每层的量可采取"整算零扣"的方法。

② 计算装饰部分时，要先地面、天棚，后墙面。先算地面工程量的好处是可以利用地面的面积，计算出平面天棚和斜天棚的面积。计算墙面扣除门窗及洞口面积时，可利用先前算出的面积。当以房间为单元计算抹灰工程量时，有一点值得注意的是，同一门窗要扣两次面积。

③ 计算预制混凝土构件时，要按预制构件的施工顺序。

第十节 工程量复核的方法

一般情况下，导致工程量计算出错的多为重算、多算、漏算和点错小数点等问题。

（一）漏项

衡量清单漏项与否的标准，应当是设计施工图纸和《建设工程工程量清单计价规范》（GB 50500—2013）的 17 个附录。若施工图表达出的工程内容在《建设工程工程量清单计价规范》（GB 50500—2013）的某个附录中有相应的"项目编码"和"项目名称"，但在清单并没有反映出来，则应当属于清单漏项；若施工图表达出的工程内容在《建设工程工程量清单计价规范》（GB 50500—2013）附录的任何地方均没有反映，而且是应该由清单编制者进行补充的清单项目，则也属于清单漏项；若施工图表达出的工程内容虽然在《建设工程工程量清单计价规范》（GB 50500—2013）附录的"项目名称"中没有反映，但在本清单已经列出的某个"项目名称"包含的"工程内容"中有所反映，则不属于清单漏项，而应当作为主体项目的附属项目，并入综合单价计价。

（二）责任划分

为了合理减少工程施工方的风险，并遵照谁引起的风险谁承担责任的原则，规范对工程量的变更及其综合单价的确定做了规定，执行中应注意以下几个方面的内容。

① 无论由于工程量清单有误或漏项，还是由于设计变更引起新的工程量清单项目或清单项目工程数量的增减，一般均应按实调整。

② 工程量变更后综合单价的确定应按规范的规定执行。

③ 不多算，不少算，不漏算，重要的是不留缺口，以防止日后的工程造价追加。

在实际工作中，建设单位提供的工程量清单常常存在部分编制内容不完整或不严谨，非相关专业人员编制的其他专业的清单工程量不准确等。许多投标单位在拿到招标文件时，没有注意审查工程量清单的质量，只是把投标报价作为重点，以为控制了总价就可中标。但是由于清单报价要求为综合单价报价，不考虑工程量的问题，不仅造成了评标过程中的困难，而且也给签订施工合同、竣工结算带来了很多困难。

（三）工程量复核

工程造价是一个大的综合专业，包括了土建、装饰、电气设备、给排水等多个专业，这就要求分专业对施工图进行工程量的数量审查。常用的复核办法有以下几种。

① 技术经济指标复核法。将编制好的清单进行套定额计价，从工程造价指标、主要材料消耗量指标、主要工程量指标等方面与同类建筑工程进行比较分析。

例如普通多层砖混住宅每平方米的钢筋含量为 $15\sim25kg$，框架住宅地上（±0 以上）部分每平方米建筑面积的钢筋含量为 $40\sim60kg$，如果清单的指标偏高或偏低，可以进一步分析其中的柱、梁、板、楼梯等构件占的比重，找原因，按图具体核算，并予以纠正。用技术经济指标可从宏观上判断清单是否大致准确。

② 利用相关工程量之间的逻辑关系复核其正确性，如：

外墙装饰面积＝外墙面积－外墙门窗面积

内墙装饰面积＝外墙面积＋内墙面积×2－（外门窗＋内门窗面积×2）

地面面积＋楼地面面积＝天棚面积

平屋面面积＝建筑面积/层数

③ 仔细阅读建筑说明、结构说明及各节点详图，进一步复核清单。清单出来后，应该再仔细阅读建筑说明、结构说明及各节点详图，从中可以发现一些疏忽和遗漏的项目，及时补足。核对清单名称是否与设计相同，表达是否明确清楚，有无错漏项。

知识小贴士　**技术经济指标复核法。** 在复核时，要选择与此工程具有相同或相似结构类型、建筑形式、装修标准、层数等的以往工程，将上述几种技术经济指标逐一比较。如果出入不大，可判定清单基本正确；如果出入较大，则其中必有问题，那就按图纸在各分部中查找原因。

第四章

预算定额应用

第一节　基础施工定额

一、建筑工程基础定额手册的组成内容

建筑工程基础定额是以分项工程表示的人工、材料、机械用量的消耗标准，是按照正常的施工条件，目前多数企业的装备程度，合理的工期、施工工艺、劳动组织条件下编制的，反映了社会平均消耗水平。

> **知识小贴士**
>
> **建筑工程基础定额。** 建筑工程基础定额是统一全国定额项目划分、计量单位、工程量计算规则的国家基础定额。它是依据现行国家标准、设计规范和施工验收规范、质量评定标准、安全操作规程编制的，并参考了专业、地方标准，以及有代表性的工程设计、施工资料和其他资料编制而成。建筑工程基础定额可以作为编制全国统一、专业统一、地区统一的概算（综合）定额，投资估算指标的基础，也可以作为企业制定预算定额和投标报价的基础。

建筑工程基础定额手册由目录、总说明、各个分部工程（其中每个分部工程又由分部工程说明、定额项目表组成）和有关附录等部分组成。

1. 目录

目录按章划分，每一章为一分部工程。分部工程是将单位工程中结构性质相近、材料大致相同的施工对象结合在一起，分部工程下设各分项工程。

2. 总说明

基础定额总说明阐述了基础定额编制的依据和原则，定额的水平，定额的作用及适用范围，定额使用方法及相应规定和说明等。总说明还包括人工工日消耗量、材料消耗量、机械台班消耗量的确定。

3. 分部工程

分部工程由分部工程说明和定额项目表组成。

（1）分部工程说明　分部工程说明概述了定额的适用范围，介绍了分部工程定额中包括的主要分项工程及使用定额的一些基本规定。

例如混凝土及钢筋混凝土工程说明：现浇混凝土梁、板、柱、墙是按支模高度（地面至板底）3.6m编制的，超过3.6m时，超过部分工程量另按超高的项目计算；钢筋工程按钢筋的不同品种、不同规格，依现浇构件钢筋、预制构件钢筋、预应力钢筋及箍筋分别列项等。

（2）分项工程定额项目表 建筑工程基础定额分项工程定额项目表和预算定额分项工程项目表形式基本一致，它是以各分部工程归类，并以不同内容划分为若干个分项工程子项目排列的定额项目表。它主要由分项工程名称、工作内容、子目栏和附录等部分组成。分项工程定额项目表的基本形式见表4-1。

表 4-1 砌块墙项目表

工作内容：1. 调、运、铺砂浆、运砖；

　　　　　2. 砌砖包括窗台虎头砖、腰线、门窗套；

　　　　　3. 安放木砖、铁件等。

10m³

	定额编号		4-33	4-34	4-35
	项目	单位	小型空心砌块墙	硅酸盐砌块墙	加气混凝土砌块墙
人工	综合工日	工日	12.27	10.47	10.01
材料	水泥混合砂浆 M5	m³	0.870	0.810	0.800
	空心砌块 390×190×190	块	573.80	—	—
	空心砌块 190×190×190	块	150.00	—	—
	空心砌块 90×190×190	块	115.00	—	—
	硅酸盐砌块 880×430×240	块	—	72.40	—
	硅酸盐砌块 580×430×240	块	—	8.50	—
	硅酸盐砌块 280×430×240	块	—	25.25	—
	普通黏土砖	千块	—	0.276	—
	加气混凝土块 600×240×150	块	—	—	460.00
	水	m³	0.700	1.000	1.000
机械	灰浆搅拌机 200L	台班	0.14	0.14	0.13

在定额项目表中，人工、材料、机械消耗量的确定如表4-2所示。

表 4-2 定额项目表中的内容

名　称	内　容
人工工日消耗量的确定	基础定额人工工日不分工种、技术等级，一律以综合工日表示，其包括内容有基本用工、超运距用工、人工幅度差、辅助用工。 基础定额内未考虑现行劳动定额允许各省、自治区、直辖市调整的部分
材料消耗的确定	定额中计量单位内的材料消耗包括主要材料、辅助材料、零星材料等
施工机械台班消耗量的确定	挖掘机械、打桩机械、吊装机械、运输机械（包括推土机、铲运机、土石方及构件运输机械等）按机械、容量或性能及工作对象，按单机或主机与配合辅助机械，分别以台班消耗量表示

4. 定额附录

定额附录主要作为定额换算和编制补充定额的基本依据。基础定额附录包括：

① 附录1，混凝土配合比参考表；

② 附录 2，耐酸、耐腐蚀及特种砂浆、混凝土配合比表；

③ 附录 3，抹灰砂浆配合比表。

二、基础定额的应用特点

(一) 全国统一、通用

基础定额是作为全国统一、专业统一、地区统一的概算（综合）定额，投资估算指标的基础，适用于全国范围，是统一全国定额项目划分、计量单位、工程量计算规则的国家定额，定额的划分更加趋于合理化。

(二) 量、价分离

建筑工程预算定额既包括定额基价和其中的人工费、材料费、机械费，也包括人工、材料、机械的消耗量，是量价结合。而基础定额只包括人工、材料、机械的消耗量，不包括定额基价和人工费、材料费、机械费，是量价分离。这是因为基础定额是全国统一的，由于不同地区的经济条件差别很大，无法统一价格，在具体应用基础定额时需要结合地区和企业的人工、材料、机械的价格具体计算费用。

第二节 预算定额

一、预算定额概念

建筑工程预算定额是指在正常合理的施工条件下，规定完成一定计量单位的分项工程或结构构件所必需的人工、材料和施工机械台班，以及价值货币表现合理消耗的数量标准。建筑工程预算定额由国家或各省、市、自治区主管部门或授权单位组织编制并颁发执行。

现行的建筑工程预算定额是以施工定额为基础编制的，但是两种定额水平确定的原则是不相同的。预算定额按社会消耗的平均劳动时间确定其定额水平，预算定额基本上是反映了社会平均水平；施工定额反映的则是平均先进水平。

因为预算定额比施工定额考虑的可变因素多，需要保留一个合理的水平幅度差，即预算定额的水平比施工定额水平相对低一些，一般预算定额水平低于施工定额水平10%左右。

知识小贴士　　预算定额。预算定额主要用来确定工程预算成本，而施工定额则是确定工程计划成本以及进行成本核算的依据。一般来说，施工定额项目的划分比预算定额要细一些、精确程度相对高一些，是编制预算定额的基础资料。

二、预算定额的作用

建筑工程预算定额的具体作用如下：

① 是编制施工图预算、确定工程预算造价的基本依据；

② 是对设计方案进行技术经济评价，对新结构、新材料进行技术经济分析的主要依据；

③ 是推行投标报价、投资包干、招标承包制的重要依据；

④ 是施工企业与建设单位办理工程结算的依据；

⑤ 是建筑企业进行经济核算和考核工程成本的依据；

⑥ 是国家对基本建设进行统一计划管理的重要工具之一；

⑦ 是编制概算定额的基础。

三、预算定额的内容及使用

为了便于确定各分部分项工程或结构构件的人工、材料和机械台班等的消耗指标，及相应的价值货币表现的标准，将预算定额按一定的顺序汇编成册，这种汇编成册的预算定额称为建筑工程预算定额手册。

建筑工程预算定额手册由目录、总说明、建筑面积计算规则、分部分项工程说明及其相应的工程量计算规则、定额项目表和有关附录等组成，具体见表4-3。

表 4-3 建筑工程预算定额内容

内容	说明
定额总说明	概述了建筑工程预算定项的编制目的、指导思想、编制原则、编制依据、定额的适用范围和作用，以及有关问题的说明和使用方法
建筑面积计算规则	建筑面积计算规则严格、系统地规定了计算建筑面积内容范围和计算规则
分部工程说明	介绍了分部工程定额中包括的主要分项工程和使用定额的一些基本规定，并阐述了该分部工程中各项工程的工程量计算规则和方法
分项工程定额项目表	列有完成定额计量单位建筑产品的分项工程造价和其中的人工费、材料费和机械费，同时还列有人工（按人工、普通工、辅助和其他用工数分列）、材料（按主要材料分列）和机械台班（按机械类型及台班数量分列）。它主要由说明、子目栏和附注等部分组成，表4-4为某省建筑预算定额分项工程定额项目表形式
定额附录	建筑工程预算定额手册中的附录包括机械台班价格、材料预算价格，主要作为定额换算和编制补充预算定额的基本依据

表 4-4 天窗、混凝土框上装木门扇及玻璃窗定额项目表

工作内容：1. 制作安装窗框、窗扇、亮子，刷清油、刷防腐油、塞油膏，安装上下挡、托木，铺钉封口板（序号42）。

2. 安装钢筋混凝土门框等。

	定额编号			7-50	7-41	7-42	7-43	7-44	77-45
				天窗			钢筋混凝土框上装木门扇	混凝土框上安单层玻璃窗	天窗安有框铁丝网
	项目	单位	单价/元	全中悬天窗	中悬带固天窗	木屋架天窗上下挡板			
				100m² 框外围面积		100m²	100m² 框外围面积		100m²
	基价	元		11131.72/11096.02	9358.35/9338.67	8089.50	11646.12/11567.41	7283.43/7166.20	138.44
其中	人工费	元		1430.00	1132.38	377.68	1284.74	1606.68	107.60
	材料费	元		9423.90	8002.82	7711.82	9952.70	5323.39	30.84
	机械费	元		277.82/242.12	223.39/203.71	—	408.68/329.97	353.36/236.13	—

定额编号			7-50	7-41	7-42	7-43	7-44	77-45
项目	单位	单价/元	天窗			钢筋混凝土框上木门扇	混凝土框上安单层玻璃窗	天窗安有框铁丝网
			全中悬天窗	中悬带固天窗	木屋架天窗上下挡板			
			100m² 框外围面积		100m²	100m² 框外围面积		100m²
(一)制作								
人工	合计	工日	21.52	33.00	28.46	12.21	27.73	16.23	—
	技工	工日	21.52	25.63	21.59	6.72	21.24	11.22	
	普通工	工日	21.52	0.96	0.60	0.70	0.76	0.49	
	辅助工	工日	21.52	3.68	3.68	3.68	0.21	3.04	
	其他工	工日	21.52	3.00	2.59	1.11	2.52	1.48	
材料	一等小方(红松、细)	m³	2105.14	1.716	1.029	—	2.770	2.055	
	一等中板(红松、细)	m³	2105.14	—	—	—	1.321	—	
	一等中方(红白松、框料)	m³	1818.96	2.929	2.366	1.434	—	—	
	一等薄板(红松、细)	m³	2105.14	—	—	2.110	—	—	
	二等中方(白松)	m³	1132.95	0.014	0.014	—	—	—	
	胶(皮质)	kg	18.38	4.250	2.510	—	4.070	4.070	
	铁钉(综合)	kg	6.16	7.930	6.310	—	2.310	0.280	
	清油	kg	18.49	8.230	8.230	8.230	6.550	6.830	
	油漆溶剂油	kg	3.70	5.500	5.500	5.550	4.380	4.600	
	木材干燥费	m³	107.66	4.008	3.395	3.544	4.091	2.055	
	其他材料费	元	2.00	4.480	4.480	4.480	3.710	3.700	
机械	圆锯机 φ1000mm 以内	台班	67.20	0.68	0.56	—	1.29	0.54	
	压刨机三面 400mm 以内	台班	65.97	1.61	1.33	—	1.65	104	
	打眼机 φ50mm 以内	台班	11.60	1.38	1.29	—	1.03	1.32	
	开榫机 160mm 以内	台班	58.46	0.74	0.67	—	0.99	0.80	
	载口机多面 400mm	台班	42.40	0.43	0.35	—	0.64	0.40	
(二)安装								
材料	二等中方(白松)	m²	1132.95	0.248	0.248	—	0.464	0.424	—
	有框铁丝网	m²	—	—	—	—	—	—	(72.82)
	铁钉(综合)	kg	6.16	1.57	1.61	16.00	3.75	2.97	
	铁件	kg	4.70	84.17	84.17	—	—	—	
	铁件(精加)	kg	5.14	—	—	—	—	—	6.00
	防腐油(或臭油水)	kg	10.89	6.48	6.48	—	—	—	
	毛毡(防寒)	m²	3.64	25.49	25.49	32.30	—	—	
	其他材料费	元	2.00	18.51	17.52	—	—	25.09	
机械	塔式起重机(综合) / 卷扬机单块 1t 以内	台班	484.08 / 66.92	0.10 / 0.19	0.06 / 0.14	—	0.24 / 0.56	0.35 / 0.78	

有关预算定额的具体使用,在本书第一章"建筑工程定额计价"部分已有介绍。

第三节　概算定额

一、概算定额概念

建筑工程概算定额是由国家或主管部门制定颁发，规定完成一定计量单位的建筑工程扩大结构构件、分部工程或扩大分项工程所需人工、材料、机械消耗和费用的数量标准，因此也称扩大结构定额。

知识小贴士

　　概算定额。概算定额是指在相应概算定额或综合概算定额的基础上，根据有代表性的设计图纸和标准图等经过适当地综合、扩大以及合并而成的，介于预算定额和概算指标之间的一种定额。

由于概算定额是在预算定额的基础上，经适当地合并、综合和扩大后编制的，所以二者是有区别的。主要表现在以下两点。

① 预算定额基本上反映了社会平均水平，而概算定额在编制过程中，为满足规划、设计和施工的要求，正确反映了大多数企业或部门在正常情况下的设计、施工和管理水平。概算定额与预算定额水平基本一致，但它们之间应保留一个必要、合理的幅度差，以便用概算定额编制的概算能控制用预算定额编制的施工图预算。

② 预算定额是按分项工程或结构构件划分和编号的，而概算定额是按工程形象部位，以主体结构分部为主，将预算定额中一些施工顺序相衔接、相关性较大的分项工程合并成一个分项工程项目。如概算定额中的砖砌外墙项目就包括了预算定额中的砌砖、钢筋砖过梁、砖平梁、钢筋混凝土过梁、伸缩勾缝（或抹灰）等六个分项工程。由此可见，概算定额不论在工程量计算书方面，还是在编制概算书方面，都比预算简化了计算程序，省时省事。当然，其精确性也相对降低了一些。

二、概算定额的作用

概算定额具体的作用如下。

① 概算定额是编制基本建设投资规划的基础。

② 概算定额是对建设项目进行可行性研究、编制总概算和设计任务书、控制基本建设投资、考核建设成本、比较设计方案的先进合理性、确定基本建设项目贷款、拨款和施工图预算、进行竣工决算的依据。

③ 概算定额是建筑安装企业编制施工组织设计大纲或总设计，拟定施工总进度计划、主要材料和设备申请计划的计算基础。

④ 概算定额是编制概算指标、投资估算指标和进行工程价款定期结算的依据。

三、概算定额的内容

概算定额表现为按地区特点和专业特点汇编而成的定额手册，其内容基本由文字说明、定额项目表和附录等组成。例如，某省建筑工程概算定额主要包括了总说明、土建分册、水暖通风分册和电气照明分册等四分部内容。

(一) 总说明

在总说明中，阐述了本定额的编制依据、编制原则、手册划分、定额的作用、适用范围和使用时应注意的问题等。

(二) 分册内容

每一个分册都是根据专业施工顺序和结构部位排列，划分章节进行编制。例如土建分册就包括分册说明、建筑面积计算规则、土石方工程、基础工程、墙壁工程、脚手架工程、梁柱工程、楼地面工程、房盖工程、门窗工程、耐酸防腐工程、厂区工程和构筑物工程等内容。表 4-5 为土建分册双面清水墙部分概算定额形式。

表 4-5 砖砌外墙

工作内容：砖砌、砌块、必要镶砖、钢筋砖过梁、砌平石梁、钢筋混凝土过梁、钢筋加固、伸缩缝、刷红土子浆、抹灰勾缝和刷白。

编　　号		1	2	3	4	5	6
项　目	单位	双面清水墙					
		实　　砌				空　斗	
		一砖	一砖半	二砖	每增减半砖	二砖	每增减半砖
基价	元	1645.42	2399.99	3130.91	721.43	2573.09	584.80
其中　人工费	元	206.48	262.71	310.81	54.03	268.47	43.67
材料费	元	1358.20	2020.99	2670.55	633.00	2173.57	511.27
机械使用费	元	80.74	116.29	149.55	34.40	131.05	39.86
主要材料　钢材	t	0.022	0.032	0.044	0.011	0.044	0.011
木材	m²	0.053	0.078	0.104	0.049	0.129	0.122
水泥	kg	1653	2219	2763	565	2548	515
建筑物檐口高度在 3.6m 以下者减去垂直运输机械费							
每 100m² 减去	元	30.41	43.77	55.40	13.57	43.06	10.70

四、概算定额手册的组成和应用

(一) 概算定额手册的组成

从总体上看，概算定额手册主要由目录、总说明、分册说明、建筑面积计算规则、章(节)说明、工程量计算规则、定额项目表、附注及附录等组成。

由于地区特点和专业特点的差异，有些仅在个别分册中包括。如建筑面积计算规则，仅在土建工程分册中有此内容。至于各组成部分所要说明和阐述的问题，与预算定额手册基本类似。

(二) 概算定额手册的应用

概算定额主要用于编制概算，在使用前要对定额的文字说明部分仔细地阅读，并在熟悉图纸的基础上准确地计算工程量、套用定额和确定工程的概算造价。而对定额项目表的查阅方法、定额编号的表示法、计量单位的确定、定额中用语和符号的含义等，与预算定额基本相同。另外，对定额中有些项目的单项组成内容与设计不符时，要按定额规定进行调整换算。

【例 4-1】 某工程的二砖外墙为 1200m²，设计外墙临街面为水刷石，其工程量为 800m²，其余为水泥砂浆；内面抹混合砂浆刷白，试计算该二砖外墙的概算造价。

【解】 在某省砖砌外墙概算定额中只有双面抹灰墙项目，因此需进行调整，方法如下。

(1) 从定额项目表中查出双面抹灰二砖外墙基价为 3324.46 元/100m²，则双面抹灰外

墙费用为

$$12 \times 3324.46 = 39893.52(元)$$

（2）从内外墙面、墙裙和局部装饰增加表中查得外墙局部抹水刷石的基价为 228.97 元/100m²，则增加费用为

$$8 \times 228.97 = 1831.76(元)$$

（3）计算二砖外墙的概算造价

$$概算造价 = 39893.52 + 1831.76 = 41725.28(元)$$

第四节　预算定额换算与工料分析

一、预算定额换算的基本内容

（一）定额换算的原因

当施工图纸的设计要求与定额项目的内容不一致时，为了能计算出设计要求项目的直接费及工料消耗量，必须对定额项目与设计要求之间的差异进行调整，这种使定额项目的内容适应设计要求的差异调整是产生定额换算的原因。

（二）定额换算的依据

预算定额具有经济法规性，定额水平（即各种消耗量指标）不得随意改变。

经验指导

为了保持预算定额的水平不改变，在文字说明部分规定了若干条定额换算的条件，在定额换算时必须执行这些规定，才能避免人为改变定额水平的不合理现象。从定额水平保持不变的角度来解释，定额换算实际上是预算定额的进一步扩展与延伸。

（三）预算定额换算的内容

定额换算涉及人工费和材料费的换算，特别是材料费及材料消耗量的换算占定额换算相当大的比重，因此必须按定额的有关规定进行，不得随意调整。人工费的换算主要是由用工量的增减而引起的，材料费的换算则是由材料耗用量的改变（或不同构造做法）及材料代换而引起的。

（四）预算定额换算的一般规定

常用的定额换算规定如下。

① 混凝土及砂浆的强度等级在设计要求与定额不同时，按定额中半成品配合比进行换算。

② 木楼地楞定额是按中距 40cm，断面 5cm×18cm，每 100m² 木地板的楞木 313.3m 计算的。如设计规定与定额不同时，楞木料可以换算，其他不变。

③ 定额中木地板厚度是按 2.5cm 毛料计算的，如设计规定与定额不同时，可按比例换算，其他不变。

④ 按定额分部说明中的各种系数及工料增减换算。

（五）预算定额换算的几种类型

预算定额换算的主要类型如下：

① 砂浆的换算；

② 混凝土的换算；

③ 木材材积的换算；

④ 系数换算；

⑤ 其他换算。

二、预算定额换算方法与工料分析

（一）混凝土的换算（混凝土强度等级和石子品种的换算）

1. 混凝土强度等级的换算

这类换算的特点是，混凝土的用量不发生变化，只换算强度或石子品种。其换算公式为

换算价格＝原定额价格＋定额混凝土用量×（换入混凝土单价－换出混凝土单价）

【例 4-2】某工程框架薄壁柱，设计要求为 C35 钢筋混凝土现浇，试确定框架薄壁柱的预算基价。

【解】（1）确定换算定额编号 1E0045［混凝土（低、特、碎 20）C30］：

其预算基价为 2007.62 元/10m³，混凝土定额用量为 10.15m³/10m³。

（2）确定换入、换出混凝土的基价（低塑性混凝土、特细砂、碎石 5～20mm）：

查表 4-6 换出 6B0082 C30 混凝土预算基价 151.41 元/m³（42.5 级水泥）；换入 6B0083 C35 混凝土预算基价 163.41 元/m³（52.5 级水泥）。

表 4-6　混凝土及砂浆配合比　　　　　　　　　　　　单位：m³

定额编号				6B0082	6B0083	6B0119	6B0079	6B0089
项目		单位	单价	低塑性混凝土（特细砂）				
				粒径 5～20mm			粒径 5～40mm	
				碎石		砾石	碎石	碎石
				C30	C35	C35	C15	C20
基价		元	—	151.41	163.41	167.89	112.68	122.33
其中	材料费	元	—	151.41	163.41	167.89	112.68	122.33
材料	0010003　水泥 42.5#	kg	0.23	505.00	—	—	319.00	364.00
	0010004　水泥 52.5#	kg	0.27	—	472.00	452	—	—
	0070009　碎石 5～20mm	t	20.00	1.377	1.377	—	1.377	—
	0070015　碎石 5～20mm	t	25.00	—	—	1.561	—	—
	0070010　碎石 5～40mm	t	20.00	—	—	—	—	1.397
	0070001　特细砂	t	22.00	0.351	0.383	0.310	0.5358	0.485
	0830001　水	m³	—	(0.23)	(0.23)	(0.19)	(0.23)	(0.22)

（3）计算换算预算基价。

1E0045 换＝原定额价格＋定额混凝土用量×（换入混凝土单价－换出混凝土单价）

＝2007.62＋10.15×（163.41－151.41）＝2129.42（元/10m³）

（4）换算后的工料消耗量分析。

① 人工费：395.46 元。

② 机械费：56.33 元。

③ 水泥 52.5 级：472.00×10.15＝4790.80（kg）。

④ 特细砂：$0.383 \times 10.15 = 3.89$（t）。

⑤ 碎石 5～20mm：$1.377 \times 10.15 = 13.98$（t）。

2. 混凝土石子品种的换算

【例 4-3】以［例 4-2］为基础，换算混凝土石子品种。

【解】（1）确定换算定额编号 1E0045［混凝土（低、特、碎 20）C30］：

其预算基价为 2007.62 元/10m³，混凝土定额用量为 10.15m³/10m³。

（2）确定换入、换出混凝土的基价（低塑性混凝土、特细砂、碎石 5～20mm）：

查表 4-6，换出 6B0082 C30 混凝土预算基价 151.41 元/m³（42.5 级水泥）；换入 6B0119 C35 混凝土预算基价 167.89 元/m³（52.5 级水泥）。

（3）计算换算预算基价。

$$1E0045 换 = 原定额价格 + 定额混凝土用量 \times （换入混凝土单价换出混凝土单价）+ 水的价差$$
$$= 2007.62 + 10.15 \times (167.89 - 151.41) + 1.60 \times 10.15 \times (0.19 - 0.23)$$
$$= 883.66（元/10m³）$$

（4）换算后工料消耗量分析。

① 人工费：395.46 元。

② 机械费：56.33 元。

③ 水泥 52.5 级：$452.00 \times 10.15 = 4587.80$（kg）。

④ 特细砂：$0.310 \times 10.15 = 3.15$（t）。

⑤ 碎石 5～20mm：$1.561 \times 10.15 = 15.84$（t）。

⑥ 水：$11.28 + 10.15 \times (0.19 - 0.23) = 10.874$（m³）。

3. 换算小结

换算小结的内容如下所示。

① 选择换算定额编号及其预算基价，确定混凝土品种及其骨料粒径、水泥强度等级。

② 根据确定的混凝土品种（塑性混凝土还是低流动性混凝土，石子粒径、混凝土强度等级），从定额附录中查换出、换入混凝土的基价。

③ 计算换算后的预算价格。

④ 确定换入混凝土品种须考虑下列因素：是塑性混凝土还是低流动性混凝土；根据规范要求确定混凝土中石子的最大粒径；根据设计要求确定采用砾石、碎石及混凝土的强度等级。

（二）运距的换算。

当设计运距与定额运距不同时，根据定额规定通过增减运距进行换算。

换算价格 = 基本运距价格 ± 增减运距定额部分价格

【例 4-4】人工运土方 100m³，运距 190m，试计算其人工费。

【解】（1）确定换算定额编号 1A0037、1A0038（表 4-7）

表 4-7 土方工程

工作内容：人工运土方、淤泥，包括装、运、卸土和淤泥及平整　单位：100m³

定额编号			1A0037	1A0038
项目	单位	单价	人工运土方	
			运距 20m 内	运距 200m 内每增加 20m
基价	元	—	432.30	99.00
其中	材料费	元 —	432.30	99.00

（2）1A0037 基本运距 20m 内定额的预算基价为 432.30 元/100m³。

（3）1A0038 运距在 200m 内每增加 20m 的定额预算基价为 99.00 元/100m³，则 190m 运距包含 1A0038 项目 20m 的个数为 （190－20）/20＝8.5（取 9）。

（4）人工运土方 100m³，运距 190m，其人工费为 1A0037＋1A0038＝432.30＋99.00× 9＝1323.30（元/100m³）

（三）厚度的换算

当设计厚度与定额厚度不同时，根据定额规定通过增减厚度进行换算。

$$换算价格＝基本厚度价格±增减厚度定额部分价格$$

【例 4-5】某家属住宅地面，设计要求为 C15 混凝土面层（低、特、碎 20），厚度为 60mm（无筋），试计算该分项工程的预算价格及定额单位工料消耗量。

【解】（1）确定换算定额编号 1H0054、1H0055［混凝土（低、特、碎 40）C20］（表 4-8）。

（2）C20 厚 60mm 的面层预算基价和 C20 用量。

预算基价：1572.03＋[170.11×(60－80)]/10＝1231.81（元/100m²）。

混凝土用量：8.08＋[1.01×(60－80)]＝6.06（m³）（水泥为 42.5#）。

（3）确定换入、换出混凝土的基价（碎石 5～20mm）。查表 4-6，换出 6B0089 C20 混凝土预算基价 122.33 元/m³（42.5 级水泥）；换入 6B0079C15 混凝土预算基价 112.68 元/m³（42.5 级水泥）。

表 4-8　楼地面工程

工作内容:清理基层、刷素水泥浆、混凝土搅拌、捣固、提浆抹面、养护。单位:100m²

定额编号					1H0054	1H0055
项目			单位	单价	混凝土面层	
					厚度80mm	每增减10mm
基价			元	—	1572.03	170.11
其中		人工费	元	—	372.24	37.26
		材料费	元	—	1128.25	123.91
		机械费	元	—	71.54	8.94
材料	6B0089	混凝土(半、特、碎40)C20	m³	122.33	8.08	1.01
	6B0354	水泥砂浆1:1	m³	193.78	0.51	—
	6B0451	素水泥浆	m³	307.8	0.10	—
	001025	水泥32.5级	kg		(598.62)	—
	001026	水泥42.5级	kg	—	(2941.12)	(367.64)
	0070010	碎石5～40mm	t	—	(11.29)	(1.41)
	0070001	特细砂	t	—	(4.37)	(0.49)
	0830001	水	m³	1.60	6.38	0.22
机械	0991001	机上人工	工日		(1.00)	(0.12)

（4）计算换算 C15 厚 60mm 的面层预算基价。

1H0054 换＝原定额价格＋定额混凝土用量×（换入混凝土单价－换出混凝土单价）＋水的价差
＝1231.81＋6.06×(112.68－122.33)＋1.60×6.06×(0.22－0.23)

$$=1173.33-0.10=1173.23(元/100m^2)$$

（5）换算后工料消耗量分析。

① 人工费：372.24＋[37.26×(60−80)]/10＝297.72(元)。

② 机械费：71.54＋[8.94×(60−80)]/10＝53.66(元)。

③ 水泥 42.5 级：319.00×6.06＝1933.14(kg)。

④ 特细砂：0.535×6.06＝3.24(t)。

⑤ 碎石 5～20mm：1.377×6.06＝8.34(t)。

⑥ 水：6.384＋[0.22×(60−80)]/10＋6.06×(0.22−0.23)＝5.94−0.06＝5.88(m³)。

（四）材料比例的换算

其换算的原理与混凝土强度等级的换算类似，用量不发生变化，只换算其材料变化部分，换算公式为

换算价格＝原定额价格＋定额混凝土用量×（换入混凝土单价−换出混凝土单价）
　　　　＋其他材料变化

【例 4-6】现设计要求屋面垫层为 1：1：10 水泥石灰炉渣，试计算 10m³ 该分项工程的预算价格及定额单位工料消耗量。

【解】（1）确定换算定额编号 1H0018（定额略）。

1H0018 水泥石灰炉渣比例为 1：1：8，用量为 10.10m³/10m³，预算基价为 1375.87 元/10m³。

（2）确定换入、换出混凝土的基价（附录略）。

查附录：换出 6B0462 比例为 1：1：8，58.28 元/m³，换入 6B0463 比例为 1：1：10，51.26 元/m³

（3）计算换算后的预算基价。

1H0018 换＝原定额价格＋定额混凝土用量×（换入混凝土单价−换出混凝土单价）
　　　　　＝1375.87＋10.10×(51.26−58.28)＝1304.97(元/10m³)

（4）换算后工料消耗量分析。

① 人工费：238.14 元。

② 机械费：0.00 元。

③ 水泥 32.5 级：146.00×10.10＝1474.60(kg)。

④ 生石灰：73.00×10.10＝737.30(kg)。

⑤ 炉渣：0.984×10.10＝9.94(t)。

⑥ 水：5.03m³。

（五）截面的换算

预算定额中的构件截面是根据不同设计标准，通过综合加权平均计算确定的。设计截面与定额截面不相符合，应按预算定额的有关规定进行换算。换算后材料的消耗量公式为

换算后材料的消耗量＝设计截面(厚度)×定额用量

例如，基价项目中所注明的木材截面或厚度均为毛截面，若设计图纸注明的截面或厚度为净料时，应增加刨光损耗。板、枋材一面刨光增加 3mm，两面刨光增加 5mm，原木每立方米体积增加 0.05m³。

（六）砂浆的换算

砌筑砂浆换算与混凝土构件的换算相类似，其换算公式为

　　换算价格＝原定额价格＋定额砂浆用量×（换入砂浆单价－换出砂浆单价）

　　【例4-7】某工程空花墙，设计要求标准砖 240mm×115mm×53mm，M2.5 混合砂浆砌筑，试计算该分项工程的预算价格及定额单位工料消耗量。

　　【解】（1）确定换算定额编号 1D0030（定额略）。1D0030，M5.0 混合砂浆砌筑，用量为 1.18m³/10m³，预算基价为 1087.30 元/10m³。

　　（2）确定换入、换出混凝土的基价（附录略）。

　　查附录：换出 6B350 M5.0 混合砂浆砌筑 80.78 元/m³；换入 6B349 M2.5 混合砂浆砌筑 73.26 元/m³。

　　（3）计算换算后的预算基价。

　　　　1H0018 换＝原定额价格＋定额砂浆用量×（换入砂浆单价－换出砂浆单价）
　　　　　　　　　＝1087.30＋1.18×（73.26－80.78）＝1078.43（元/10m³）

　　（4）换算后工料消耗量分析。

　　① 人工费：337.68 元。

　　② 机械费：8.86 元。

　　③ 标准砖 240mm×115mm×53mm，4.02 千块。

　　④ 水泥 32.5 级：182.00×1.18＝214.76（kg）。

　　⑤ 特细砂：1.15×1.18＝1.36（t）。

　　⑥ 石灰膏：0.165×1.18＝0.19（m³）。

　　⑦ 水：1.40m³。

（七）系数的换算

　　按定额说明中规定的系数乘以相应定额的基价（或定额工、料之一部分）后，得到一个新单价的换算。

　　【例4-8】某工程平基土方，施工组织设计规定为机械开挖，在机械不能施工的死角有湿土 121m³，需人工开挖，试计算完成该分项工程的直接费。

　　【解】根据土石方分部说明，得知人工挖湿土时按相应定额项目乘以系数 1.18 计算，机械不能施工的土石方按相应人工挖土方定额乘以系数 1.5。

　　（1）确定换算定额编号及基价。定额编号 1A0001，定额基价为 699.60 元/100m³。

　　（2）计算换算基价。

　　　　　　1A0001 换＝699.6×1.18×1.5＝1238.29（元/100m³）

　　（3）计算完成该分项工程的直接费。

　　　　　　　　1238.29×1.21＝1498.33（元）

（八）其他换算

　　上述几种换算类型不能包括的定额换算，由于此类定额换算的内容较多、较杂，仅举例说明其换算过程。

　　【例4-9】某工程墙基防潮层，设计要求用 1∶2 水泥砂浆加 8％防水粉施工（一层做法），试计算该分项工程的预算价格。

　　【解】（1）确定换算定额编号 110058，定额基价 585.76 元/100m³。

　　（2）计算换入、换出防水粉的用量：换出量 55.00kg/100m²；换入量 1295.4×8％＝103.63（kg/100m³）。

　　（3）计算换算基价（防水粉单价为 1.17 元/kg）。

110058 换＝585.76＋1.17×(103.63－55.00)＝642.66(元/100m²)

虽然其他换算没有固定的公式，但换算的思路仍然是在原定额价格的基础上减去换出部分的费用，加上换入部分的费用。

第五节　材料价差调整

材料价差调整是指在可调材料价格合同中规定，在施工期间，由于非施工单位原因，材料价格增长超出允许的范围，在结算时可以调整材料的差价。在建筑工程结算中，材料价差调整在建筑工程的结算中有着很重要的作用，准确调整材料价差能提高工程结算的工作效率、减少纠纷。常见的材料价差调整方法有按实调差、综合系数调差、按实调整与综合系数相结合和价格指数调整。

（一）按实调差法

这种办法是直接按照实际发生的材料价格进行调差，其计算公式为

单价价差＝实际价格(或加权平均价格)－定额中的价格

材料价差调整额＝该材料在工程中合计耗用量×单价价差

一般来说，工程材料实际价格的确定可以有以下两个方面的来源：

① 参照当地造价管理部门定期发布的全部材料信息价格；

② 建设单位指定或施工单位采购经建设单位认可，由材料供应部门提供的实际价格。

按实调差的优点是补差准确，计算合理，实事求是；缺点是由于建筑工程材料存在品种多、渠道广、规格全、数量大的特点，若全部采用抽量调差，则费时费力、繁琐复杂。

材料价差调整。 材料价差调整必须按照合同约定的范围和方法进行，如果合同中没有约定，按照当地主管部门规定的办法进行调整。

材料加权平均价格。 材料加权平均价＝$\Sigma X_i \times J_i \div \Sigma X_i (i=1 \sim n)$，式中 X_i 为材料不同渠道采购供应的数量；J_i 为材料不同渠道采购供应的价格。

（二）综合系数调差法

此法是直接采用当地工程造价管理部门测算的综合调差系数调整工程材料价差的一种方法，计算公式为

某种材料调差系数＝综合调差系数×K_1(各种材料价差)×K_2

式中　K_1——各种材料费占工程材料的比重；

　　　K_2——各类工程材料占直接费的比重。

单位工程材料价差调整金额＝综合价差系数×预算定额直接费

综合系数调差法的优点是操作简便，快速易行；缺点是过于依赖造价管理部门对综合系数的测量工作。实际中，常常会因项目选取的代表性，材料品种价格的真实性、准确性和短期价格波动的关系导致工程造价计算误差。

（三）按实调整与综合系数相结合

据统计，在材料费中三材价值占 68% 左右，而数目众多的地方材料及其他材料仅占材料费的 32%。而事实上，对子目中分布面广的材料全面抽量也无必要。因此，在部分地区，

对三材或主材进行抽量调整，其他材料用辅材系数进行调整，从而有效地提高工程造价准确性，并减少了大量的繁琐工作。

（四）价格指数调整法

它是按照当地造价管理部门公布的当期建筑材料价格或价差指数逐一调整工程材料价差的方法。这种方法属于抽量补差，计算量大且复杂，常需造价管理部门付出较多的人力和时间。

具体做法是先测算当地各种建材的预算价格和市场价格，然后进行综合整理，定期公布各种建材的价格指数和价差指数。计算公式为

某种材料的价格指数＝该种材料当期预算价÷该种材料定额中的取定价

某种材料的价差指数＝该种材料的价格指数－1

价格指数调整办法的优点是能及时反映建材价格的变化，准确性好，适应建筑工程动态管理。

5

工程量清单计价

第一节 工程量清单的概念及应用

一、工程量清单的概念

工程量清单是表现拟建工程的分部分项工程项目、措施项目、其他项目名称和相应数量的明细清单。工程量清单由招标人按照"计价规范"附录中统一的项目编码、项目名称、项目特征、计量单位和工程量计算规则进行编制，包括分部分项工程量清单、措施项目清单和其他项目清单。

(一) 工程量清单计价内容

工程量清单计价是指投标人完成由招标人提供的工程量清单所需的全部费用，包括分部分项工程费、措施项目费、其他项目费、规费和税金。

(二) 综合单价计价模式

工程量清单计价采用综合单价计价。综合单价是指完成规定计量单位项目所需的人工费、材料费、机械使用费、管理费、利润，并考虑风险因素。

(三) 工程量清单计价特点

工程量清单计价方法是建设工程招标投标中招标人按照国家统一工程量计算规则提供工程数量，由投标人依据工程量清单自主报价，并按照经评审低价中标的工程造价计价方式。它是一种与编制预算造价不同的另一种与国际接轨的计算工程造价的方法。

工程量清单计价是工程预算改革及与国际接轨的一项重大举措，它使工程招投标造价由政府调控转变为承包方自主报价，实现了真正意义上的公开、公平、合理竞争。

工程量清单计价与预算造价有着密切的联系，必须首先会编制预算才能学习清单计价，所以预算是清单计价的基础。

二、工程量清单的应用

工程量清单计价的适用范围包括建设工程招标投标的招标标底的编制、投标报价的编制、合同价款确定与调整、工程结算。

（一）招标标底编制

招标工程如设标底，标底应根据招标文件中的工程量清单和有关要求，施工现场实际情况、合理的施工方法以及建设行政主管部门制定的有关工程造价计价办法进行编制。《招标投标法》规定，招标工程设有标底的，评标时应参考标底，标底的参考作用决定了标底的编制要有一定的强制性，这种强制性主要体现在标底的编制应按建设行政主管部门制定的有关工程造价计价办法进行。

（二）投标报价编制

投标报价应根据招标文件中的工程量清单和有关要求、施工现场实际情况及拟定的施工方案或施工组织设计，依据企业定额和市场价格信息，或参照建设行政主管部门发布的社会平均消耗量定额进行编制。

企业定额是施工企业根据本企业的施工技术和管理水平以及有关工程造价资料制定的，并供本企业使用的人工、材料和机械台班消耗量标准。

社会平均消耗量定额简称消耗量定额，是指在合理的施工组织设计、正常施工条件下，生产一个规定计量单位工程合格产品，人工、材料、机械台班的社会平均消耗量标准。

工程造价应在政府宏观调控下，由市场竞争形成。在这一原则指导下，投标人的报价应在满足招标文件要求的前提下实行人工、材料、机械消耗量自定，价格费用自选、全面竞争、自主报价的方式。

（三）合同价款确定与调整

1. 综合单价调整

施工合同中综合单价因工程量变更需调整时，除合同另有约定外按照下列办法确定：

① 工程量清单漏项或由于设计变更引起新的工程量清单项目，其相应综合单价由承包方提出，经发包人确认后作为结算的依据；

② 由于设计变更引起工程量增减部分，属合同约定幅度以内的，应执行原有的综合单价；增减的工程量属合同约定幅度以外的，其综合单价由承包人提出，经发包人确认后作为结算的依据；

③ 由于工程量的变更，且实际发生了除以上两条以外的费用损失，承包人可提出索赔要求，与发包人协商确认后补偿。主要指"措施项目费"或其他有关费用的损失。

2. 变更责任

为了合理减少工程承包人的风险，并遵照谁引起的风险谁承担责任的原则，规范对工程量的变更及其综合单价的确定做了规定。应注意以下几点事项：

① 不论由于工程量清单有误或漏项，还是由于设计变更引起新的工程量清单项目或清单项目工程数量的增减，均应按实调整；

② 工程量变更后综合单价的确定应按规范执行；

③ 综合单价调整适用于分部分项工程量清单。

第二节　工程量清单的编制内容

一、工程量清单的格式

工程量清单的格式内容见表 5-1。

表 5-1　工程量清单格式

序号	清单格式	详细内容
1	封面	工程量清单封面,见图 5-1
		招标控制价封面,见图 5-2
		投标总价封面,见图 5-3
		竣工结算总价封面,见图 5-4
2	总说明	见表 5-2
3	汇总表	工程项目招标控制价/投标报价汇总表,见表 5-3
		单项工程招标控制价/投标报价汇总表,见表 5-4
		单位工程招标控制价/投标报价汇总表,见表 5-5
		工程项目竣工结算汇总表,见表 5-6
		单项工程竣工结算汇总表,见表 5-7
		单位工程竣工结算汇总表,见表 5-8
4	分部分项工程量清单表	分部分项工程量清单与计价表,见表 5-9
		工程量清单综合单价分析表,见表 5-10
5	措施项目清单表	措施项目清单与计价表(一),见表 5-11
		措施项目清单与计价表(二),见表 5-12
6	其他项目清单表	其他项目清单与计价汇总表,见表 5-13
		暂列金额明细表,见表 5-14
		材料暂估单价表,见表 5-15
		专业工程暂估价表,见表 5-16
		计日工表,见表 5-17
		总承包服务费计价表,见表 5-18
		索赔与现场签证计价汇总表,见表 5-19
		费用索赔申请(核准)表,见表 5-20
		现场签证表,见表 5-21
7	规费、税金项目清单与计价表	见表 5-22
8	工程款支付申请(核准)表	见表 5-23

表 5-2　总 说 明

工程名称:　　　　　　　　　　　　　　　　　　　　　　　　　　　　第　页共　页

_____ 工程

工 程 量 清 单

招标人：_____   工程造价
咨询人：_____

    （单位盖章）   （单位资质专用章）

法定代表人
或其授权人：_____   法定代表人
或其授权人：_____

    （签字或盖章）   （签字或盖章）

编制人：_____   复核人：_____

 （造价人员签字盖专用章）   （造价工程师签字盖专用章）

编制时间： 年 月 日   复核时间： 年 月 日

图 5-1 工程量清单封面

表 5-3 工程项目招标控制价/投标报价汇总表

工程名称：   第 页共 页

序号	单项工程名称	金额/元	其中：/元		
			暂估价	安全文明 施工费	规费
	合计				

注：本表适用于工程项目招标控制价或投标报价的汇总。

_____工程

招 标 控 制 价

招标控制价（小写）：_____

（大写）：_____

招标人：_____   工程造价
　　　　　（单位盖章）   咨询人：_____
　　　　　　　　　　　　　　　　　（单位资质专用章）

法定代表人   法定代表人
或其授权人：_____   或其授权人：_____
　　　　　（签字或盖章）   （签字或盖章）

编制人：_____   复核人：_____
　　　（造价人员签字盖专用章）   （造价工程师签字盖专用章）

编制时间：　年　月　日　　　　复核时间：　年　月　日

图 5-2　招标控制价封面

表 5-4　单项工程招标控制价/投标报价汇总表

工程名称：　　　　　　　　　　　　　　　　　　　　　　　　　　第　页共　页

| 序号 | 单位工程名称 | 金额/元 | 其中：/元 | | |
			暂估价	安全文明施工费	规费
	合计				

注：本表适用于单项工程招标控制价或投标报价的汇总。暂估价包括分部分项工程中的暂估价和专业工程暂估价。

投 标 总 价

投标人：_____

工程名称：_____

投标总价（小写）：_____

（大写）：_____

投标人：_____
(单位盖章)

法定代表人
或其授权人：_____
(签字或盖章)

编制人：_____
(造价人员签字盖专用章)

时 间： 年 月 日

图 5-3 投标总价封面

表 5-5 单位工程招标控制价/投标报价汇总表

工程名称： 标段： 第 页共 页

序号	汇总内容	金额/元	其中:暂估价/元
1	分部分项工程		
1.1			
1.2			
1.3			
1.4			
1.5			

续表

序号	汇总内容	金额/元	其中:暂估价/元
2	措施项目		—
2.1	其中:安全文明施工费		—
3	其他项目		—
3.1	其中:暂列金额		—
3.2	其中:专业工程暂估价		—
3.3	其中:计日工		—
3.4	其中:总承包服务费		—
4	规费		—
5	税金		—
招标控制价合计＝1＋2＋3＋4＋5			

注：本表适用于单项工程招标控制价或投标报价的汇总。

表 5-6 工程项目竣工结算汇总表

工程名称： 第 页共 页

序号	单项工程名称	金额/元	其中: /元	
			安全文明施工费	规费
	合计			

表 5-7 单项工程竣工结算汇总表

工程名称： 第 页共 页

序号	单位工程名称	金额/元	其中: /元	
			安全文明施工费	规费
	合计			

_____ 工程

竣工结算总价

中标价（小写）：_____ （大写）：_____

结算价（小写）：_____ （大写）：_____

发包人：_____   承包人：_____   工程造价
咨询人：_____

（单位盖章）   （单位盖章）   （单位资质专用章）

法定代表人   法定代表人   法定代表人
或其授权人：_____   或其授权人：_____   或其授权人：_____

（签字或盖章）   （签字或盖章）   （签字或盖章）

编制人：_____   核对人：_____

（造价人员签字盖专用章）   （造价工程师签字盖专用章）

编制时间： 年 月 日   核对时间： 年 月 日

图 5-4 竣工结算总价封面

表 5-8 单位工程竣工结算汇总表

工程名称：   标段：   第 页共 页

序号	汇总内容	金额/元
1	分部分项工程	
1.1		
1.2		
1.3		
1.4		
1.5		

续表

序号	汇总内容	金额/元
2	措施项目	
2.1	其中:安全文明施工费	
3	其他项目	
3.1	其中:专业工程结算价	
3.2	其中:计日工	
3.3	其中:总承包服务费	
3.4	索赔与现场签证	
4	规费	
5	税金	
竣工结算总价合计＝1＋2＋3＋4＋5		

表 5-9 分部分项工程量清单与计价表

工程名称:　　　　　　　　　　　标段:　　　　　　　　　　　第　页共　页

序号	项目编码	项目名称	项目特征描述	计量单位	工程量	金额/元		
						综合单价	合价	其中
								暂估价
本页小计								
合计								

注:根据原建设部、财政部发布的《建筑安装工程费用组成》(建标〔2003〕206 号)的规定,为计取规费等的使用,可在表中增设"直接费"、"人工费"或"人工费＋机械费"。

表 5-10 工程量清单综合单价分析表

工程名称:　　　　　　　　　　　标段:　　　　　　　　　　　第　页共　页

项目编码		项目名称		计量单位	
清单综合单价组成明细					

定额编号	定额名称	定额单位	数量	单价				合价			
				人工费	材料费	机械费	管理费和利润	人工费	材料费	机械费	管理费和利润
人工单价		小计									
元/工日		未计价材料费									
清单项目综合单价											

续表

	主要材料名称、规格、型号	单位	数量	单价/元	合价/元	暂估单价/元	暂估合价/元
材料费明细							
	其他材料费					—	—
	材料费小计				—	—	—

注：1. 如不使用省级或行业建设主管部门发布的计价依据，可不填定额项目、编号等。

2. 招标文件提供了暂估单价的材料，按暂估的单价填入表内"暂估单价"栏及"暂估合价"栏。

表 5-11 措施项目清单与计价表（一）

工程名称：　　　　　　　　　　标段：　　　　　　　　第　页共　页

序号	项目编码	项目名称	计算基础	费率/%	金额/元
		安全文明施工费			
		夜间施工费			
		二次搬运费			
		冬雨季施工			
		大型机械设备进出场及安拆费			
		施工排水			
		施工降水			
		地上、地下设施、建筑物的临时保护设施			
		已完工程及设备保护			
		各专业工程的措施项目			
	合计				

注：1. 本表适用于以"项"计价的措施项目。

2. 根据原建设部、财政部发布的《建筑安装工程费用组成》（建标［2003］206号）的规定，"计算基础"可为"直接费"、"人工费"或"人工费＋机械费"。

表 5-12 措施项目清单与计价表（二）

工程名称：　　　　　　　　　　标段：　　　　　　　　第　页共　页

序号	项目编码	项目名称	项目特征描述	计量单位	工程量	金额/元	
						综合单价	合价
	本页小计						
	合计						

注：本表适用于以综合单价形式计价的措施项目。

表 5-13 其他项目清单与计价汇总表

工程名称： 　　　　　　　　　标段： 　　　　　　　第　页共　页

序号	项目名称	计量单位	金额/元	备注
1	暂列金额	项		明细详见表5-14
2	暂估价			
2.1	材料(工程设备)暂估价			明细详见表5-15
2.2	专业工程暂估价			明细详见表5-16
3	计日工			明细详见表5-17
4	总承包服务费			明细详见表5-18
合计				

注：材料暂估单价进入清单项目综合单价，此处不汇总。

表 5-14 暂列金额明细表

工程名称： 　　　　　　　　　标段： 　　　　　　　第　页共　页

序号	项目名称	计量单位	金额/元	备注
1				
2				
3				
合计				

注：此表由招标人填写，如不能详列，也可只列暂定金额总额，投标人应将上述暂列金额计入投标总价中。

表 5-15 材料暂估单价表

工程名称： 　　　　　　　　　标段： 　　　　　　　第　页共　页

序号	材料(工程设备)名称、规格、型号	计量单位	金额/元	备注
合计				

注：1. 此表由招标人填写，并在备注栏说明暂估价的材料拟用在哪些清单项目上，投标人应将上述材料暂估单价计入工程量清单综合单价报价中。

2. 材料包括原材料、燃料、构配件以及按规定应计入建筑安装工程造价的设备。

表 5-16 专业工程暂估价表

序号	工程名称	工程内容	金额/元	备注
合计				

注：此表由招标人填写，投标人应将上述专业工程暂估价计入投标总价中。

表 5-17 计日工表

工程名称： 标段： 第 页共 页

编号	项目名称	单位	暂定数量	综合单价	合价
一	人工				
1					
2					
3					
4					
	人工小计				
二	材料				
1					
2					
3					
4					
5					
6					
	材料小计				
三	施工机械				
1					
2					
3					
4					
	施工机械小计				
	总计				

注：此表项目名称、数量由招标人填写，编制招标控制价时单价由招标人按有关计价规定确定；投标时单价由投标人自主报价，计入投标总价中。

表 5-18 总承包服务费计价表

工程名称： 标段： 第 页共 页

序号	项目名称	项目价值/元	服务内容	费率/%	金额/元
1	发包人发包专业工程				
2	发包人供应材料				
	合计	—	—	—	

表 5-19　索赔与现场签证计价汇总表

工程名称：　　　　　　　　　　标段：　　　　　　　　　第　页共　页

序号	签证及索赔项目名称	计量单位	数量	单价/元	合价/元	索赔及签证依据
—	本页小计	—	—	—	—	—
—	合计	—	—	—	—	—

注：签证及索赔依据是指经双方认可的签证单和索赔依据的编号。

表 5-20　费用索赔申请（核准）表

工程名称：　　　　　　　　　　标段：　　　　　　　　　编号：

致：_____（发包人全称）

根据施工合同条款_____条的约定，由于_____原因，我方要求索赔金额（大写）_____（小写_____），请予核准。

附：1. 费用索赔的详细理由和依据：

2. 索赔金额的计算：

3. 证明材料：

承包人（章）

承包人代表_____

日　　期_____

复核意见：

根据施工合同条款_____条的约定，你方提出的费用索赔申请经复核：

□不同意此项索赔，具体意见见附件。

□同意此项索赔，索赔金额的计算由造价工程师复核。

监理工程师_____

日　　期_____

复核意见：

根据施工合同条款_____条的约定，你方提出的费用索赔申请经复核，索赔金额为（大写_____）（小写_____）。

造价工程师_____

日　　期_____

审核意见：

□不同意此项索赔

□同意此索赔，与本期进度款同期支付。

发包人（章）

发包人代表_____

日　　期_____

注：1. 在选择栏中的"□"内做标识"√"。

2. 本表一式四份，由承包人填报，发包人、监理人、造价咨询人、承包人各存一份。

表 5-21　现场签证表

工程名称：　　　　　　　　　　　标段：　　　　　　　　　　编号：

施工部位		日期	

致：_____（发包人全称）

　　根据_____（指令人姓名）　年　月　日的口头指令或你为_____（或监理人）　年　　月　　日的书面通知,我方要求完成此项工作应支付价款金额为(大写)_____(小写_____),请予核准。

　　附:1. 签证事由及原因
　　　　2. 附图及计算式

承包人(章)
承包人代表_____
日　　期_____

复核意见:	复核意见:
你方提出的此项签证申请经复核:	□此项签证按承包人中标的计日工单价计算,金额为
□不同意此项签证,具体意见见附件	(大写)_____元,(小写_____元)
□同意此项签证,签证金额的计算由造价工程师复核	□此项签证因无计日工单价,金额为（大写）_____元,(小写_____)。
监理工程师_____	造价工程师_____
日　　期_____	日　　期_____

审核意见:
□不同意此项签证
□同意此项签证,价款与本期进度款同期支付。

发包人(章)
发包人代表_____
日　　期_____

　　注：1. 在选择栏中的"□"内做标识"√"。
　　2. 本表一式四份,由承包人在收到发包人（监理人）的口头或书面通知后填写,发包人、监理人、造价咨询人、承包人各存一份。

表 5-22　规费、税金项目清单与计价表

工程名称：　　　　　　　　　　　标段：　　　　　　　　　第 页共 页

序号	项目名称	计算基础	费率/%	金额/元
1	规费			
1.1	工程排污费			
1.2	社会保障费			
(1)	养老保险费			
(2)	失业保险费			
(3)	医疗保险费			
1.3	住房公积金			
1.4	工伤保险			
2	税金	分部分项工程费＋措施项目＋其他项目费＋规费		

　　注：根据原建设部、财政部发布的《建筑安装工程费用组成》（建标［2003］206 号）的规定,"计算基础"可为"直接费"、"人工费"或"人工费＋机械费"。

表 5-23 工程款支付申请（核准）表

工程名称：　　　　　　　　　标段：　　　　　　　　　编号：

致：＿＿＿＿＿＿＿＿＿＿＿＿＿＿＿＿＿＿＿＿＿＿＿＿＿＿＿（发包人全称）

我方于＿＿＿至＿＿＿期间已完成了＿＿＿工作，根据施工合同的约定，现申请支付本期的工程款额为（大写）

＿＿＿＿＿＿＿＿＿（小写＿＿＿＿），请予核准。

序号	名　称	金额（元）	备注
1	累计已完成的工程价款		
2	累计已实际支付的工程价款		
3	本周期已完成的工程价款		
4	本周期完成的计日金额		
5	本周期应增加和扣减的变更金额		
6	本周期应增加和扣减的索赔金额		
7	本周期应抵扣的预付款		
8	本周期应扣减的质保金		
9	本周期应增加或扣减的其他金额		
10	本周期实际应支付的工程价款		

承包人（章）

承包人代表＿＿＿＿＿＿

日　期＿＿＿＿＿＿

复核意见：	复核意见：
□ 与实际施工情况不相符，修改意见见附件； □ 与实际施工情况相符，具体金额由造价工程师复核。 监理工程师＿＿＿＿＿＿ 日　期＿＿＿＿＿＿	你方提出的支付申请经复核，本期间已完成工程款额为（大写）＿＿＿＿＿＿＿＿（小写＿＿＿＿），本期间应支付金额为（大写）＿＿＿＿＿＿＿＿（小写＿＿＿＿）。 造价工程师＿＿＿＿＿＿ 日　期＿＿＿＿＿＿

审核意见：

□ 不同意

□ 同意，支付时间为本表签发后的 15 天内。

发包人（章）

发包人代表＿＿＿＿＿＿

日　期＿＿＿＿＿＿

注：1. 在选择栏中的"□"内做标识"√"。

2. 本表一式四份，由承包人填报，发包人、监理人、造价咨询人、承包人各存一份。

二、工程量清单的编制

（一）工程量清单内容

工程量清单内容包括以下几点：

① 分部分项工程量清单；

② 措施项目清单；

③ 其他项目清单；

④ 规费项目清单；

⑤ 税金项目清单。

（二）编制工程量清单的依据

编制工程量清单的依据具体如下：

①《建设工程工程量清单计价规范》（GB 50500—2013）；

② 国家或省级、行业建设主管部门颁发的计价依据和办法；

③ 建设工程设计文件；

④ 与建设工程项目有关的标准、规范、技术资料；

⑤ 招标文件及其补充通知、答疑纪要；

⑥ 施工现场情况、工程特点及常规施工方案；

⑦ 其他相关资料。

（三）总说明内容填写

总说明应按以下内容填写。

① 工程概况部分，包括建设规模、工程特征、计划工期、施工现场情况及自然地理条件。

② 工程招标和分包范围。

③ 工程清单编制依据。

④ 其他需要说明的问题：

a. 招标人自行采购材料的名称、规格、型号及数量；

b. 分包专业项目需要总承包人服务的范围等。

（四）分部分项工程量清单的编制

分部分项工程量清单应按以下规定编制。

① 分部分项工程量清单应包括项目编码、项目名称、项目特征、计量单位和工程量（规范强制性条文）。

② 分部分项工程量清单应根据附录规定的项目编码、项目名称、项目特征、计量单位和工程量计算规则进行编制（规范强制性条文）。

③ 分部分项工程量清单的项目编码，应采用12位阿拉伯数字表示。1～9位应按附录的规定设置，10～12位应根据拟建工程的工程量清单项目名称设置，同一招标工程项目的编码不得有重码（规范强制性条文）。

④ 分部分项工程量清单的项目名称按附录的项目名称结合拟建工程的实际确定（规范强制性条文）。

⑤ 分部分项工程量清单中所列工程量应按附录中规定的工程量计算规则计算（规范强制性条文）。

⑥ 分部分项工程量清单项目特征应按附录中规定的项目特征，结合拟建工程项目实际予以描述（规范强制性条文）。

⑦ 附录中未包括的项目，编制人应作补充，并报省级或行业工程造价管理机构备案。

（五）措施项目清单的编制

措施项目清单应按以下内容编制。

① 措施项目清单应根据拟建工程的实际情况列项。通用措施项目可按"通用措施项目

一览表"选择列项，专业工程的措施项目可按附录中规定的项目选择列项，如表 5-24 所示。若出现规范中未列的项目，可根据工程实际情况补充。

表 5-24　通用措施项目一览表

序号	项目名称
1	安全文明施工(含环保、文明、安全施工、临时设施)
2	夜间施工
3	二次搬运
4	冬雨季施工
5	大型机械设备进出厂及安拆
6	施工排水
7	施工降水
8	地上、地下设施；建筑物的临时保护设施
9	已完工程及设备保护

② 措施项目中可以计算工程量的项目清单宜采用分部分项工程量清单的方式编制，列出项目编码、项目名称、项目特征、计量单位、工程数量；不能计算工程量的项目清单，以"项"为计量单位。

(六) 其他项目清单的编制

其他项目清单宜按照下列内容列项编制，具体内容如表 5-25 所示。

表 5-25　其他项目清单编制的内容

名称	内容
暂列金额	暂列金额为工程施工过程中可能出现的设计变更；清单中工程量偏差可能出现的不确定因素而产生的费用。清单工程量偏差一般可按分部分项工程费的 10%~15% 计算预留金额
暂估价	包括材料暂估单价、专业工程暂估价。暂估价中材料暂估价为招标方供应的材料，可按造价管理部门发布的造价信息或市场价估计；专业工程暂估价为另行发包专业的工程金额
计日工	计日工是为了解决现场发生的零星工作的计价而设立的，估算一个比较贴近实际的人工、材料、机械台班的数量
总承包服务费	总承包服务费是为了解决招标人要求承包人对发包的专业工程提供协调和配合服务设置的。对供应的材料、设备提供收发和管理服务以及对现场的统一管理，对竣工资料的统一整理等向总承包人支付的费用，根据招标文件列出的服务内容和要求计算。

注：进行总承包管理和协调按分包造价的 1.5% 计算，并配合服务时按分包造价的 3%~5% 计算。

(七) 规费项目清单的编制

规费项目清单应按下列内容列项。若出现下列内容未包括的项目，应根据省级政府或省级有关权力部门的规定列项。

① 工程排污费。

② 工程定额测定费。

③ 社会保障费：包括养老保险金、失业保险费、医疗保险费。

④ 住房公积金。

⑤ 危险作业意外伤害保险。

有的地区没有细分，只列一项规费，费率按××计取。

（八）税金项目清单的编制

税金项目清单包括下列内容，未包括的项目按税务部门规定列项：

① 营业税；

② 城市维护建设税；

③ 教育费附加税。

有的地区无细分项，只列一项税金及费率××。

第三节　工程量清单计价规范的主要内容

《建设工程工程量清单计价规范》（GB 50500—2013）（简称"新规范"），从 2013 年 4 月 1 日起实施。同时《建设工程工程量清单计价规范》（GB 50500—2008）（简称"08 规范"）废止。

"新规范"包括正文和附录两大部分。正文包括总则、术语、工程量清单编制、工程量清单计价、工程量清单及其计价格式等内容，且分别就"计价规范"的适用范围、遵循原则、编制清单应遵循的规则、清单计价活动的规则作了明确规定。

附录包括：附录 A，建筑工程项目及计算规则；附录 B，装饰装修工程项目及计算规则；附录 C，安装工程项目及计算规则；附录 D，市政工程项目及计算规则；附录 E，园林绿化工程项目及计算规则；附录 F，矿山工程工程量清单项目及计算规则。附录中包括各分部分项工程的项目编码、项目名称、项目特征、计量单位、工程量计算规则和工作内容。

（一）总则

规范的第一章"总则"，主要是从整体上叙述了有关本项规范编制与实施的几个基本问题，主要内容为编制目的、编制依据、适用范围、基本原则以及执行本规范与执行其他标准之间的关系等基本事项。

1. 施行清单计价规范的目的

在建设工程招标投标活动中实行定额计价方式，虽然在建设工程承发包中起了很大的作用，也取得了明显的成效，但是这一计价方式的推行过程中也存在一些突出的问题。例如，预算定额确定的消耗量不能体现企业个别成本，建筑市场缺乏竞争力；预算定额约束了企业自主报价，不能实现合理低价中标，不能实现招标投标双赢的效果；另外，与国际通行做法相距较远。因此，为了解决这些弊端，在认真总结我国工程造价改革经验的基础上，研究和借鉴国外招标投标实行工程量清单计价的做法，制定了符合我国国情的《建设工程工程量清单计价规范》，确立了我国招标投标实行工程量清单计价应遵守的规则。因此，规范建设工程工程量清单计价行为，统一建设工程工程量清单的编制和计价方法，是施行该规范的主要目的。

2. 计价规范的适用范围

《建设工程工程量清单计价规范》主要适用于建设工程招标投标的工程量清单计价活动。工程量清单计价是与现行定额计价方式共存于招标投标计价活动中的另一种计价方式。计价规范所称的建设工程包括建筑工程、装饰装修工程、安装工程、市政工程和园林绿化工程。凡是建设工程招标投标实行工程量清单计价，不论招标主体是政府机构、国有企事业单位、集体企业、私人企业和外商投资企业，不管资金来源是国有资金、外国政府贷款及援助资金、私人资金等，都应遵守该规范。

3. 应遵循的原则

工程量清单计价是市场经济的产物，并随着市场经济的发展而发展，因此必须遵守市场经济活动的基本原则，这些原则包括客观、公正、公平，按价值规律办事等。

> **知识小贴士**　**工程量清单计价。**工程量清单计价活动是政策性、经济性、技术性很强的一项工作。所以，在工程量清单计价工作中，除了要遵循计价规范的各项要求外，还应遵守国家的有关法律、法规及规范。它们主要有《中华人民共和国建筑法》、《中华人民共和国合同法》、《中华人民共和国价格法》、《中华人民共和国招标投标法》和《建筑工程工发包与承包计价管理办法》以及涉及工程质量、安全、环境保护的工程建设及强制性标准规范。

所谓客观、公正、公平，是指要求工程量清单计价活动要有完全的透明度，工程量清单的编制要实事求是，不弄虚作假，公平一致地对待所有投标人。投标人要根据本企业的实际情况编制投标报价，报价不能低于工程成本，不能串通报价，不能恶意降低和哄抬报价。招标投标双方应以诚实、信用的态度进行工程竣工结算。

（二）术语

本部分术语是对本规范特有术语给予的定义，尽可能避免本规范贯彻实施过程中由于不同理解造成的争议。如"暂估价"是指招标人在工程量清单中提供的用于支付必然发生但暂时不能确定的材料的单价以及专业工程的金额；又如"招标控制价"是指招标人根据国家或省级、行业建设主管部门颁发的有关计价依据和办法，按设计施工图纸计算的，对招标工程限定的最高工程造价。

（三）工程量清单编制

规定了工程量清单编制人及其资质，工程量清单的组成内容、编制依据和各组成内容的编制要求，具体内容如表 5-26 所示。

表 5-26　工程量清单编制的组成内容

名称	内容
编制人	工程量清单是对招标投标双方都具有约束力的重要文件，是招标投标活动的重要依据。由于专业性强，内容复制，所以对编制人的业务技术水平要求高。因此，计价规范规定了工程量清单应由具有编制能力(造价工程师)和工程造价咨询资质并按规定的业务范围承担工程造价咨询业务的中介机构编制
工程量清单组成	工程量清单由分部分项工程量清单、措施项目清单、其他项目清单组成
分部分项工程量清单编制	分部分项工程量清单编制应满足两个方面的要求：一是要满足规范管理的要求；二是要满足工程计价的要求。 分部分项工程量清单根据施工图纸、计价规范由招标人编制
措施项目清单编制	措施项目清单根据拟建工程的时间情况、施工图纸、施工方案，结合承包商的具体情况主要由投标人编制
其他项目清单编制	其他项目清单根据拟建工程的具体情况编制，其中包括由招标人和投标人提出的项目

（四）工程量清单计价

规定了工程量清单计价从招标控制价的编制、投标报价、合同价款约定、工程计量与价款支付、索赔与现场签证到竣工结算办理及工程造价争议处理等全部环节。

（五）工程量清单计价表格

包括工程量清单、招标控制价、投标总价、竣工结算总价等各个阶段使用的封面、表样。

第四节　工程量清单计价的费用构成与计算

一、工程量清单计价的费用构成

采用工程量清单计价，建筑工程造价由分部分项工程费、措施项目费、其他项目费、规费和税金组成，如图 5-5 所示。

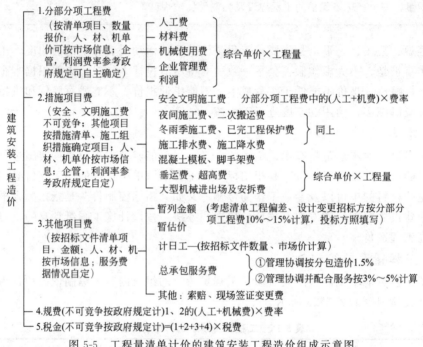

图 5-5　工程量清单计价的建筑安装工程造价组成示意图

二、工程量清单计价的费用计算

（一）人、材、机费用计算

1. 人工单价的计算

人工单价的编制方法主要有以下几种。

（1）根据劳务市场行情确定人工单价　目前，根据劳务市场行情确定人工单价已经成为计算工程劳务费的主流。根据劳务市场行情确定人工单价应注意以下几个方面的问题。

① 要尽可能掌握劳动力市场价格中的长期历史资料。

② 在确定人工单价时要考虑用工的季节性变化。当大量聘用农民工时，要考虑农忙季节时人工单价的变化。

③ 在确定人工单价时要采用加权平均的方法综合各劳务市场的劳动力单价。

④ 要分析拟建工程的工期对人工单价的影响。如果工期紧，那么人工单价按正常情况确定后要乘以大于 1 的系数。如果工期有拖长的可能，那么也要考虑工期延长带来的风险。根据劳务市场行情确定人工单价的数学模型描述如下：

$$人工单价 = \sum_{i=1}^{n}(某劳务市场人工单价 \times 权重)_t \times 季节变化系数 \times 工期风险系数$$

（2）根据以往承包工程的情况确定 如果在本地以往承包过同类工程，可以根据以往承包工程的情况确定人工单价。

例如，以往在某地区承包过三个与拟建工程基本相同的工程，砖工每个工日支付了40～41元，这时我们就可以进行具体对比分析，在上述范围内（或超过一点范围）确定投标报价的砖工人工单价。

（3）根据预算定额规定的工日单价确定 凡是分部分项工程项目含有基价的预算定额，都明确规定了人工单价，我们可以以此为依据确定拟投标工程的人工单价。

2. 材料单价的计算

由于其采购和供货方式不同，构成材料单价的费用也不相同，一般有以下几种。

（1）材料供货到工地现场 当材料供应商将材料供货到施工现场或施工现场的仓库时，材料单价由材料原价、采购保管费构成。

（2）在供货地点采购材料 当需要派人到供货地点采购材料时，材料单价由材料原价、运杂费、采购保管费构成。

（3）需二次加工的材料 当某些材料采购回来后，还需要进一步加工的，材料单价除了上述费用外，还包括二次加工费。

① 材料原价的确定。材料原价是指付给材料供应商的材料单价。当某种材料有两个或两个以上的材料供应商供货且材料原价不同时，要计算加权平均材料原价。加权平均材料原价的计算公式为

$$加权平均材料原价 = \frac{\sum_{i=1}^{n}(材料原价 \times 材料数量)_i}{\sum_{i=1}^{n}(材料数量)_i}$$

注：1. 式中 i 是指不同的材料供应商。

2. 包装费及手续费均已包含在材料原价中。

② 材料运杂费计算。材料运杂费是指在材料采购后运回工地仓库所发生的各项费用，包括装卸费、运输费和合理的运输损耗费等。材料装卸费按行业市场价支付。

材料运输费按行业运输价格计算，若供货来源地点不同且供货数量不同时，需要计算加权平均运输费，其计算公式为

$$加权平均运输费 = \frac{\sum_{i=1}^{n}(运输单价 \times 材料数量)_i}{\sum_{i=1}^{n}(材料数量)_i}$$

材料运输损耗费是指在运输和装卸材料过程中不可避免产生的损耗所发生的费用，一般按下列公式计算：

$$材料运输损耗费 = (材料原价 + 装卸费 + 运输费) \times 运输损耗率$$

③ 材料采购保管费计算。材料采购保管费是指施工企业在组织采购材料和保管材料过程中发生的各项费用，包括采购人员的工资、差旅交通费、通信费、业务费，仓库保管费等各项费用。

采购保管费一般按前面计算的与材料有关的各项费用之和乘以一定的费率计算，通常取

1%～3%。计算公式为

$$材料采购保管费＝（材料原价＋运杂费）×采购保管费率$$

④ 材料单价确定。通过上述分析，我们知道，材料单价的计算公式为

$$材料单价＝加权平均材料原价＋加权平均材料运杂费＋采购保管费$$

或　　$$材料单价＝（加权平均材料原价＋加权平均材料运杂费）×（1＋采购保管费率）$$

3. 机械台班单价的计算

按有关规定机械台班单价由七项费用构成。这些费用按其性质划分为第一类费用和第二类费用。

（1）第一类费用　第一类费用亦称不变费用，是指属于分摊性质的费用，包括折旧费、大修理费、经常修理费、安拆及场外运输费等。

第一类费用计算如下。

从简化计算的角度出发，我们提出以下计算方法。

① 折旧费。

$$台班折旧费＝机械预算价格×（1－残值率）×贷款利息系数/耐用总台班数$$

② 大修理费。大修理费是指机械设备按规定到了大修理间隔台班需进行人修理，以恢复正常使用功能所需支出的费用。计算公式为

$$台班大修理费＝\frac{一次大修理费×（大修理周期－1）}{耐用总台班}$$

耐用总台班计算方法为

$$耐用总台班＝预计使用年限×年工作台班$$

机械设备的预计使用年限和年工作台班可参照有关部门指导性意见，也可根据实际情况自主确定。

③ 经常修理费。经常修理费是指机械设备除大修理外的各级保养及临时故障所需支出的费用，包括为保障机械正常运转所需替换设备，随机配置的工具、附具的摊销及维护费用，机械正常运转及日常保养所需润滑、擦拭材料费用和机械停置期间的维护保养费用等。

台班经常修理费可以用下列简化公式计算：

$$台班经常修理费＝台班大修理费×经常修理费系数$$

④ 安拆费及场外运输费。安拆费是指机械在施工现场进行安装、拆卸所需人工、材料、机械费和试运转费，以及机械辅助设施（如行走轨道、枕木等）的折旧、搭设、拆除费用。

场外运输费是指机械整体或分体自停置地点运至施工现场或由一工地运至另一工地的运输、装卸、辅助材料以及架设费用。该项费用在实际工作中可以采用两种方法：一是当发生时在工程报价中已经计算了这些费用，那么编制机械台班单价就不再计算；第二种法是，根据往年发生的费用的年平均数，除以年工作台班计算，计算公式为

$$台班安拆及场外运输费＝\frac{历年统计安拆费及场外运输费的年平均数}{年工作台班}$$

（2）第二类费用　第二类费用亦称可变费用，是指属于支出性质的费用，包括燃料动力费、人工费、养路费及车船使用税等。

第二类费用计算如下。

① 燃料动力费。燃料动力费是指机械设备在运转行业中所耗用的各种燃料、电力风力、水等的费用，计算公式为

$$台班燃料动力费＝每台班耗用的燃料或动力数量×燃料或动力单价$$

② 人工费。人工费是指机上司机、司炉和其他操作人员的工日工资。计算公式为

$$台班人工费＝机上操作人员人工工日数×人工单价$$

③ 养路费及车船使用税。是指按国家规定应缴纳的机动车养路费、车船使用税、保险费及年检费。计算公式为

$$台班养路费及车船使用税＝\frac{核定吨位×[养路费(元/t·月)×12＋车船使用税(元/t·车)]}{年工作台班}＋保险费及年检费$$

其中

$$保险费及年检费＝\frac{年保险费及年检费}{年工作台班}$$

（二）综合单价的计算

综合单价是相对各分项单价而言，是在分部分项清单工程量以及相对应的计价工程量项目乘以人工单价、材料单价、机械台班单价、管理费费率、利润率的基础上综合而成的。形成综合单价的过程不是简单地将其汇总的过程，而是根据具体分部分项清单工程量和计价工程量以及工料机单价等要素的结合，通过具体计算后综合而成的。

综合单价的计算过程是，先用计价工程量乘以定额消耗量得出工料机消耗量，再乘以对应的工料机单价得出主项和附项直接费，然后再计算出计价工程量清单项目费小计，最后再用该小计除以清单工程量，得出综合单价。其示意图见图 5-6。

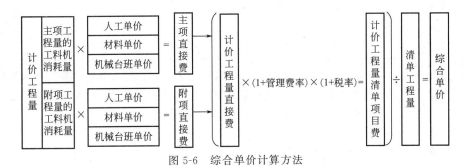

图 5-6　综合单价计算方法

（三）措施项目费、其他项目费、规费、税金的计算

（1）措施项目费　措施项目费的计算方法一般有以下几种。

① 定额分析法。凡是可以套用定额的项目，采用先计算工程量，然后再套用定额分析出工料机消耗量，最后根据各项单价和费率计算出措施项目费的方法。例如，脚手架搭拆费可以根据施工图算出搭设的工程量，然后套用定额、选定单价和费率，计算出除规费和税金之外的全部费用。

② 系数计算法。采用与措施项目有直接关系的分部分项清单项目费为计算基础，乘以措施项目费系数，求得措施项目费。例如，临时设施费可以按分部分项清单项目费乘以选定的系数（或百分率）计算出该项费用。计算措施项目费的各项系数是根据已完工程的统计资料，通过分析计算得到的。

③ 方案分析法。通过编制具体的措施实施方案，对方案所涉及的各项费用进行分析计算后，汇总成某个措施项目费。

（2）其他项目费　其他项目费由招标人部分和投标人部分两部分内容组成。

① 招标人部分。

a. 预留金。预留金主要指考虑可能发生的工程量变化和费用增加而预留的金额。引起

工程量变化和费用增加的原因很多,一般主要有以下几个方面:

Ⅰ.清单编制人员错算、漏算引起的工程量增加;

Ⅱ.设计深度不够、设计质量较低造成的设计变更引起的工程量增加;

Ⅲ.施工过程中应业主要求,经设计或监理工程师同意的工程变更增加的工程量;

Ⅳ.其他原因引起应由业主承担的增加费用,如风险费用和索赔费用。

预留金由清单编制人根据业主意图和拟建工程实际情况计算确定。设计质量较高,已成熟的工程设计,一般预留工程造价的3%~5%作为预留金。在初步设计阶段,工程设计不成熟,一般要预留工程造价的10%~15%作为预留金。

预留金作为工程造价的组成部分计入工程造价。但预留金应根据发生的情况,且必须通过监理工程师批准方能使用,未使用部分归业主所有。

b.材料购置费。材料购置费是指业主出于特殊目的或要求,对工程消耗的某几类材料,在招标文件中规定,由招标人组织采购发生的材料费。

c.其他。指招标人可增加的新项目。例如,指定分包工程费,即由于某些项目或单位工程专业性较强,必须由专业队伍施工,就需要增加该项费用。其费用数额应通过向专业施工承包商询价(或招标)确定。

② 投标人部分:工程量清单计价规范中列举了总承包服务费、零星工作项目费两项内容。如果招标文件对承包商的工作内容还有其他要求,也应列出项目,例如机械设备的场外运输、为业主代培技术工人等。

知识小贴士

投标人部分。 投标人部分的清单内容设置,除总承包服务费只需简单列项外,其他项目应该量化描述。例如,设备场外运输时,需要标明台数、每台的规格及重量、运距等。又如,零星工作项目要标明各类人工、材料、机械的消耗量。

(3)规费 规费一般包括表5-27中的内容。

表5-27 规费的组成内容

名称	内容
工程排污费	工程排污费是指按规定缴纳的施工现场的排污费
定额测定费	定额测定费是指按规定支付给工程造价(定额)管理部门的定额测定费用
养老保险费	养老保险费是指企业按规定标准为职工缴纳的养老保险费(指社会统筹部分)
失业保险费	失业保险费是指企业按照国家规定标准为职工缴纳的失业保险金
医疗保险费	医疗保险费是指企业按规定标准为职工缴纳的基本医疗保险费
住房公积金	住房公积金是指企业按规定标准为职工缴纳的住房公积金
危险作业意外伤害保险	按照《中华人民共和国建筑法》规定,企业为从事危险作业的建筑安装施工人员支付的意外伤害保险费

(4)税金 税金是指国家税法规定的应计入建筑安装工程造价内的营业税、城市维护建设税及教育费附加。其计算公式为

税金=(分部分项清单项目费+措施项目费+其他项目费+规费+税金)×税率

此公式可替换为

$$税金=(分部分项清单项目费+措施项目费+其他项目费+规费)×\frac{税率}{1-税率}$$

6

第六章

建筑工程招投标

第一节　建筑工程项目招标概述

一、招投标的概念

招投标是一种通过竞争，由发包单位从中优选承包单位的方式。发包单位招揽承包单位去参与承包竞争的活动叫招标。愿意承包该工程的施工单位根据招标要求去参与承包竞争的活动叫投标。工程的发包方就是招标单位（即业主），承包方就是投标单位。

建设工程招投标包括建设工程勘察设计招投标、建设工程监理招投标、建设工程施工招投标和建设工程物资采购招投标。根据《中华人民共和国招标投标法》规定，法定强制招标项目的范围有两类：

① 法律明确规定必须进行招标的项目；
② 依照其他法律或者国务院的规定必须进行招标的项目。

二、工程招标投标程序

建设工程招标投标程序，是指建设工程招标投标活动按照一定的时间、空间顺序运作的次序、步骤、方式。它始于发布招标公告或发出投标邀请书，终于发出中标通知书，其间大致经历了招标、投标、评标、定标等几个主要阶段。

从招标人和投标人两个不同的角度来考察，可以更清晰地把握建设工程招标投标的全过程：

建设工程招投标程序一般分为 3 个阶段。

（1）招标准备阶段　从办理招标申请开始，到发出招标广告或邀请招标函为止的时间段。

（2）招标阶段　也是投标人的投标阶段，从发布招标广告之日起到投标截止之日的时间段。

（3）决标成交阶段　从开标之日起，到与中标人签订承包合同为止的时间段。

建筑工程招投标程序可以参见图 6-1。

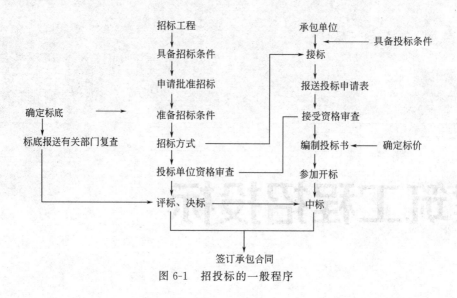

图 6-1　招投标的一般程序

招标人。以招标人和其代理人为主进行的有关招标的活动程序，可称为招标程序；以投标人和其代理人为主进行的有关投标的活动程序，则可称为投标程序。两者的有机结合，构成了完整的招标投标程序。

三、招标投标的基本原则

我国招标投标法规定招标投标活动必须遵循公开、公平、公正和诚实信用的原则。

1. 公开

招标投标活动中所遵循的公开原则要求招标活动信息公开、开标活动公开、评标标准公开、定标结果公开，具体内容如表 6-1 所示。

表 6-1　公开原则的内容

名称	内容
招标活动信息公开	招标人进行招标之始，就要将工程建设项目招标的有关信息在招标管理机构指定的媒介上发布，以同等的信息量晓喻潜在的投标人
开标活动公开	开标活动公开包括开标活动过程公开和开标程序公开两方面
评标标准公开	评标标准应该在招标文件中载明，以便投标人做相应的准备，以证明自己是最合适的中标人
定标结果公开	招标人根据评标结果，经综合平衡，确定中标人后，应当向中标人发出中标通知书，同时将定标结果通知未中标的投标人

2. 公平

招标人要给所有的投标人以平等的竞争机会，这包括给所有投标人同等的信息量、同等的投标资格要求，不设倾向性的评标条件。

3. 公正

招标人在执行开标程序、评标委员会在执行评标标准时都要严格照章办事，尺度相同，不能厚此薄彼，尤其是处理迟到标、判定废标、无效标以及质疑过程中更要体现公正。

4. 诚实信用

诚实信用是民事活动的基本原则，招标投标的双方都要诚实守信，不得有欺骗、背信的行为。

四、招标投标的基本方式

对一些较大型的工程来说，国际上采用的招标方式有四种，即无限竞争性公开招标、有限竞争选择招标（或叫邀请招标）、两阶段招标和谈判招标。

我国《建设工程招标投标暂行规定》（以下简称《暂行规定》）对招标的方式只规定了两种，即公开招标和邀请招标。在实际招投标过程中，还有两阶段招标以及谈判招标两种较为常见的方式。

1. 公开招标

由招标单位通过报纸或专业性刊物发布招标广告，公开招请承包商参加投标竞争，凡对之感兴趣的承包商都有均等的机会购买招标资料进行投标。

2. 有限招标

有限招标即由招标单位向经预先选择的、数目有限的承包商发出邀请，邀请他们参加某项工程的投标竞争。采用这种方式招标的优点是：邀请的承包商大都有经验，信誉可靠。其缺点是：可能漏掉一些在技术上、报价上有竞争能力的后起之秀。

3. 两阶段招标

上述两种方式的结合。先公开招标，再从中选择报价低、信誉度较高的三、四家进行第二阶段的报价，然后再由招标单位确定中标者。

4. 谈判招标

由业主（建设单位）指定有资格的承包者，提出估价，经业主审查，谈判认可，即签订承发包合同。如经谈判达不成协议，业主则另找一家企业进行谈判，直到达成协议，签订承发包合同。

第二节　工程造价在招投标中的重要作用

一、工程造价在招投标中的作用

在招投标工作中，工程造价是人为的"入场券"，也是核心。工程建设单位通过工程招标的形式，择优选定承包的施工单位，以投标单位可以接受的价格、质量、工期获得施工任务的承包。可以这样说，招标投标活动就是合理控制工程造价，确定最佳中标价的活动。

工程造价在招投标活动中，一般是在管理部门的指导和监督下，工程建设投资的责任主体通过工程招投标的形式，择优选定承包工程造价和承包施工单位，施工单位则在计价依据的原则范围内，通过投标的方式，在同行之间展开竞争，以招标单位可以接受的价格、质量、工期获得施工任务的承包。

（一）招投标工程中的工程造价形式

目前，招投标工程的工程造价基本上有两种形式：

① 中标合同价包死，在投标报价中考虑一定的风险系数，在中标后签订合同，一次性包死；

② 中标价加上设计变更、政策性调整作为结算价。

（二）招投标工程报价的确定方法

一般来说，招标工程报价的确定方法主要有两种。

（1）估价法 这种方法常用，即依据设计图纸套用现行的定额及文件而计算出造价。

（2）实物法 即依据图纸和定额计算出一个单位工程所需要的全部人工、材料、机械台班使用量，乘以当地当时的市场价格。这种方法就是通常说的量价分离。这种方法确定的工程造价基本贴近市场，趋于合理。

工程造价合理与否，直接影响到建设单位与施工单位的切身利益，因此真实、合理、科学地反映工程造价是招投标工作十分重要的环节。

二、招投标阶段的工程造价控制

（一）工程招投标阶段工程造价控制的意义

招投标阶段的工程造价控制，对于施工单位展开工程项目施工具有非常重要的意义。

1. 投标人资格审查是有效控制造价的前提

按照招标文件要求审查投标人资格是招标过程的一项重要工作，审查的目的是选择信誉好、管理水平高、技术力量雄厚、执行合同隐患少的投标人，以保证工程按期、保质地完成。

2. 投标人施工组织设计的评审是有效控制造价的基础

对投标人施工组织设计的评审包括施工方法、工艺流程、施工进度和布置、质量标准以及质量安全保证体系等，它体现了投标人的管理水平，是保证工期、质量、安全和环保的重要措施，是投标人编制投标报价的依据，同时也是有效控制工程造价的基础。

3. 投标报价评审是有效控制造价的关键

投标人结合施工组织设计的编制以及自身实际情况，同时分析投标竞争对手再编制投标报价。各投标人的投标报价由于各种原因，如采取不正当方式进行报价，给招标人带来一定的风险隐患，因此在招投标评审过程中，应结合投标人施工组织设计进行评审，避免不合理投资。合理进行投标报价的评审和调整是有效控制工程造价的关键。

（二）影响招标报价的因素

1. 施工图纸质量差

施工图纸作为拟建工程技术条件和工程量清单的编制依据，是工程技术质量和工程量清单准确率的保证。如果一味地追求总体进度，压缩设计阶段时间，从而造成施工图设计深度不到位、错漏缺太多、建筑与结构及水电安装等不对应，导致项目实施阶段修改频繁，给整体工程造价控制带来很多隐患。

知识小贴士 施工图纸。图纸的细致程度决定了工程变更多少及造价变化幅度大小，要杜绝招标后施工图纸的变更带来工程造价的变更纠纷。

2. 工程量清单编制质量差

工程量清单是招标文件的重要部分，但由于编制人员水平高低不一，部分工程设计图纸的缺陷以及编制时间仓促等原因，存在着项目设置不规范、工程量清单特征和工程内容描述不清、项目漏项与缺项多，暂定项目过多、计量单位不符合要求、工程量计算误差大、项目编码不正确等问题，这些都将直接影响投标人的报价，导致在招投标完成后项目实施阶段与结算阶段工程造价的失控。

3. 招标过程过于简单化

部分建设单位为了节约成本，缩短招标时间，不编制工程量清单，直接采用以定额为依据、施工图为基础、标底为中心的计价模式和招标方式，其最大的弊端是造成同一份施工图纸的工程报价相差较远，没有客观的评判标准，不便于评标、定标，进而在施工阶段无法控制工程造价。

4. 合同签订不严谨导致变更签证多

施工合同是招标文件的重要组成内容，也是工程量清单招标模式下造价控制十分重要的一个环节。工程合同在制定过程应杜绝内容不详细、专用条款约定措辞不严谨、表达不清楚、操作不具体、专业知识缺乏、法律风险意识不强等问题，这些都严重影响工程实施与结算过程中管理与造价的控制。在合同的制定中，还要特别注意对工程量调整、价格调整、履约保证、工程变更、工程结算、合同争议解决方式等做出详尽的具体规定。工程索赔发生如何处理等均应在专用条款中详细明确。

对于控制工程造价来讲，建设项目的招投标阶段是非常重要的一个阶段。既要选择一个理想的施工单位，又要将承、发包双方的权利、责任、义务界定清楚，明确各类问题的解决处理办法，避免在施工过程中或结算时发生较大争议。所以，工程预算人员必须提高造价管理水平，为决策者提供可靠的依据。

建设单位必须优化投资方案，选择出技术能力强、信誉可靠的承包单位进行施工，对工程造价进行动态控制，以提高投资效益；施工单位必须优化施工方案，改进生产工艺，降低施工成本，创精品工程。只有以上相关各方采取综合措施，才能真正达到在招投标阶段降低工程成本、控制工程造价的目的。

第三节　建筑工程投标策略

一、工程量清单报价前期准备

投标报价之前，必须准备与报价有关的所有资料，这些资料的质量高低直接影响到投标报价的成败。

投标前需要准备的资料主要有：招标文件，设计文件，施工规范，有关的法律、法规，企业内部定额及有参考价值的政府消耗量定额，企业人工、材料、机械价格系统资料，可以询价的网站及其他信息来源，与报价有关的财务报表及企业积累的数据资源，拟建工程所在地的地质资料及周围的环境情况，投标对手的情况及对手常用的投标策略，招标人的情况及资金情况等。所有这些都是确定投标策略的依据，只有全面地掌握第一手资料，才能快速准确地确定投标策略。

投标人在报价之前需要准备的资料可分为两类：

① 一类是公用的，任何工程都必须用，投标人可以在平时日常积累，如规范、法律、法规、企业内部定额及价格系统等；

② 另一类是特有资料，只能针对投标工程，这些必须是在得到招标文件后才能收集整理，如设计文件、地质、环境、竞争对手的资料等。

确定投标策略的资料主要是特有资料，因此投标人对这部分资料要格外重视。投标人要在投标时显示出核心竞争力，就必须有一定的策略，有不同于别的投标竞争对手的优势，主要从以下几方面考虑。

（一）掌握全面的设计文件

招标人提供给投标人的工程量清单是按设计图纸及规范规则进行编制的，可能未进行图纸会审，在施工过程中不免会出现这样那样的问题，这就是设计变更，所以投标人在投标之前就要对施工图纸结合工程实际进行分析，了解清单项目在施工过程中发生变化的可能性，对于不变的报价要适中，对于有可能增加工程量的报价要偏高，有可能降低工程量的报价要偏低等，只有这样才能降低风险，获得最大的利润。

（二）实地勘察施工现场

投标人应该在编制施工方案之前对施工现场进行勘察，对现场和周围环境及与此工程有关的可用资料进行了解和勘察。实地勘察施工现场主要从以下几方面进行：

① 现场的形状和性质，其中包括地表以下的条件；
② 水文和气候条件；
③ 为工程施工和竣工，以及修补其任何缺陷所需的工作和材料的范围及性质；
④ 进入现场的手段，以及投标人需要的住宿条件等。

（三）调查与拟建工程有关的环境

投标人不仅要勘察施工现场，在报价前还要详尽了解项目所在地的环境，包括政治形势、经济形势、法律法规和风俗习惯、自然条件、生产和生活条件等，各部分的内容如表 6-2 所示。

表 6-2　调查有关环境的内容

名称	内容
对政治形势的调查	应着重了解工程所在地和投资方所在地的政治稳定性
对经济形势的调查	应着重了解工程所在地和投资方所在地的经济发展情况，工程所在地金融方面的换汇限制、官方和市场汇率、主要银行及其存款和信贷利率、管理制度等
对自然条件的调查	应着重了解工程所在地的水文地质情况、交通运输条件，是否多发自然灾害、气候状况如何等
对法律法规和风俗习惯的调查	应着重了解工程所在地政府对施工的安全、环保、时间限制等各项管理规定，宗教信仰和节假日等
对生产和生活条件的调查	应着重施工现场周围情况，如道路、供电、给排水、通信是否便利，工程所在地的劳务和材料资源是否丰富，生活物资的供应是否充足等

（四）调查招标人与竞争对手

1. 调查招标人

对招标人的调查应着重于以下几个方面：

① 资金来源是否可靠，避免承担过多的资金风险；
② 项目开工手续是否齐全，提防有些发包人以招标为名，让投标人免费为其估价；
③ 是否有明显的授标倾向，招标是否仅仅是出于政府的压力而不得不采取的形式。

2. 调查竞争对手

对竞争对手的调查应着重从以下几方面进行：

① 了解参加投标的竞争对手有几个，其中有威胁性的都是哪些，特别是工程所在地的

承包人，可能会有评标优惠；

②根据上述分析，筛选出主要竞争对手，分析其以往同类工程投标方法，惯用的投标策略，开标会上提出的问题等。

投标人必须知己知彼，才能制定切实可行的投标策略，提高中标的可能性。

二、工程量清单报价常用策略

（一）不平衡报价策略

工程量清单报价策略，就是保证在标价具有竞争力的条件下，获取尽可能大的经济效益。

工程量清单报价。 常用的一种工程量清单报价策略是不平衡报价，即在总报价固定不变的前提下，提高某些分部分项工程的单价，同时降低另外一些分部分项工程的单价。

采用不平衡报价策略无外乎是出于两个方面的目的：一是为了尽早获得工程款；另外一个则是尽可能多地获得工程款。通常的做法有以下几个方面，具体内容如下。

①适当提高早期施工的分部分项工程单价，如土方工程、基础工程的单价，降低后期施工的分部分项工程单价。

②对图纸不明确或者有错误，估计今后工程量会有增加的项目，单价可以适当报高一些；对应的，对工程内容说明不清楚，估计今后工程量会取消或者减少的项目，单价可以报得低一些，而且有利于将来索赔。

③对于只填单价而无工程量的项目，单价可以适当提高，因为它不影响投标总价，然后项目一旦实施，利润则是非常可观的。

④对暂定工程，估计今后会发生的工程项目，单价可以适当提高；相对应的，估计暂定项目今后发生的可能性比较小，单价应该适当下调。

⑤对常见的分部分项工程项目，如钢筋混凝土、砖墙、粉刷等项目的单价可以报得低一些，对不常见的分部分项工程项目，如刺网围墙等项目的单价可以适当提高一些。

⑥如招标文件要求某些分部分项工程报"单价分析表"，可以将单位分析表中的人工费及机械设备费报得高一些，而将材料费报得低一些。

⑦对于工程量较小的分部分项工程，可以将单价报低一些，让招标人感觉清单上的单价大幅下降，体现让利的诚意，而这部分费用对于总的报价影响并不大。

不平衡报价可以参考表 6-3 进行。

表 6-3　不平衡报价策略表

信息类型	变动趋势	不平衡结果
资金收入的时间	早	单价高
	晚	单价低
清单工程量不准确	需要增加	单价高
	需要减少	单价低
报价图纸不明确	可能增加工程量	单价高
	可能减少工程量	单价低

续表

信息类型	变动趋势	不平衡结果
暂定工程	自己承包的可能性高	单价高
	自己承包的可能性低	单价低
单价和包干混合制项目	固定包干价格项目	单价高
	单价项目	单价低
单价组成分析表	人工费和机械费	单价高
	材料费	单价低
议标时招标人要求压低单价	工程量大的项目	单价小幅度降低
	工程量小的项目	单价较大幅度降低
工程量不明确报单价的项目	没有工程量	单价高
	有假定的工程量	单价适中

(二) 多方案报价法

对于一些招标文件，如果发现工程范围不很明确，条款不清楚或很不公正，或技术规范要求过于苛刻时，则要在充分估计投标风险的基础上，按多方案报价法处理，即按原招标文件报一个价，然后再提出，如某某条款作某些变动，报价可降低多少，由此可报出一个较低的价，这样可以降低总价，吸引招标人。

(三) 计日工单价的报价

如果是单纯报计日工单价，而且不计入总价中，可以报高些，以便在招标人额外用工或使用施工机械时可多盈利；但如果计日工工单价要计入总报价时，则需具体分析是否报高价，以免抬高总报价。总之，要分析招标人在开工后可能使用的计日工数量，再来确定报价方针。

(四) 低价格投标策略

先低价投标，而后赢得机会创造第二期工程中的竞争优势，并在以后的实施中盈利。某些施工企业其投标的目的不在于从当前的工程上获利，而是着眼于长远的发展，较长时期内，投标人没有在建的工程项目，如果再不得标，就难以维持生存。因此，虽然本工程无利可图，只要能有一定的管理费维持公司的日常运转，就可设法渡过暂时的困难，再图发展。

第七章

工程签证

第一节　工程签证的分类

一、工程签证的概念

工程签证是按承发包合同约定，一般由甲乙双方代表就施工过程中涉及合同价款之外的责任事件所做的签认证明。它不属于洽商范畴，但是受洽商变更影响而额外（超正常）发生的费用，或由一方受另一方要求（委托），或受另一方工作影响造成一方完成超出合约规定工作而发生的费用。工程签证从另一角度讲，是建设工程合同的当事人在实际履行工程合同中，按照合同的约定对涉及工程的款项、工程量、工程期限、赔偿损失等达成的意思表示一致的协议，从法律意义上讲是原工程合同的补充合同。建设工程合同在实际履行过程中，往往会对工程合同进行部分变更，这是因为合同签约前考虑的问题再全面，在实际履行中往往免不了要发生根据工程进展过程中出现的实际情况而对合同事先约定事项的部分变动，这些变动都需要通过工程签证予以确认。

签认证明。目前一般以技术核定单和业务联系单的形式反映者居多。

二、工程签证的一般分类

从工程签证的表现形式来分，施工过程中发生的签证主要有三类，见图7-1。

这三类签证的内容、主体（出具人）和客体（使用人）都不一样，其所起的作用和目的也不一样，而在结算时的重要程度（可信度）也不一样。此外，在工程实际中，工程签证的形式还可能有会议纪要、经济签证单、费用签证单、工期签证单等形式。

图7-1　工程签证的主要形式

（一）设计修改变更通知

由原设计单位出具的针对原设计所进行的修改和变更，一般不可以对规模（如建筑面积、生产能力等）、结构（如砖混结构改框架结构等）、标准（如提高装修标准、降低或提高抗震及防洪标准等）做出修改和变更，否则要重新进入设计审查程序。

在工程实践中，监理（造价工程师）一般对于设计变更较为信任。在很多工程的设计合同中，对设计修改和变更引起造价达到一定比例后，会核减设计费，因此设计单位对于设计变更会十分谨慎或尽量不出。

知识小贴士

虽然签证上直接标明金额比较直接，但是在实际工作中一般很少直接签出金额。因为如果签证上有了直接金额，在后期结算审计的时候，监理或者造价工程师就不需要按照签证或者洽商记录进行计算得出金额了，这样工作的可变化余地就很小了，在一定程度上不利于他们工作的开展。

此外，有些管理较严格的公司，要求设计变更也要重新办理签证，设计变更不能直接作为费用结算的依据，当合同有此规定时应从合同中规定。设计变更单参考格式见表 7-1。

表 7-1　设计变更通知单

设计单位		设计编号	
工程名称			
内容：			
设计单位(公章)： 代表：	建设单位(公章)： 代表：	监理单位(公章)： 代表：	施工单位(公章)： 代表：

（二）工程联系单

工程联系单，建设单位、施工单位以及第三方都可以使用，其较其他指令形式缓和，易于被对方接受。常见的有设计联系单、工程联系单两种。

1. 设计联系单

设计联系单主要指设计变更、技术修改等内容。设计联系单需经建设单位审阅后再下发施工单位、监理单位。其签证流程如图 7-2 所示。

图 7-2　设计联系单签证流程

2. 工程联系单

一般是在施工过程中由建设单位提出的，亦可由施工单位提出，主要指无价材料、土方、零星点工签证等内容，主要是解决因建设单位提出的一些需要更改或变化的事项。工程联系单的签发要慎重把握，应按建设单位内控程序逐级请示领导。其签证流程有两种，如图 7-3 所示。

工程联系单的参考形式见表 7-2。

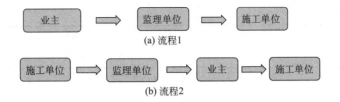

图 7-3 工程联系单签证流程

表 7-2 工程联系单

工程名称		施工单位	
主送单位		联系单编号	
事由		日期	
内容：			
建设单位： 年 月 日		施工单位： 年 月 日	

（三）现场经济签证

一般现场经济签证都是由施工单位提出的，针对在施工过程中现场出现的问题和原施工内容、方法出入，以及额外的零工或材料二次倒运等，经建设单位（或监理）、设计单位同意后作为调价依据。

凡由甲乙双方授权的现场代表及工程监理人员签字（盖章）的现场签证（规定允许的签证），即使在工程竣工结算时，原来签字（盖章）的人已经调离该项目，其所签具的签证仍然有效。

现场经济签证。工程量清单计价的现场签证，是指非工程量清单项目的用工、材料、机械台班、零星工程等数量及金额的签证。

定额计价的现场签证，是指预算定额（或估价表）、费用定额项目内不包括的及规定可以另行计算（或按实计算）的项目和费用的签证。

设计变更与现场签证是有严格的划分的。属于设计变更范畴的应该由设计部门下发通知单，所发生的费用按设计变更处理，不能由于设计部门怕设计变更数量超过考核指标或者怕麻烦，而把应该发生变更的内容变为现场签证。

现场签证应以甲乙双方现场代表及工程监理人员签字（盖章）的书面材料为有效签证。施工现场签证单的格式可参考表 7-3。

表 7-3　施工现场签证单

施工单位：

单位工程名称		设单位名称	
分部分项工程名称			
内容： 施工负责人：　　　　　　　　　　　　　　　　　　　　　　　年　月　日			
建设单位意见： 建设单位代表（签章） 　　　　　　　　　　　　　　　　　　　　　　　　　　　　年　月　日			

现场签证单如果涉及材料，还得办理材料价格签证单，具体格式可以参考表 7-4。

表 7-4　材料价格签证单

工程名称：

序号	材料名称	部位	规格	数量	单位	购买日期	购买申报价	签证价格
施工单位意见			监理单位意见			建设单位意见		
签字（盖章）			签字（盖章）			签字（盖章）		
日期			日期			日期		

第二节　各种变更、签证的关系与具体形式

一、相互关系

在单位工程施工过程中，各种形式的变更、签证、索赔经常出现，它们对于后期结算的影响是有所差异的，相互之间也存在一定的关联，具体可见表 7-5 所列内容。

表 7-5   变更、签证、索赔的相互关系与工程结算价款构成

项目价款关系	各种形式的变更、签证
合同内价款及调整	合同价款:原合同金额
	变更增减金额:设计变更、设计变更洽商
	索赔增减金额
	工程奖惩金额
合同外项目价款: 签证增减金额	经济洽商
	工程签证:技术核定单、工程联系单、现场经济签证

二、洽商

洽商按其形式可分为设计变更洽商和经济洽商。

(一) 设计变更洽商

设计变更洽商(记录)又称工程洽商,是指设计单位(或建设单位通过设计单位)对原设计修改或补充的设计文件,洽商一般均伴随费用发生。一般有基础变更处理洽商、主体部位变更洽商的结构洽商和改变原设计工艺的洽商。工程洽商一般是由施工单位提出的,必须经设计、建设单位、施工单位三方签字确认,有监理单位的项目同时需要监理单位签字确认,参考格式见表 7-6。

表 7-6   设计变更、洽商记录

年　月　日　　　第　　号

工程名称:		
记录内容:		
建设单位	施工单位	设计单位

(二) 经济洽商

经济洽商是正确解决建设单位、施工单位经济补偿的协议文件。

三、技术核定单

在施工过程中,因施工条件、材料规格、品种和质量不能满足设计要求以及合理化建议等原因,需要进行施工图修改时,由施工单位提出技术核定单。技术核定单由项目内业技术人员负责填写,并经项目技术负责人审核,重大问题须报施工单位总工审核。核定单应正确、填写清楚、绘图清晰,变更内容要写明变更部位、图别、图号、轴线位置、原设计及变更后的内容和要求等。

> **知识小贴士** **技术核定单。** 凡在图纸会审时遗留或遗漏的问题以及新出现的问题，属于设计产生的，由设计单位以变更设计通知单的形式通知有关单位（建设单位、施工单位、监理单位）；属建设单位原因产生的，由建设单位通知设计单位出具工程变更通知单，并通知有关单位。

技术核定单由项目内业技术人员负责送设计单位、建设单位办理签证，经认可后方生效。经过签证认可后的技术核定单交项目资料员登记发放施工班组、预算员、质检员（技术、经营预算、质检等部门）。技术核定单的参考形式见表7-7。

表7-7 技术核定单

工程名称：_____ 地址：_____ 第 页 共 页

建设单位		编号	
分部工程名称		图号	
核定内容			
核对意见			

复核单位： 技术负责人：

建设（监理）单位	现场负责人： （公章） 年 月 日	施工单位	专职质检员： 项目经理： （公章） 年 月 日	设计单位	代表： （公章） 年 月 日

四、索赔

（一）索赔程序

广义的索赔是指在经济合同的实施过程中，合同一方因对方不履行或未能正确履行或不能完全履行合同规定的义务而受到损失，向对方提出赔偿损失的要求。目前国内实际项目施工过程中，一般理解的索赔仅是指施工单位在合同实施过程中，根据合同及法律规定，对应由建设单位承担责任的干扰事件所造成的损失，向建设单位提出请求给予经济补偿和工期延长的要求。索赔程序见图7-4。

（二）索赔原因

1. 当事人违约

当事人违约常常表现为没有按照合同约定履行自己的义务。发包人违约常常表现为没有为承包人提供合同约定的施工条件、未按照合同约定的期限和数额付款等。

工程师未能按照合同约定完成工作，如未能及时发出图纸、指令等也视为发包人违约。

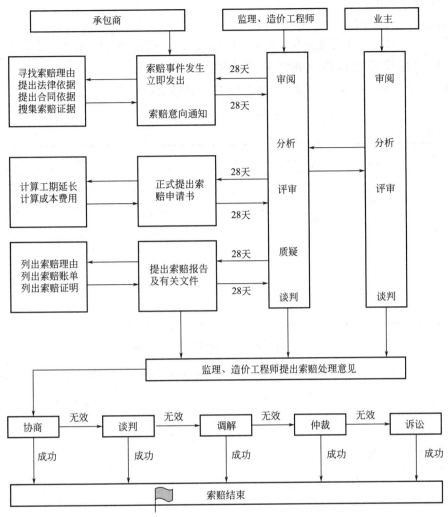

图 7-4　索赔程序

承包人违约的情况则主要是没有按照合同约定的质量、期限完成施工，或者由于不当行为给发包人造成其他损害。

2. 不可抗力事件

不可抗力又可分为自然事件和社会事件。自然事件主要是不利的自然条件和客观障碍，如在施工过程中遇到了经现场调查无法发现、业主提供的资料中也未提到的、无法预料的情况，如地下水、地质断层等。社会事件则包括国家政策、法律、法令的变更，战争，罢工等。

3. 合同缺陷

合同缺陷表现为合同文件规定不严谨甚至矛盾，合同中有遗漏或错误，在这些情况下工程师应当给予解释，如果这种解释将导致成本增加或工期延长，发包人应当给予补偿。

4. 合同变更

合同变更表现为设计变更、施工方法变更、追加或者取消某些工作、合同其他规定的变更。

5. 工程师指令

工程师指令有时也会产生索赔，如工程师指令承包人加速施工、进行某项工作、更换某些材料、采取某些措施等。

6. 其他第三方原因

其他第三方原因常常表现为与工程有关的第三方的问题而引起的对本工程的不利影响。

（三）工程建设过程中常用的索赔表格

表7-8～表7-11为国内工程建设过程中常用的索赔表格形式。

表 7-8　费用索赔申请表

工程名称：　　　　　　　　　　　　　　　　　　　　　　　　　　　编号：

致：＿＿＿＿＿＿＿＿＿＿＿＿＿＿＿＿＿＿＿＿＿＿＿＿＿＿＿＿（监理公司）

　　根据施工合同条款＿＿＿＿＿＿条的规定，由于＿＿＿＿＿＿＿＿＿＿＿＿＿＿＿原因，我方要求索赔金额（大写）＿＿＿＿＿＿＿＿＿＿＿，请予以批准。

　　1. 索赔的详细理由及经过：

　　2. 索赔金额的计算：

　　3. 证明材料：

承包单位（章）

项目经理

日　　期

表 7-9　费用索赔审批表

工程名称：　　　　　　　　　　　　　　　　　　　　　　　　　　　编号：

致：＿＿＿＿＿＿＿＿＿＿＿＿＿＿＿＿＿＿＿＿＿＿＿＿＿＿＿＿（承包单位）

　　根据施工合同条款＿＿＿＿＿＿条的规定，你方提出的＿＿＿＿＿＿＿＿＿＿＿费用索赔申请（第＿＿＿＿号），索赔（大写）＿＿＿＿＿＿＿＿＿＿＿，经我方审核评估：

　　□不同意此项索赔。

　　□同意此项索赔，金额为（大写）

　　同意/不同意索赔的理由：

　　索赔金额的计算：

项目监理机构

总监理工程师

日　　期

表 7-10　工程临时延期申请表

工程名称：　　　　　　　　　　　　　　　　　　　　　　　　　　　编号：

致：＿＿＿＿＿＿＿＿＿＿＿＿＿＿＿＿＿＿（监理公司）

　　根据施工合同条款＿＿＿＿＿＿条的规定，由于＿＿＿＿＿＿＿＿＿＿原因，我方申请工程延期，请予以批准。

附件：

　　1. 工程延期的依据及工期计算

合同竣工日期：

申请延长竣工日期：

　　2. 证明材料

承包单位（章）

项目经理

日　　期

表 7-11 工程最终延期审批表

工程名称： 　　　　　　　　　　　　　　　　　　　　　　　　　　编号：

致：_____（承包单位）
　　根据施工合同条款_____条的规定,我方对你方提出的_____工程延期申请(第　　号)要求延长工期_____日历天的要求,经过审核评估：
　　□最终同意工期延长_____日历天。使竣工日期(包括已指令延长的工期)从原来的___年___月___日延迟到___年___月___日。请你方执行。
　　□不同意延长工期,请按约定竣工日期组织施工。
说明：

项目监理机构
总监理工程师
日　　　期

第三节　工程签证常发生的情形

1. 工程地形或地质资料变化

最常见的是土方开挖时的签证、地下障碍物的处理,具体内容如下。

① 开挖地基后,如发现古墓、管道、电缆、防空洞等障碍物时,施工单位应将会同建设单位、监理工程师的处理结果做好签证,如能画图表示的尽量绘图,否则用书面表示清楚。

② 地基如出现软弱地基处理时应做好所用的人工、材料、机械的签证,并做好验槽记录。

③ 现场土方如为杂土,不能用于基坑回填时,土方的调配方案,如现场土方外运的运距、回填土方的购置及其回运运距均应签证。

④ 大型土方机械合理的进出场费、次数等。

工程开工前的施工现场"三通一平"、工程完工后的垃圾清运不应属于现场签证的范畴。

2. 地下水排水施工方案及抽水台班。

地基开挖时,如果地下水位过高,排地下水所需的人工、机械及材料必须签证。

3. 现场开挖障碍处理

现场开挖管线或其他障碍处理（如要求砍伐树木和移植树木）。

4. 土石方转运

因现场环境限制,发生土石方场内转运、外运及相应运距。

5. 材料二次转堆

材料、设备、构件超过定额规定运距的场外运输,待签证后按有关规定结算；特殊情况的场内二次搬运,经建设单位驻工地代表确认后签证。

经验指导

　　① 如果是自然雨水,特别是季节性雨水造成的基础排水费用已考虑在现场管理费中,不应再签证,而来自地下的水的抽水费用一般可以签证,因为来自地下的水更带有不可预见性。

　　② 一定要超过定额内已考虑的运距才可签证。

6. 场外运输

材料、设备、构件的场外运输。

7. 机械设备

① 备用机械台班的使用，如发电机等。

② 工程特殊需要的机械租赁。

③ 无法按定额规定进行计算的大型设备进退场或二次进退场费用。

8. 由于设计变更造成材料浪费及其他损失

工程开工后，工程设计变更给施工单位造成的损失主要有以下几种情况。

① 如施工图纸有误，或开工后设计变更，而施工单位已开工或下料造成的人工、材料、机械费用的损失。

② 如设计对结构变更，而该部分结构钢筋已加工完毕等。

③ 工程需要的小修小改所需要的人工、材料、机械的签证。

9. 停工或窝工损失

① 由于建设单位责任造成的停水、停电超过定额规定的范围。在此期间工地所使用的机械停滞台班、人工停窝工以及周转材料的使用量都要签证清楚。

② 由于拆迁或其他建设单位、监理单位因素造成工期拖延。

10. 不可抗力造成的经济损失

工程实施过程中所出现的障碍物处理或各类工期影响，应及时以书面形式报告建设单位或监理单位，作为工程结算调整的依据。

11. 建设单位供料不及时或不合格给施工单位造成的损失

施工单位在包工包料工程施工中，由于建设单位指定采购的材料不符合要求，必须进行二次加工的签证以及设计要求而定额中未包括的材料加工内容的签证，建设单位直接分包的工程项目所需的配合费用签证。

12. 续建工程的加工修理

建设单位原发包施工的未完工程，委托另一施工单位续建时，对原建工程不符合要求的部分进行修理或返工的签证。

13. 零星用工

施工现场发生的与主体工程施工无关的用工，如定额费用以外的搬运拆除用工等。

14. 临时设施增补项目

临时设施增补项目应当在施工组织设计中写明，按现场实际发生的情况签证后才能作为工程结算依据。

15. 隐蔽工程签证

由于工程建设自身的特性，很多工序会被下一道工序覆盖，涉及费用增减的隐蔽工程一些管理较严格的建设单位也要求工程签证。

16. 工程项目以外的签证

建设单位在施工现场临时委托施工单位进行工程以外的项目的签证。

第四节　工程签证的技巧

（一）不同签证的优先顺序

在施工过程中施工单位最好把有关的经济签证通过艺术、合理、变通的手段变成由设计单位签发的设计修改变更通知单，实在不行也要成为建设单位签发的工程联系单，最后才是现场经济签证。这个优先顺序作为施工单位的造价人员一定要非常清楚，这会涉及提供的经济签证的可信程度，其优先顺序如下所示：

设计变更（设计单位发出）＞工程联系单（建设单位发出）＞现场经济签证（施工单位发起）

设计单位、建设单位出具的手续在工程审价时可信度要高于施工单位发起出具的手续。

（二）施工单位办理签证的技巧

1. 尽量明确签证内容

在填写签证单时，施工单位要使所签内容尽量明确，能确定价格最好，这样竣工结算时，建设单位审减的空间就大大减少，施工单位的签证成果就能得到有效固定。

经验指导

现场经济签证。现在利用签证多结工程款的说法已是施工过程中经常出现的问题，所以审计人员对现场经济签证多采用一种不信任的眼光看待，在很多人的印象中现场经济签证就代表着有"猫腻"。

2. 注意签证的优先顺序

施工企业填写签证时按图 7-5 所示的优先顺序确定填写内容。

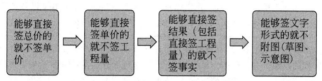

图 7-5 施工单位签证内容填写顺序

3. 签证填写的有利原则

施工企业按有利于计价、方便结算的原则填写涉及费用的签证。如果有签证结算协议，填的内容与协议约定计价口径一致；如果没有签证协议，按原合同计价条款或参考原协议计价方式计价。另外，签证方式要尽量围绕计价依据（如定额）的计算规则办理。

4. 不同类型签证内容的填写

根据不同合同类型签证内容，施工企业尽量有针对性地细化填写，具体内容如下：

① 可调价格合同至少要签到量；

② 固定单价合同至少要签到量、单价；

③ 固定总价合同至少要签到量、价、费；

④ 成本加酬金合同至少要签到工、料（材料规格要注明）、机（机械台班配合人工问题）、费；

⑤ 有些签证中还要注明列入税前造价或税后造价。

第五节 工程量、材料、单价签证

一、工程量签证

（一）施工单位工程量签证技巧

目前的工程施工现场中，施工单位一般在专业技术上要强于建设单位，因此在一些特定的情况下，施工单位往往可以采用一些"技巧"，合理地增加工程量签证。

① 当某些合同外工程急需处理时，施工单位往往可以抬高工程量，并要求签证。

② 当处理一些复杂、耗时较长的合同外工程时，施工单位可以经常请建设单位代表、监理去现场观看，等工程处理完（一般不超过签证时效）再去签证。

③ 对某些非关键部位但影响交通等的工程，可以适当放缓进度。很多时候，建设单位为了要求施工单位尽快完工，腾出交通通道，通常会要求施工单位赶工，这样施工单位就可以名正言顺地要求签证赶工措施费。

④ 地下障碍物以及建好需拆除的临时工程，可以等拆除后再签证。

（二）工程量签证的审核

工程量签证审核的具体内容如表 7-12 所示。

表 7-12　工程量签证审核的内容

名称	内容
真实性审核	签证有无双方单位盖章,印章是否伪造,复印件与原件是否一致等是真实性审核的重要内容。签证真实性的审核要重点审查签证单所附的原始资料。例如停电签证可以到电力部门进行核实,看签证是否与电力部门的停电日期、停电起止时间记录相吻合
合理性审核	一些施工单位为了中标,在招标时采取压低造价,在施工中又以各种理由,采取洽商签证的方法想尽办法补回经济损失,所以对施工单位签证的合理性必须认真审核
实质性审核	对于工程量的签证,审核时必须到现场逐项丈量、计算,逐笔核实。特别是对装饰工程和附属工程的隐蔽部分应作为审核的重点,因为这两部分往往没有图纸或者图纸不很明确,而事后勘察又比较困难。在必要的情况下,审核人员在征得建设单位和施工单位双方同意的情况下进行破坏性检查,以核准工程量

二、材料价格签证

（一）材料价格签证

正常情况下，设计图纸对一些主材、装饰材料只能指定规格与品种，而不能指定生产厂家。目前市场上的伪劣产品较多，不同的厂家和型号，价格差异比较大，特别是一些高级装饰材料。所以对主要材料，特别是材料按实调差的工程，进场前必须征得建设单位同意。对于一些工期较长的工程，期间价格涨跌幅度较大，必须分期多批对主要建材与建设单位进行价格签证。

（二）材料价格签证确认的方法

相对于其他签证来说，材料价格签证的确认是比较难的。客观上，各地区价格信息对普及性材料有明确指导价，而对装饰材料的价格没有明确指导，其品种、质量、产地的不同，导致了价格的千差万别，建设单位也不能清晰、具体地提供材料的详细资料。比较可行的办法是通过市场，寻求最接近实际情况的价格，以事实证据取得各方的一致认可。

1. 调查材料价格信息的方法

调查材料价格信息的方法如表 7-13 所示。

表 7-13　调查材料价格信息的方法

方法	内容
市场调查	这种方法的特点是获取信息直接、相对较准确,有说服力,实际效果较好

续表

方法	内容
电话调查	对于异地购买的材料、新兴建筑材料、特种材料,或在审核时间紧的情况下,可采取与类似生产厂家或经销商进行电话了解,询得采购价格
上网查询	在网上查询了解材料价格,具有方便、快捷的特点
当事人调查	材料真实采购价格,施工单位对外常常会加以封锁,审核人员要搞准具体价格,还要调查可能的不同知情者,如参与考察的人员、建设单位代表以及业内人士等,以便定价时参考

2. 取定材料价格的方法

调查取得价格信息资料后,就要对这些资料进行综合分析、平衡、过滤,从而取定最接近客观实际并符合审价要求的价格。

(1) 考虑调查价格与实际购买价格的差异　一般情况下,大宗订购材料价格应低于市场价格一定比例,采购材料价格不应高于市场价格。

此外,材料价格是具有时间性的,应以施工期内的市场实际价格作为计算的依据。

(2) 参考其他价格信息　取定材料价格时还应综合考虑下面几种价格资料,内容见表7-14。

表 7-14　取定材料价格时考虑的因素

名称	内容
参考信息价	各地区定期发布的《建筑材料价格信息》指导价
参考发票价	在市场调查的基础上,可作为参考的依据之一
参考口头价	口头价格的可信度要低一些,更应慎重取舍
参考定额价	一般来说,土建材料与市场差异不大,但许多装饰材料则可能出入较大,应分别对待
其他工程中同类建材价格	在同期建设的工程中,已审定工程中所取定的材料价格,可作为材料价格取定参照,甚至可以直接采用

(3) 理论测算法　工程实际中,因非标(件)设备引起的纠纷也是时有发生,这种纠纷多数因对计价方法的认知不同。

非标(件)设备的价格计算方法有系列设备插入估价法、分布组合估价法、成本计算估价法、定额估价法。

> **知识小贴士**
>
> **非标(件)设备。** 非标(件)设备是指国家尚无定型标准,生产厂家没有批量生产,只能根据订货和设计图纸制造的(件)设备。

一般情况下,审核的时候多采用更接近实际价格的成本计算估价法,包括材料费、加工费、辅助材料费、专用工具费、废品损失费、外购配套件费、包装费、利润、税金、设计费等。

目前,新型建筑材料发展迅速,价格不被大多数人所了解和掌握,这就需要审价人员向厂家进行调查咨询,在此基础上综合考虑其他费用,如采购保管费、包装费、运输费、利润、税金等进行估价。

3. 取价策略

(1) 做好相关准备

① 调查之前，应对材料的种类、型号、品牌、数量、规格、产地及工程施工环境、进货渠道进行初步了解。掌握这些因素与价格的差异关系，有利于判断价格的准确性。

② 掌握所调查材料相关知识，防止实际用低等级材料，而结算按高等级材料计价。

③ 掌握施工单位材料的进货渠道及供货商情况，以便实施调查时有的放矢。

（2）注意方法策略　审价人员在询问时不仅要给对方以潜在顾客的感觉，还要注意对不同调查对象进行比较，例如专卖店与零售店，大经销商与小经销商之间的价格差异。

（3）平时注意收集资料　审核人员在平时工作中就应留意收集价格信息，同一材料价格在不同工程上可以互为借鉴。重视市场材料价格信息的变化，建立价格信息资源库，使用时及时取用。

三、综合单价签证

（一）综合单价使用原则

清单计价方法下，在工程设计变更和工程外项目确定后 7 天内，设计变更、签证涉及工程价款增加的由施工单位向建设单位提出，涉及工程价款减少的由建设单位向施工单位提出，经对方确认后调整合同价款。变更合同价款按下列方法进行：

① 当投标报价中已有适用于调整的工程量的单价时，按投标报价中已有的单价确定；

② 当投标报价中只有类似于调整的工程量的单价时，可参照该单价确定；

③ 当投标报价中没有适用和类似于调整的工程量的单价时，由施工单位提出适当的变更价格，经与建设单位或其委托的代理人（建设单位代表、监理工程师）协商确定单价；协商不成，报工程造价管理机构审核确定。

（二）单价报审程序

1. 换算项目

工程实际施工过程中，不少材料的调整，在定额计价模式下，只要进行子目变更或换算即可，但在清单模式下，特别是固定单价合同，单价的换算必须经过报批，并且需要注意以下几个问题：

① 每个单价分析明细表中的费用中的费率都必须与投标时所承诺的费率一致；

② 换算后的材料消耗量必须与投标时一致，换算前的材料单价应在"备注"栏注明；

③ 换算项目单价分析表必须先经过监理单位和建设单位计财合同部审批后再按顺序编号页码附到结算书中，见表 7-15 和表 7-16。

表 7-15　换算项目综合单价报批汇总表

工程名称：

序号	清单编号	项目名称	计量单位	报批单价	备注

编制人：　　　　　　　　　　　　　　　　　　　　　　　　　复核人：

表 7-16　换算项目综合单价分析表

工程名称：

编制单位：（盖章）　　　　　　　　　　　　　　　　　　监理单位：（盖章）

清单编号：						
项目名称：						
工程（或工作）内容：						
序号	项目名称	单位	消耗量	单价	合价	备注
1	人工费(a＋b＋…)	元				
a						
b						
	……					
2	材料费(a＋b＋…)	元				
a						
b						
	……					
3	机械使用费(a＋b＋…)	元				
a						
b						
	……					
4	管理费(1＋2＋3)×( )%					
5	利润(1＋2＋3＋4)×( )%	元				
6	合计:(1＋2＋3＋4＋5)	元				

编制人：　　　　　　　　　　　　　　　复核人：

监理单位造价工程师：　　　　　　　　业主单位造价部：　　（经办人签字）

　　　　　　　　　　　　　　　　　　　　　　　　　　　（复核人签字）

　　　　　　　　　　　　　　　　　　　　　　　　　　　（盖　　章）

2. 类似项目

当原投标报价中没有适用于变更项目的单价时，可借用类似项目单价，但同样需要进行报批。

① 每个单价分析明细表中的费用中的费率都必须与投标时类似清单项目的费率一致。

② 原清单编号为投标时相类似的清单项目。

③ 类似项目单价分析表必须先经过监理单位和建设单位计划合同部审批后再按顺序编号页码附到结算书中，见表 7-17 和表 7-18。

表 7-17　类似项目综合单价报批汇总表

工程名称：

序号	清单编号	项目名称	计量单位	报批单价	备注

编制人：　　　　　　　　　　　　　　　　　　　　　　　　复核人：

表 7-18　类似项目综合单价分析表

工程名称：

编制单位：(盖章)　　　　　　　　　　　　　　　监理单位：(盖章)

清单编号：			原清单编号			
项目名称：			计量单位			
工程(或工作)内容：			综合单价			
序号	项目名称	单位	消耗量	单价	合价	备注
1	人工费(a+b+…)	元				
a						
b						
	……					
2	材料费(a+b+…)	元				
a						
b						
	……					
3	机械使用费(a+b+…)	元				
a						
b						
	……					
4	管理费(1+2+3)×(　)%					
5	利润(1+2+3+4)×(　)%	元				
6	合计:(1+2+3+4+5)	元				

编制人：　　　　　　　　　　　　　　复核人：

监理单位造价工程师：　　　　　　　　业主单位造价部：　　(经办人签字)

　　　　　　　　　　　　　　　　　　　　　　　　　　　(复核人签字)

　　　　　　　　　　　　　　　　　　　　　　　　　　　(盖　　章)

3. 未列项目

当原投标报价中没有适用或类似项目单价时，施工单位必须提出相应的单价报审，其实相当于重新报价。

① 每个单价分析明细表中的费用中的费率都必须与投标时所承诺的费率一致。

② 双方应事前在招投标阶段协商确定"未列项目（清单外项目）取费标准"或达成参

考某定额、费用定额计价。未列项目单价分析表中的取费标准按投标文件表"未列项目（清单外项目）收费明细表"执行。

③ 参照定额如根据定额要求含量需要调整的，应在备注中注明调整计算式或说明计算式附后。

④ 未列项目单价分析表必须先经过监理单位和建设单位计财合同部审批后再按顺序编号页码附到结算书中，见表7-19和表7-20。

表7-19 未列项目综合单价报批汇总表

工程名称：

序号	清单编号	项目名称	计量单位	报批单价	备注

编制人： 复核人：

表7-20 未列项目综合单价分析表

工程名称：

编制单位：（盖章） 监理单位：（盖章）

清单编号：		参考定额				
项目名称：		计量单位				
工程（或工作）内容：		综合单价				
序号	项目名称	单位	消耗量	单价	合价	备注
1	人工费(a+b+…)	元				
a						
b						
	……					
2	材料费(a+b+…)	元				
a						
b						
	……					
3	机械使用费(a+b+…)	元				
a						
b						
	……					
4	管理费(1+2+3)×( )%					
5	利润(1+2+3+4)×( )%	元				
6	合计:(1+2+3+4+5)	元				

编制人： 复核人：

监理单位造价工程师： 业主单位造价部： （经办人签字）

（复核人签字）

（盖 章）

第六节　合理利用设计变更

（一）设计变更可能产生的地方

一般来说，在实际项目施工过程中，可能产生设计变更的原因如下：

① 修改工艺技术，包括设备的改变；

② 增减工程内容；

③ 改变使用功能；

④ 设计错误、遗漏；

⑤ 提出合理化建议；

⑥ 施工中产生错误；

⑦ 使用的材料品种的改变；

⑧ 工程地质勘察资料不准确而引起的修改，如基础加深。

由于以上原因提出变更的有可能是建设单位、设计单位、施工单位或监理单位中的任何一个或几个单位。

（二）合理利用设计变更

施工单位除按合同规定、设计要求进行正常工程施工外，要利用投标时发现的招标文件、设计图纸中的缺陷以及投标中的技巧，抓住有利于施工单位的设计变更，主要有以下几个方面。

① 当结构的某些主要部位已设计，其辅助性结构的设计注明由施工单位设计，或某些分项工程设计注明由施工单位设计，设计单位认可的情况（这等同于帮设计干活），如大型结构的预埋件、构造配筋、加固方案等。遇到这种事情就好比天上掉馅饼，要好好把握机会。

② 当设计要求与自己已熟悉的施工工法不一样时，要想法让设计改变工法，采用省时省工省机械、有利于自己创利的工法。

③ 申请变更设计图中既难做又不值钱（或报价低）的项目，相应地增加报价高的工程量，如去掉檐廊装饰，增加基础深度、桩布置密度、梁柱截面尺寸配筋等。

④ 让设计单位将规范（或定额中）已包含在工程项目中的附加工作内容写入设计结构要求中作为强制要求，如灌注混凝土桩要超灌 1m，地下结构必须外放 20cm 等。

⑤ 为赶工期而提高混凝土强度等级，要让设计出变更通知，说明是为满足工程施工要求而提高等。

第八章

建筑工程预结算书的编制与审核

第一节　建筑工程施工图预算书的编制

一、建筑工程施工图预算书的编制依据与内容

（一）编制依据

编制依据的具体内容如表 8-1 所示。

表 8-1　编制依据的具体内容

编制依据	内容
设计资料	设计资料是编制概预算的主要工作对象，包括经过审定的施工图样、有关标准图集。它完整地反映了工程的具体内容，各分部、分项工程的做法、结构尺寸及施工方法，是编制施工图预算的重要依据
现行预算定额、参考价目表及费用定额	现行预算定额、单位估价表、费用定额及计价程序是确定分部、分项上程数量，计算直接费及工程造价，编制施工图预算的主要资料
施工组织设计或施工方案	施工组织设计资料或施工方案是编制施工图预算必需的资料，如土石方开挖时，人工挖土还是机械挖土，放坡还是支挡土板，土方运输的方式及运输距离，垂直运输机械的选型等。这些资料在工程量计算、定额项目的套用等方面都起着重要作用
工程合同或协议	施工企业同建设单位签订的工程承包合同是双方必须遵守的文件，其中有关条款是编制施工图预算的依据
预算工作手册	在编制预算过程中，经常用到各种结构件面积、体积的计算公式，钢材、木材等各种材料的规格型号及用量数据，特殊断面、结构件工程量的速算方法，金属材料重量表等。为提高工作效率，简化计算过程，概预算人员可直接查用上述资料。为方便使用，通常将这些资料汇编成册，称为预算工作手册

（二）编制内容

单位工程施工图预算必须给出该单位工程的各分部分项工程的名称、定额编号、工程量、单价及合价，给出单位工程的直接费、间接费、利润、税金及其他费用。此外，还应有工料分析和补充单价分析等内容。

1. 封面

封面主要填写：业主单位名称，工程名称，建筑面积，工程结构，层数，檐高，工程总造价，单方造价，编制单位名称，编制人员及其证章，审核人员及其证章，编制单位盖章，编制日期等内容。

2. 编制说明

编制说明主要是文字说明，内容包括工程概况、编制依据、范围，有关未定事项、遗留事项的处理方法，特殊项目的计算措施，在预算书表格中无法反映出来的问题以及其他必须说明的情况等。

编写编制说明的目的，是使他人更好地了解预算书的全貌及编制过程，以弥补数字不能显示的问题。

3. 工程造价计算总表

工程造价计算总表，是按照工程造价计算顺序计算的，内容包括企业定额合计，施工措施费（包括施工技术措施费、施工组织措施费），差价，专项费用利润，税金等，最终构成工程造价。

4. 施工措施费分项表

施工措施费包括施工技术措施费和施工组织措施费两大部分，每一部分又由若干项费用组成。在施工措施费分项表中应填写各项的费用数额。

（1）施工技术措施费　包括脚手架、钢筋混凝土中的模板、垂直运输费、超高费、大型机械场外运输及安拆费等费用，承包商可参照企业定额的相关子目，结合工程情况、施工方案、承包商的技术装备等因素自主报价，其中脚手架和模板也可采用项目综合报价。

（2）施工组织措施费　包括材料二次搬运费、远途施工增加费、缩短工期增加费、安全文明施工增加费、总承包管理责、其他费用等。承包商可根据工程情况、施工方案、市场因素等，在确保工程质量、合理工期和不低于成本的前提下，参照文件规定的计算方法自主浮动报价。

5. 差价计算表

差价计算表包括人工费差价、材料费差价、机械费差价等。

6. 工程预算表

根据工程量计算表提供的分项工程量，套用相应企业定额，计算各分项企业定额合计。工程预算表还包括材料的量差调整、计价价值的计算等。

7. 工程量计算表

根据施工图、工程量计算规则、企业定额总说明、分部说明及有关资料，按企业定额分部分项的要求计算各分项工程量的数量大小。

8. 材料分析、汇总表

（1）单位工程企业定额材料用量分析表、汇总表　根据工程量计算表提供的各分项工程量和企业定额项目表中各主要材料的相应子目含量，分别计算出各分项主要材料企业定额用量，然后进行分页汇总合计，最后再将各页合计进行汇总，填制汇总表。

（2）单位工程施工图材料用量分析表、汇总表　根据施工图标示的尺寸、数量品种规格，分别计算全套施工图中各构件的各主要材料的施工图净用量，然后进行汇总，得出施工图净总用量，再乘以企业定额规定的损耗率，得出施工图总耗用量。

以上所述 1.～6. 项为单位工程预算书的全部提交内容，7.、8. 项为预算编制方的内部存档备查资料。

二、建筑工程施工图预算的编制程序

施工图预算的编制一般应在施工图纸技术交底之后进行，其编制程序如图 8-1 所示。

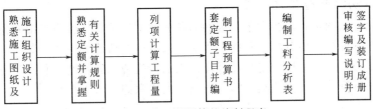

图 8-1 施工图预算的编制程序

（一）熟悉施工图纸及施工组织设计

在编制施工图预算之前，必须熟悉施工图纸，尽可能详细地掌握施工图纸和有关设计资料，熟悉施工组织设计和现场情况，了解施工方法、工序、操作及施工组织、进度。

> **知识小贴士** 相关设计资料。要掌握单位工程各部位建筑概况，诸如层数、层高、室内外标高，墙体，楼板、顶棚材质、地面厚度、墙面装饰等工程的做法，对工程的全貌和设计意图有了全面、详细的了解后，才能正确使用定额，并结合各分部分项工程项目计算相应工程量。

（二）熟悉定额并掌握有关计算规则

建筑工程预算定额有关工程量计算的规则、规定等，是正确使用定额计算定额"三量"的重要依据。因此，在编制施工图预算计算工程量之前，必须清楚定额所列项目包括的内容、使用范围、计量单位及工程量的计算规则等，以便为工程项目的准确列项、计算、套用定额做好准备。

（三）列项计算工程量

施工图预算的工程量具有特定的含义，不同于施工现场的实物量。工程量往往要综合，包括多种工序的实物量。工程量的计算应以施工图及设计文件参照预算定额计算工程量的有关规定列项、计算。

工程量是确定工程造价的基础数据，计算要符合有关规定。工程量的计算要认真、仔细，既不重复计算，又不漏项。计算底稿要清楚、整齐，便于复查。

（四）套定额子目，编制工程预算书

将工程量计算底稿中的预算项目、数量填入工程预算表中，套相应定额子目，计算工程直接费，按有关规定计取其他直接费、现场管理费等，汇总求出工程直接费。

（五）编制工料分析表

将各项目工料用量求出汇总后，即可求出用工或主要材料用量。

（六）审核编写说明，签字、装订成册

工程施工预算书计算完毕后，为确保其准确性，应经有关人员审核后，结合工程及编制情况编写说明，填写预算书封面，签字，装订成册。

土建工程预算、暖卫工程预算、电气工程预算分别编制完成后，由施工企业预算合同部集中汇总送建设单位签字、盖章、审核，然后才能确定其合法性。

三、建筑工程施工图预算的编制方法

施工图预算的编制方法有单价法和实物法两种。

(一) 单价法编制施工图预算

单价法编制施工图预算，指用事先编制的各分项工程单位估价表来编制施工图预算的方法。用根据施工图计算的各分项工程的工程量，乘以单位估价表中相应单价，汇总相加得到单位工程的直接费，再加上按规定程序计算出来的措施费、间接费、利润和税金，即得到单位工程施工图预算价格。单价法编制施工图预算的步骤如图 8-2 所示。

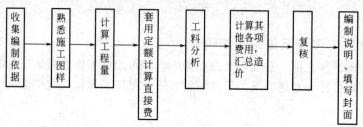

图 8-2　单价法编制施工图预算的步骤

单价法编制施工图预算的具体步骤如表 8-2 所示。

表 8-2　单价法编制施工图预算的具体步骤

名称	内容
收集编制依据和资料	主要有施工图设计文件、施工组织设计、材料预算价格、预算定额、单位估价表、间接费定额、工程承包合同、预算工作手册等
熟悉施工图等资料	只有全面熟悉施工图设计文件、预算定额、施工组织设计等资料，才能在预算人员头脑中形成工程全貌，以便加快工程量计算的速度和正确选套定额
计算工程量	正确计算工程量是编制施工图预算的基础。在整个编制工作中，许多工作时间是消耗在工作量计算阶段内，而且工程项目划分是否齐全，工程量计算的正确与否将直接影响预算的编制质量及速度

计算工程量一般按以下步骤进行。

(1) 划分计算项目　要严格按照施工图示的工程内容和预算定额的项目，确定计算分部、分项工程项目的工程量。为防止丢项、漏项，在确定项目时应将工程划分为若干个分部工程，在各分部工程的基础上再按照定额项目划分各分项工程项目。

另外，有的项目在建筑图及结构图中都未曾表示，但预算定额中单独排列了项目，如脚手架。对于定额中缺项的项目要做补充，计量单位应与预算定额一致。

(2) 计算工程量　根据一定的计算顺序和计算规则，按照施工图示尺寸及有关数据进行工程量计算。工程量单位应与定额计量单位一致。

1. 套用定额计算直接费

工程量计算完毕并核对无误后，用工程量套用单位估价表中相应的定额基价，相乘后汇总相加，便得到单位工程直接费。计算直接费的步骤如下。

(1) 正确选套定额项目

① 当所计算项目的工作内容与预算定额一致，或虽不一致，但规定不可以换算时，直接套相应定额项目单价。

② 当所计算项目的工作内容与预算定额不完全一致，而且定额规定允许换算时，应首先进行定额换算，然后套用换算后的定额单价。

③ 当设计图样中的项目在定额中缺项，没有相应定额项目可套时，应编制补充定额，作为一次性定额纳入预算文件。

(2) 填列分项工程单价

(3) 计算分项工程直接费 分项工程直接费主要包括人工费、材料费和机械费。

$$分项工程直接费＝预算定额单价×分项工程量$$

其中

$$人工费＝定额人工费单价×分项工程量$$

$$材料费＝定额材料费单价×分项工程量$$

$$机械费＝定额机械费单价×分项工程量$$

单位工程直接（工程）费为各分部分项工程直接费之和。

$$单位工程直接(工程)费＝\Sigma 各分部分项工程直接费$$

2. 编制工料分析表

根据各分部分项工程的实物工程量及相应定额项目所列的人工、材料数量，计算出各分部分项工程所需的人工及材料数量，相加汇总即得到该单位工程所需的人工、材料的数量。

3. 计算其他各项费用汇总造价

按照建筑安装单位工程造价构成的规定费用项目、费率及计算基础，分别计算出措施费、间接费、利润和税金，并汇总单位工程造价。

$$单位工程造价＝单位工程直接工程费＋措施费＋间接费＋利润＋税金$$

4. 复核

单位工程预算编制后，有关人员对单位工程预算进行复核，以便及时发现差错，提高预算质量。复核时应对工程量计算公式和结果、套用定额基价、各项费用计取时的费率、计算基础、计算结果、人工和材料预算价格等方面进行全面复核检查。

5. 编制说明、填写封面

编制说明包括编制依据、工程性质、内容范围、设计图样情况、所用预算定额情况、套用单价或补充单位估价表方面的情况，以及其他需要说明的问题。封面应写明工程名称、工程编号、建筑面积、预算总造价及单方造价、编制单位名称及负责人、编制日期等。

单价法具有计算简单、工作量小、编制速度快、便于有关主管部门管理等优点。但由于采用事先编制的单位估价表，其价格只能反映某个时期的价格水平。在市场价格波动较大的情况下，单价法计算的结果往往会偏离实际价格，虽然采用价差调整的方法来调整价格，由于价差调整滞后，不能及时、准确确定工程造价。

（二）实物法编制施工图预算

实物法是先根据施工图计算出各分项工程的工程量，然后套用预算定额或实物量定额中的人工、材料、机械台班消耗量，再分别乘以现行的人工、材料、机械台班的实际单价，得出单位工程的人工费、材料费、机械费，并汇总求和，得出直接工程费，再加上按规定程序计算出来的措施费、间接费、利润和税金，即得到单位工程施工图预算价格。实物法编制施工图预算的步骤如图 8-3 所示。

由图 8-3 可以看出实物法与单价法的不同主要是中间的两个步骤，具体内容如下。

① 工程量计算后，套用相应定额的人工、材料、机械台班用量。定额中的人工、材料、

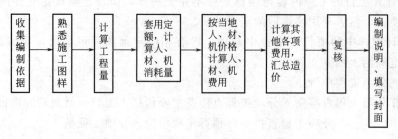

图 8-3　实物法编制施工图预算的步骤

机械台班标准反映一定时期的施工工艺水平，是相对稳定不变的。

计算出各分项工程人工、材料、机械台班消耗量并汇总单位工程所需各类人工工日、材料和机械台班的消耗量。

$$分项工程的人工消耗量＝工程量×定额人工消耗量$$
$$分项工程的材料消耗量＝工程量×定额材料消耗量$$
$$分项工程的机械消耗量＝工程量×定额机械消耗量$$

② 用现行的各类人工、材料、机械台班的实际单价分别乘以人工、材料、机械台班消耗量，并汇总得出单位工程的人工费、材料费、机械费。

在市场经济条件下，人工、材料和机械台班单价是随市场而变化的，而且是影响工程造价最活跃、最主要的因素。用实物法编制施工图预算，采用工程所在地当时的人工、材料、机械台班价格，反映实际价格水平，工程造价准确性高。虽然计算过程较单价法繁琐，但使用计算机计算速度也就快了。因此，实物法是适应市场经济体制的，正因为如此，我国大部分地区采用这种方法编制工程预算。

（三）实物法与单价法的区别

实物法与单价法的不同之处主要有三个方面。

1. 计算直接费的方法不同

单价法是先用各分项工程的工程量乘以单位估价表中相应单价，计算分项工程的定额直接费，经汇总后得到单位工程直接费。这种方法计算直接费比较简便。

实物法是先用各分项工程的工程量套用定额，计算出各分项工程的各种工、料、机消耗量，并汇总得出单位工程所需的各种工、料、机消耗量，然后乘以工、料、机单价，计算出该工程的直接费。由于工程中所使用的工种多、材料品种规格杂、机械型号多，所以计算单位工程使用的工、料、机消耗量比较繁琐，加上市场经济条件下单价经常变化，需要搜集相应的实际价格，编制工作量有所增加。

2. 进行工料分析的目的不同

单价法是在直接费计算后进行工料分析，即计算单位工程所需的工、料、机消耗量，目的是为价差调整提供资料。

实物法是在直接费计算之前进行工料分析，目的是计算单位工程直接费。

3. 计算直接费时所用价格不同

单价法计算直接费时用单位估价表中的价格，该价格是根据某一时期市场上人、材、机价格计算确定的，与工程实际价格不符，计算工程造价时需进行价差调整。实物法计算直接费时采用的就是市场价格，计算工程造价不需要进行差价调整。

第二节 建筑工程施工图预算书的审核

一、审核内容

单位工程施工图预算所确定的工程造价是由直接费、间接费、利润和税金四部分费用构成的。直接费是构成工程造价的主要因素，又是计取其他费用的基础，是施工图预算审查的重点。在预算中，工程量的大小与直接费的多少成正比，审查直接费的重点就是审查工程量。

（一）工程量的审查

工程量的审查要根据设计图纸和工程量计算规则，对已计算出来的工程量进行逐项审查或抽查，如发现重算、漏算和错算了的工程量应予更正。

审查工程量的前提是必须熟悉预算定额及工程量计算规则。在实际工作中，以下几个方面经常算错的地方。

① 土石方工程如需采取放坡等措施时，应审查是否符合土质情况，是否按规定计算。

② 墙基与墙身的分界线，要与计算规则相符。不能在计算砖墙身时以室内地坪为界，而计算砖基础时又以室外地坪为界。

③ 在墙体计算中，应扣除的部分是否扣除了。

④ 现浇钢筋混凝土框架结构的构件划分，要以工程量计算规则为准，应列入柱内的不能列入梁内，应算有梁板的不能梁板分开计算。

⑤ 门窗面积应以框外围面积计算，不能算门窗洞口面积。

（二）直接费的审查

1. 审查定额单价（基价）

（1）套用单价的审查　预算表中所列项目名称、种类、规格、计量单位，与预算定额或单位估价表中所列的工程内容和项目内容是否一致，防止错套。

（2）换算单价的审查　对换算定额或单位估价表规定不予换算的部分，不能强调工程特殊或其他原因随意换算。对定额规定允许换算的部分，要查其换算依据和换算方法是否符合规定。

（3）补充单价的审查　对于定额缺项的补充单价，应审查其工料数量，以及这些数量是根据实测数据，还是估算或参考有关定额确定的，是否按定额规定作了正确的补充。

2. 材料预算价格的审查

各地区一般都使用经过审批的地区统一材料预算价格，这无需再查。如果个别特殊建设项目使用的是临时编制的材料预算价格，则必须进行详细审查。材料预算价格一般由材料原料、供销部门手续费、运杂费、包装费和采购保险费五种因素组成，应逐项进行审查。不过，材料原价和运杂费是主要组成因素，应重点进行审查。

（三）各项费用标准的审查

各项费用是指除按预算定额或单位估价表计算的直接费外的其他各项费用，包括间接费、利润等。这些费用是根据"间接费定额"和相关规定，按照不同企业等级、工程类型、计费基础和费率分别计算的。审查各项费用时，应对所列费用项目、计费基础、计算方法和规定的费率逐项进行审查核对，以防错算。

（四）计算技术性的审查

一个单位工程施工图预算，从计算工程量到算出工程造价，涉及大量的数据计算。在计算过程中，很可能发生加、减、乘、除等计算技术性差错，特别是小数点位置的差错时有发生。如果发生计算技术性错误，即使是计算依据和计算方法完全正确，也是无济于事。因此，数据计算正确与否，也应认真复核，不可忽视。

二、审查方法

审查施工图预算的方法较多，主要有全面审查法、标准预算审查法、分组计算审查法、对比审查法、筛选审查法、重点抽查法、利用手册审查法和分解对比审查法等几种。

（一）全面审查法

全面审查法就是按预算定额顺序或施工的先后顺序，逐一地全部进行审查的方法。其具体计算方法和审查过程与编制施工图预算基本相同。此方法的优点是全面、细致，经审查的工程预算差错较少，质量比较高。其缺点是工作量大。对于一些工程量比较小、工艺比较简单的工程，编制工程预算的技术力量又比较薄弱时，可采用全面审查法。

（二）标准预算审查法

对于利用标准图纸或通用图纸施工的工程，先集中力量编制标准预算，以此为标准审查预算。按标准图纸设计或通用图纸施工的工程一般上部结构和做法相同，可集中力量细审一份预算或编制一份预算，作为这种标准图纸的工程量标准，对照审查，而对局部不同的部分作单独审查即可。

知识小贴士 **标准预算审查法的优缺点。** 这种方法的优点是时间短、效果好、好定案；缺点是只适用于按标准图纸设计的工程，适用范围小。

（三）分组计算审查法

分组计算审查法是一种加快审查工程速度的方法，把预算中的项目划分为若干组，并把相邻且有一定内在联系的项目编为一组，审查或计算同一组中某个分项工程量，利用工程量间具有相同或相似计算基础的关系，判断同组中其他几个分项工程量计算的准确程度的方法。

（四）对比审查法

用已建工程的预算或虽未建成但已审查修正的工程预算对比审查拟建的类似工程预算的一种方法。对比审查法一般有以下几种情况，应根据工程的不同条件区别对待。

① 两个工程采用同一个施工图，但基础部分和现场条件不同。其新建工程基础以上部分可采用对比审查法；不同部分可分别采用相应的审查方法进行审查。

② 两个工程设计相同，但建筑面积不同。根据两个工程建筑面积之比与两个工程分部分项工程量之比基本一致的特点，可审查新建工程各分部分项工程量，进行对比审查。如果基本相同时，说明新建工程预算是正确的；反之，说明新建工程预算有问题，找出差错原因，加以更正。

③ 两个工程的面积相同，但设计图纸不完全相同时，可把相同的部分，如厂房中的柱子、房架、屋面、砖墙等，进行工程量的对比审查，不能对比的分部分项工程按图纸计算。

（五）筛选审查法

筛选法是统筹法的一种，也是一种对比方法。建筑工程虽然有建筑面积和高度的不同，但是它们的各个分部分项工程的工程量、造价、用工量在每个单位面积上的数值变化不大，我们把这些数据加以汇集、优选、归纳为工程量、造价、用工三个单方基本值表，并注明其适用的建筑标准。这些基本值犹如"筛子孔"用来筛选分部分项工程量，筛选下去的就不审查了，没有筛选下去的就意味着此分部分项的单位建筑面积数值不在基本值范围之内，应对该分部分项工程详细审查。当所审查的预算的建筑面积标准与"基本值"所适用的标准不同，就要对其进行调整。

（六）重点抽查法

重点抽查法是抓住工程预算中的重点进行审查的方法。审查的重点一般是工程量大或造价较高、工程结构复杂的工程，补充单位估价表，计取各项费用（计费基础、取费标准等）。

知识小贴士

① **筛选法的优缺点。** 筛选法的优点是简单易懂，便于掌握，审查速度和发现问题快，但不能解决差错、分析其原因，需继续审查。因此，此法适用于住宅工程或不具备全面审查条件的工程。

② **重点抽查法的优点。** 重点抽查法的优点是重点突出，审查时间短、效果好。

（七）利用手册审查法

利用手册审查法是把工程中常用的构件、配件事先整理成预算手册，按手册对照审查的方法。如工程常用的预制构配件，如洗涤池、大便台、检查井、化粪池等，几乎每个工程都有，把这些按标准图集计算出工程量，套上单价，编制成预算手册使用，可简化预结算的编审工作。

（八）分解对比审查法

分解对比审查法是将一个单位工程按直接费与间接费进行分解，然后再把直接费按工种和分部分项工程进行分解，分别与审定的标准预算进行对比分析的方法。分解对比审查法一般有三个步骤。

① 全面审查某种建筑的定型标准施工图或复用施工图的工程预算，经审定后作为审查其他类似工程预算的对比基础。而且将审定预算按直接费与应取费用分解成两部分，再把直接费分解为各工种工程和分部工程预算，分别计算出它们的每平方米预算价格。

② 把拟审的工程预算与同类型预算单方造价进行对比，若出入在 $1\% \sim 3\%$ 以内（根据本地区要求），再按分部分项工程进行分解，边分解边对比，对出入较大者进一步审查。

③ 对比审查。

a. 经分析对比，如发现应取费用相差较大，应考虑建设项目的投资来源和工程类别及其取费项目和取费标准是否符合现行规定；材料调价相差较大，则应进一步审查材料调价统计表，将各种调价材料的用量、单位差价及其调增数量等进行对比。

b. 经过分析对比，如发现土建工程预算价格出入较大，首先审查其土方和基础工程，因为 ± 0.000 以下的工程往往相差较大；其次对比其余各个分部分项工程，发现某一分部分项预算价格相差较大时，再进一步对比各分部分项工程或工程细目。在对比时，先检查所列工程细目是否正确，预算价格是否一致，发现相差较大者进一步审查所有预算单价，最后审查该工程细目的工程量。

第三节 建筑工程竣工结算书的编制

一、工程结算概述

(一) 工程结算的分类

工程结算是指施工企业在工程实施过程中，依据承包合同中有关付款条款的规定和已完成的工程量，并按照规定的程序向建设单位收取工程价款的一项经济活动。一般工程结算可分为按月结算、中间结算、竣工结算，另外按财务口径还有竣工决算之说。

1. 按月结算

按月结算即实行按月支付进度款，竣工后清算的办法。合同工期在两个年度以上的工程，在年终进行工程盘点，办理年度结算。

2. 分段结算

分段结算又称中间结算，即当年开工、当年不能竣工的工程按照工程形象进度，划分不同阶段支付工程进度款，具体划分在合同中明确。对于规模较大，施工期限较长，甚至跨年度的工程，施工企业为了使某个施工期间的消耗（包括人工工资、材料费用和其他费用）得到补充，保证下一个施工计划期间施工活动不间断且顺利进行，施工企业按合同规定日期或此期间完成的工程量向建设单位进行定期的工程结算，为工程财务拨款提供依据。

3. 竣工结算

竣工结算指工程完工、交工验收后，施工企业根据原施工图预算（或合同价），加上补充修改预算向建设单位办理竣工工程价款结算的文件。它是调整工程计划、确定和统计工程进度、考核基本建设投资效果进行工程成本分析的依据。工程竣工结算分为单位工程竣工结算、单项工程竣工结算和建设项目竣工总结算。一些不规范的说法也将竣工结算叫做竣工决算。

4. 竣工决算

竣工决算又称工程决算，是建设单位在全部工程或某一期工程完工后编制的，它是反映竣工项目的建设成果和财务情况的总结性文件。

知识小贴士

竣工决算。它是办理竣工工程交付使用验收的依据，是交工验收文件的组成部分。竣工决算包括竣工工程概算表、竣工财务决算表、交付使用财产总表、交付使用财产明细表和文字说明等。它综合反映建设计划的执行情况、工程的建设成本、新增的生产能力以及定额和技术经济指标的完成情况等。小型工程项目上的竣工决算一般只作竣工财务决算表。

(二) 竣工结算的编制依据

为了使竣工结算符合实际情况，避免多算或少算、重复和漏项，结算编制人员必须在施工过程中经常深入现场，了解工程情况，随时了解和掌握工程修改和变更情况，为竣工结算积累和收集必备的原始资料。常见竣工结算的编制依据主要有以下几个方面，具体内容如下。

（1）施工图预算　指由施工单位、建设单位双方协商一致，并经有关部门审定的施工图预算。

（2）图纸会审纪要　指图纸会审会议中对设计方面有关变更内容的决定。

（3）设计变更通知单　必须是在施工过程中，由设计单位提出的设计变更通知单，或结合工程的实际情况需要，由建设单位提出设计修改要求后，经设计单位同意的设计修改通知单。

（4）施工签证单或施工记录　凡施工图预算未包括而在施工过程中实际发生的工程项目（如原有房屋拆除、树木草根清除、古墓处理、淤泥垃圾土挖除换土、地下水排除、因图纸修改造成返工等），要按实际耗用的工料，由施工单位做出施工记录或填写签证单，经建设单位签字盖章后方为有效。

（5）工程停工报告　在施工过程中，因材料供应不上或因改变设计、施工计划变动、工程下马等原因，导致工程不能继续施工时，其停工时间在1天以上者，均应由施工员填写停工报告。

（6）材料代换与价差　材料代换与价差，必须要有经过建设单位同意认可的原始记录方为有效。

（7）工程合同　施工合同规定了工程项目范围、造价数额、施工工期、质量要求、施工措施、双方责任、奖罚办法等内容。

（8）竣工图

（9）工程竣工报告和竣工验收单

（10）有关定额、费用调整的补充项目　目前工程领域的资料种类繁多，究竟哪些资料可以作为工程结算的依据，尚无统一的说法或规定，要甲乙双方在合同或补充协议中约定哪些资料可以作为结算的依据。如约定只有变更和签证两种形式可以作为结算的依据，则其他资料（如涉及追加费用的隐蔽工程记录、技术核定单）不可再作为结算的依据，要想作为结算的依据，只有重新办理签证，将其变更为签证的形式。如约定其他种类资料可作为结算依据，则从双方的约定。

（三）竣工结算的内容

竣工结算的内容如表8-3所示。

表8-3　竣工结算的内容

名称	内容
封面与编制说明	①工程结算封面。反映建设单位建设工程概要，表明编审单位资质与责任。 ②工程结算编制说明。对于包干性质的工程结算，包括：编制依据，结算范围，甲、乙双方应着重说明包干范围以外的问题，协商处理的有关事项以及其他必须说明的问题
工程原施工图预算	工程原施工图预算是工程竣工结算主要的编制依据，是工程结算的重要组成部分，不可遗漏
工程结算表	结算编制方法中，最突出的特点就是不论采用何种方法，原预算未包括的内容均可调整，因此结算编制主要是对施工中变更内容进行预算调整
结算工料分析表及材料价差计算	分析方法同预算编制方法，需对调整工程量进行工、料分析，并对工程项目材料进行汇总，按现行市场价格计算工、料价差
工程竣工结算费用计算表	根据各项费用调整额，按结算期的计费文件的有关规定进行工程计费
工程竣工结算资料汇总	汇总全部结算资料，并按要求分类分施工期和施工阶段进行整理，以利于审计时待查

二、竣工结算与施工图预算的区别

以施工图预算为基础编制竣工结算时，在项目划分、工程量计算规则、定额使用、费用计算规定、表格形式等方面都是相同的。其不同方面有：

① 施工图预算在工程开工前编制，而竣工结算在工程竣工后编制；

② 施工图预算依据施工图编制，而竣工结算依据竣工图编制；

③ 施工图预算一般不考虑施工中的意外情况，而竣工结算则会根据施工合同规定增加一些施工过程中发生的签证（如停水、停电、停工待料、施工条件变化等）费用；

④ 施工图预算要求的内容较全面，而竣工结算以货币量为主。

三、定额计价模式竣工结算的编制方法

（一）竣工结算增减变化

竣工结算的编制大体与施工图预算的编制相同，但竣工结算更加注意反映工程实施中的增减变化，反映工程竣工后实际经济效果。工程实践中，增减变化主要集中在以下几个方面。

1. 工程量量差

这种工程量量差是指按照施工图计算出来的工程数量与实际施工时的工程数量不符而发生的差额。造成量差的主要原因有施工图预算错误、设计变更与设计漏项、现场签证等。

2. 材料价差

这种价差是指合同规定的开工至竣工期内，因材料价格变动而发生的价差，一般分为主材的价格调整和辅材的价格调整。主材价格调整主要是依据行业主管部门、行业权威部门发布的材料信息价格或双方约定认同的市场价格的材料预算价格或定额规定的材料预算价格进行调整，一般采用单项调整。辅材价格调整主要是按照有关部门发布的地方材料基价调整系数进行调整。

3. 费用调整

费用调整主要有两种情况，一个是从量调整，另一个是政策调整。因为费用（包括间接费、利润、税金）是以直接费（或人工费，或人工费和机械费）为基础进行计取的，工程量的变化必然影响到费用的变化，这就是从量调整。在施工期间，国家可能有费用政策变化出台，这种政策变化一般是要调整的，这就是政策调整。

4. 其他调整

比如有无索赔事项，施工企业使用建设单位水电费用的扣除等。

（二）定额模式下的竣工结算

定额计价模式下竣工结算的编制格式大致可分为三种。

1. 增减账法

竣工结算的一般公式为

$$竣工结算价＝合同价＋变更＋索赔＋奖罚＋签证$$

以中标价格或施工图预算为基础，加增减变化部分进行工程结算，操作步骤如下。

（1）收集竣工结算的原始资料，并与竣工工程进行观察和对照　结算的原始资料是编制竣工结算的依据，必须收集齐全。在熟悉时要深入细致，并进行必要的归纳整理，一般按分部分项工程的顺序进行。根据原有施工图纸、结算的原始资料，对竣工工程进行观察和对照，必要时应进行实际丈量和计算，并做好记录。如果工程的做法与原设计施工要求有出入

时，也应做好记录。在编制竣工结算时，要本着实事求是的原则，对这些有出入的部分进行调整（调整的前提是取得相应的签证资料）。

（2）计算增减工程量，依据合同约定的工程计价依据（预算定额）套用每项工程的预算价格　合同价格（中标价）或经过审定的原施工图预算基本不再变动，作为结算的基础依据。根据原始资料和对竣工工程进行观察的结果，计算增加和减少的原合同约定工作内容或施工图外工程量，这些增加或减少的工程量或是由于设计变更和设计修改而造成的，或是其他原因造成的现场签证项目等。套用定额子目的具体要求与编制施工图预算定额相同，要求准确合理。

（3）调整材料价差　根据合同约定的方式，按照材料价格签证、地方材料基价调整系数调整材差。

（4）计算工程费用

① 集中计算费用法，步骤如下。

a. 计算原有施工图预算的直接费用。

b. 计算增加或减少工程部分的直接费。

c. 竣工结算的直接费用等于上述 a、b 的合计。然后以此为基准，再按合同规定取费标准分别计取间接费、利润、税金，计算出工程的全部税费，求出工程的最后实际造价。

② 分别取费法。其主要适合于工程的变更、签证较少的项目，其步骤如下。

a. 将施工图预算与变更、签证等增减部分合计计算直接费。

b. 按取费标准计取用间接费、利润、税金，汇总合计，即得出了竣工工程结算最终工程造价。

目前竣工结算的编制基本已实现了电算化，计算机套价已基本普及，编制时相对容易些。编制时可根据工程特点和实际需要自行选择以上方式之一或双方约定的其他方式。

（5）如果有索赔与奖罚、优惠等事项亦要并入结算

2. 竣工图重算法

该法是以重新绘制的竣工图为依据进行工程结算。竣工图是工程交付使用时的实样图。

（1）竣工图的内容

① 工程总体布置图、位置图，地形图并附竖向布置图。

② 建设用地范围内的各种地下管线工程综合平面图（要求注明平面、高程、走向、断面，跟外部管线衔接关系，复杂交叉处应有局部剖面图等）。

③ 各土建专业和有关专业的设计总说明书。

④ 建筑专业包括的内容如下：

a. 设计说明书；

b. 总平面图（包括道路、绿化）；

c. 房间做法名称表；

d. 各层平面图（包括设备层及屋顶、人防图）；

e. 立面图、剖面图、较复杂的构件大样图；

f. 楼梯间、电梯间、电梯井道剖面图、电梯机房平、剖面图；

g. 地下部分的防水防潮、屋面防水、外墙板缝的防水及变形缝等的做法大样图；

h. 防火、抗震（包括隔震）、防辐射、防电磁干扰以及三废治理等图纸。

⑤ 结构专业包括的内容如下：

a. 设计说明书；

b. 基础平、剖面图；

c. 地下部分各层墙、柱、梁、板平面图、剖面图以及板柱节点大样图；

d. 地上部分各层墙、柱、梁、板平面图、大样图，及预制梁、柱节点大样图；

e. 楼梯剖面大样图，电梯井道平、剖面图，墙板连接大样图；

f. 钢结构平、剖面图及节点大样图；

g. 重要构筑物的平、剖面图。

⑥ 其他专业（略）。

（2）对竣工图的要求

① 工程竣工后应及时整理竣工图纸，凡结构形式改变、工程改变、平面布置改变、项目改变以及其他重大改变，或者在原图纸上修改部分超过 40%，或者修改后图面混乱不清的个别图纸，需要重新绘制，并对结构件和门窗重新编号。

② 凡在施工中按施工图没有变更的，在原施工图上加盖竣工图标志后可作为竣工图。

③ 对于工程变化不大的，不用重新绘制，可在施工图上变更处分别标明，无重大变更的将修改内容如实地改绘在蓝图上，竣工图标记应具有明显的"竣工图"字样，并有编制单位名称、制图人、审核人和编制日期等基本内容。

④ 变更设计洽商记录的内容必须如实地反映到设计图上，如在图上反映确有困难，则必须在图中相应部分加文字说明（见洽商××号），标注有关变更设计洽商记录的编号，并附上该洽商记录的复印件。

⑤ 竣工图应完整无缺，分系统（基础、结构、建筑、设备）装订，内容清晰。

⑥ 绘制施工图必须采用不褪色的绘图墨水进行，文字材料不得用复写纸、一般圆珠笔和铅笔等。

在竣工图的封面和每张竣工图的图标处加盖竣工图章。竣工图绘制后要请建设单位、监理单位人员在图签栏内签字，并加盖竣工图章。竣工图是其他竣工资料的纲领性总图，一定要如实地反映工程实况。

知识小贴士　竣工图。以重新绘制的竣工图为依据进行工程结算就是以能准确反映工程实际竣工效果的竣工图为依据，重新编制施工图预算的过程，所不同的是编制依据不是施工图，而是竣工图了。以竣工图为依据编制竣工结算主要适用于设计变更、签证的工程量较多且影响又大时，可将所有的工程量按变更或修改后的设计图重新计算工程量。

3. 包干法

常用的包干法包括按施工图预算加系数包干方式和按平方米造价包干方式。

（1）施工图预算加系数包干法　这种方法是事先由甲乙双方共同商定包干范围，按施工图预算加上一定的包干系数作为承包基数，实行一次包死。如果发生包干范围以外的增加项目，如增加建筑面积，提高原设计标准或改变工程结构等，必须由双方协商同意后方可变更，并随时填写工程变更结算单，经双方签证作为结算工程价款的依据。实际施工中未发生超过包干范围的事项，结算不做调整。采用包干法时，合同中一定要约定包干系数的包干范围，常见的包干范围一般包括如下内容。

① 正常的社会停水、停电，即每月一天以内（含一天，不含正常节假日、双休日）的

停窝人工、机械损失。

② 在合理的范围内钢材每米实际重量与理论重量在±5‰内的差异所造成的损失。

③ 由施工企业负责采购的材料，因规格品种不全发生代用（五大材除外）或因采购、运输数量亏损、价格上扬而造成的量差和价差损失。

④ 甲乙双方签订合同后，施工期间因材料价格频繁变动而当地造价管理部门尚未及时下达政策性调整规定所造成的差价损失。

⑤ 施工企业根据施工规范及合同的工期要求或为局部赶工自行安排夜间施工所增加的费用。

⑥ 在不扩大建筑面积、不提高设计标准、不改变结构形式，不变更使用用途、不提高装修档次的前提下，确因实际需要而发生的门窗移位、墙壁开洞、个别小修小改及较为简单的基础处理等设计变更所引起的小量赶工费用（额度双方约定）。

⑦ 其他双方约定的情形。

（2）建筑面积平方米包死法　由于住宅工程的平方米造价相对固定、透明，一般住宅工程较适合按建筑面积平方米包干结算。实际操作方法是：建设单位双方根据工程资料，事先协商好包干平方米造价，并按建筑面积计算出总造价。计算公式是

$$工程总造价＝总建筑面积×约定平方米造价$$

合同中应明确注明平方米造价与工程总造价，在工程竣工结算时一般不再办理增减调整。除非合同约定可以调整的范围，并发生在包干范围之外的事项，结算时仍可以调整增减造价。

四、工程量清单计价模式下竣工结算的编制方法

总体看，工程量清单计价模式下竣工结算的编制方法和传统定额计价结算的大框架差不多，相对而言，清单计价更明了，在变更发生时就知道对造价的影响。

1. 增减账法

一般中小型的民用项目结构简单、施工图纸清晰齐全、施工周期短的工程，一般可采用

$$工程结算价＝中标价＋变更＋索赔＋奖罚＋签证$$

该法以招标时工程量清单位报价为基础，加增减变化部分进行工程结算。

但对工程量大、结构复杂、工作时间紧的项目宜采用

$$工程结算价＝中标价＋变更＋工程量量差超过±3\%\sim5\%的数量（双方合同中具体约定超过量）×$$
$$中标综合单价＋政策性的人工、机械费调整＋允许按实调的暂定价＋$$
$$索赔＋奖罚＋签证$$

如采用可调价格合同形式，如合同约定中标综合单价可调整的条件（例如分项工程量增减超过 15%），遇到相应条件时综合单价也可做调整。

2. 竣工图重算法

该法是以重新绘制的竣工图为依据进行工程结算，工程结算编制的方法同工程量清单报价的方法，所不同的是依据的图纸由施工图变为竣工图。

第四节　建筑工程竣工结算审核

建筑工程竣工结算审查是竣工结算阶段的一项重要工作，经审查核定的工程竣工结算是核定建设工程造价的依据，也是建设项目验收后编制竣工决算和核定新增固定资产价值的依

据。因此，建设单位、监理公司以及审计部门等都十分重视竣工结算的审核。

（一）核对合同条款

① 核对竣工工程内容是否符合合同条件要求，工程是否竣工验收合格。只有按合同要求完成全部工程并验收合格后才竣工结算。

② 按合同约定的结算方法、计价定额、取费标准、主材价格和优惠条款等，对工程竣工结算进行审核。若发现合同开口或有漏洞，应请建设单位与施工单位认真研究，明确结算要求。

（二）检查隐蔽验收记录

所有隐蔽工程均需进行验收，两人以上签证；实行工程监理的项目应经监理工程师签证确认。审核竣工结算时应该对隐蔽工程进行施工记录和验收签证，手续完整，工程量与竣工图一致方可列入结算。

（三）落实设计变更签证

设计修改变更应由原设计单位出具设计变更通知单和修改图纸，设计、校审人员签字并加盖公章，经建设单位和监理工程师审查同意并签证；重大设计变更应经原审批部门审批，否则不应列入结算。

（四）按图核实工程数量

竣工结算的工程量应依据竣工图、设计变更单和现场签证等进行核算，并按国家统一规定的计算规则计算工程量。

（五）认真核实单价

结算单价应按现行的计价原则和计价方法确定，不得违背。

（六）注意各项费用计取

建筑安装工程的取费标准应按合同要求或项目建设期间与计价定额配套使用的建筑安装工程费用定额及有关规定执行，先审核各项费率，要注意各项费用的计取基数，如安装工程间接费等是以人工费为基数，这个人工费是定额人工费与人工费调整部分之和。

防止各种计算误差。工程竣工结算子目多、篇幅大，往往有计算误差，应认真核算，防止因计算误差多计算或少计算。

9

第九章

影响工程造价的因素

第一节　工程质量与造价

（一）质量对造价的影响

质量是指项目交付后能够满足业主或客户需求的功能特性与指标。一个项目的实现过程就是该项目质量的形成过程，在这一过程中达到项目的质量要求，需要开展两个方面的工作：一是质量的检验与保障工作，二是项目质量失败的补救工作。这两项工作都要消耗和占用资源，从而都会产生质量成本。

① **项目质量检验与保障成本。** 它是为保障项目的质量而发生的成本。

② **项目质量失败补救成本。** 它是由于质量保障工作失败后为达到质量要求而采取各种质量补救措施所发生的成本。

（二）工程造价与质量的管理问题

项目质量是构成项目价值的本原，所以任何项目质量的变动都会给工程造价带来影响并造成变化。同样，现有工程造价管理方法也没有全面考虑项目质量与造价的集成管理问题，实际上现有方法对于项目质量和造价的管理也是相互独立和相互割裂的。另外，现有方法在造价信息管理方面也存在着项目质量变动对造价变动的影响信息与其他因素对造价的影响信息混淆在一起的问题。

（三）如何控制工程质量

在施工阶段影响工程质量的因素很多，因此必须建立起有效的质量保证监督体系，认真贯彻并检查各种规章制度的执行情况，及时检验质量目标和实际目标的一致性，确保工程质量达到预定的标准和等级要求。工程质量对整个工程建设的效益起着十分重要的作用，为降低工程造价，必须抓好工程施工阶段的工程质量。在建设施工阶段确保工程质量，使工程造价得到全面控制，以达到降低造价、节约投资，提高经济效益的目的，必须抓好事前、事中、事后的质量控制。

1. 事前质量控制

事前质量控制的具体内容如表 9-1 所示。

表 9-1　事前控制的内容

事前控制的措施	内容
人的控制	人是指参与工程施工的组织者和操作者,人的技术素质、业务素质、工作能力直接关系到工程质量的优劣,必须设立精干的项目组织机构和优选施工队伍
对原材料、构配件的质量控制	原材料、构配件是施工中必不可少的物质条件,材料的质量是工程质量的基础,原材料质量不合格就造不出优质的工程,即工程质量也就不会合格,所以加强材料的质量控制是提高工程质量的前提条件。因此,除监理单位把关外,作为项目部也要设立专门的材料质量检查员,确保原材料的进场合格
编制科学合理的施工组织设计	是确保工程质量及工程进度的重要保证。施工方案的科学、正确与否,是关系到工程的工期、质量目标能否顺利实现的关键。因此,确保优选施工方案在技术上先进可行,在经济上合理,有利于提高工程质量
对施工机械设备的控制	施工机械设备对工程的施工进程和质量安全均有直接影响,从保证项目施工质量角度出发,应着重从机械设备的选型,主要性能参数和操作要求三方面予以控制
环境因素的控制	影响工程项目质量的环境因素很多,有工程地质、水文、气象等;工程管理环境,如质量保证体系、质量管理制度等;劳动环境,如劳动组合、劳动工具、工作面等。因此,应根据工程特点和具体条件,对影响工程质量的因素采取有效的控制

2. 事中控制

工程质量是靠人的劳动创造出来的,不是靠最后检验出来的,要坚持预防为主的方针,将事故消灭在萌芽状态。应根据施工组织中确定的施工工序、质量监控点的要求严格质量控制,做到上道工序完工通过验收合格后方可进行下道工序的操作,重点部位隐蔽工程要实行旁站,同时要做好已完工序的保护工作,从而达到控制工程质量的目的。

3. 事后质量控制

严格执行国家颁布的有关工程项目质量验评标准和验收标准,进行质量评定和办理竣工验收和交接工作,并做好工程质量的回访工作。

第二节　工程工期与造价

(一) 工期对造价的影响

工期是指项目或项目的某个阶段、某项具体活动所需要的,或者实际花费的工作时间周期。在一个项目的全过程中,实现活动所消耗或占用的资源发生以后就会形成项目的成本,这些成本不断地沉淀下来、累积起来,最终形成了项目的全部成本(工程造价),因此工程造价是时间的函数。由于在项目管理中时间与工期是等价的概念,所以造价与工期是直接相关的,造价是随着工期的变化而变化的。

知识小贴士

造价与工期的关系。形成这种相关与变化关系的根本原因有两个:一是项目所耗资源的价值会随着时间的推移而不断地沉淀成为项目的造价;二是项目消耗与占用的各种资源都具有一定的时间价值。确切地说,造价与工期的关系是由于时间(工期)本身这种特殊资源所具有的价值造成的。

项目消耗或占用的各种资源都可以看成是对于资金的占用，因为这资源消耗的价值最终都会通过项目的收益而获得补偿。因此，工程造价实际上可以看成是在工程项目全生命周期中整个项目实现阶段所占用的资金。这种资金的占用，不管占用的是自有资金还是银行贷款，都有其自身的时间价值。这种资金的时间价值最根本的表现形式就是占用银行贷款所应付的利息。资金的时间价值既是构成工程造价的主要项目之一，又是造成工程造价变动的根本原因之一。

一个工程建设项目在不同的基本建设阶段，其造价作用、计价办法也不尽相同。但是无论在哪个阶段，影响工程造价的因素除了人工工资水平、材料价格水平、机械费用以及费用标准外，对其影响较大的是工期，工期是计算投资的重要依据。在工程建设过程中，要缩短工程工期必然要增加工程直接费用，因为要缩短工期，则要重新组织施工，加大劳动强度，加班加点，必然降低施工效率，增加工程直接费用，而由于工期缩短却节省了工程管理费。无故拖延工期，将增加人工费用以及机械租赁费用的开支，也会引起直接费用的增加，同时还增加了管理人员费用的开支。工期与工程造价的关系曲线见图 9-1。

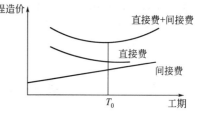

图 9-1　工期与工程造价的关系线图

从图 9-1 中可以看出，工期在 T_0 点（理想工期）时，对应的工程投资最好。

（二）工程造价与工期的管理问题

在项目管理中，"时间（工期）就是金钱"，是因为工程造价的发生时间、结算时间、占用时间等有关因素的变动都会给工程造价带来变动。但是现有造价管理方法并没有全面考虑项目工期与造价的集成管理问题，实际上现有方法对于项目工期与造价的管理是相互独立和相互割裂的。同时，现有方法无法将由于项目工期变动对造价的影响和由于项目所耗资源数量及所耗资源价格变动的影响进行科学的区分，这些不同因素对项目造价变动的影响信息是混淆在一起的。

（三）工期长短对造价的影响

缩短工程工期的作用主要有以下几方面。

① 能使工程早日投产，从而提高经济效益。

② 能使施工企业的管理费用、机械设备及周转材料的租赁费降低，从而降低建筑工程的施工费用。

③ 能减少施工资金的银行贷款利息，有利于施工企业降低造价成本。

因此，缩短工期、降低工程成本是提高施工企业的效益的重要途径。应该看到，不合理的缩短工期亦是不可取的，主要表现在以下几个方面：

① 施工资金流向过于集中，不利于资金的合理流动；

② 施工各工序间穿插困难，成品、半成品保护费用增加；

③ 合理的组织易被打乱，造成工程质量的控制困难，工程质量不易保证，进而返修率提高，成本加大。

（四）造成工程延期的原因

目前，在建设工程项目中普遍存在工期拖延的问题，造成这种现象的原因通常有以下几种情况：

① 对工程的水文、地质等条件估计不足，造成施工组织中的措施无针对性，从而使工期推迟；

② 施工合同的履行出现问题，主要表现为工程款不能及时到位等情况；

③ 工程变更、设计变更及材料供应等方面也是造成工期延误很重要的原因。

（五）缩短工期的措施

由于以上诸多因素的影响，要想合理地缩短工期，只有采取积极的措施，主要包括组织措施、技术措施、合同措施、经济措施和信息管理措施等。在实际工作中，应着重做好如下方面的工作，具体内容如下。

① 建立健全科学合理、分工明确的项目班子。

② 做好施工组织设计工作。运用网络计划技术，合理安排各阶段的工作进度，最大限度地组织各项工作的同步交叉作业，抓关键线路，利用非关键线路的时差更好地调动人力、物力；向关键线路要工期，向非关键线路要节约，从而达到又快又好的目的。

③ 组织均衡施工。施工过程中要保持适当的工作面，以便合理地组织各工种在同一时间配合施工并连续作业，同时使施工机械发挥连续使用的效率。组织均衡施工能最大限度地提高工效和设备利用率，降低工程造价。

④ 确保工程款的资金供应。

⑤ 通过计划工期与实际工期的动态比较，及时纠偏，并定期向建设方提供进度报告。

第三节　工程索赔与造价

(一) 索赔的依据与范围

1. 索赔的依据

工程索赔的依据是索赔工作成败的关键。有了完整的资料，索赔工作才能进行。因此，在施工过程中基础资料的收集积累和保管是很重要的，应分类、分时间进行保管。具体资料内容如表 9-2 所示。

表 9-2　索赔依据的内容

索赔依据	具体内容
建设单位有关人员的口头指示	包括建筑师、工程师和工地代表等的指示。每次建设单位有关人员来工地的口头指示和谈话以及与工程有关的事项都需作记录，并将记录内容以书面信件形式及时送交建设单位。如有不符之处，建设单位应以书面回信，七天以内不回信则表示同意
施工变更通知单	将每张工程施工变更通知单的执行情况作好记录。照片和文字应同时保存妥当，便于今后取用
来往文件和信件	有关工程的来信文件和信件必须分类编号，按时间先后顺序编排，保存妥当
会议记录	每次甲乙双方在施工现场召开的会议(包括建设单位与分包的会议)都需记录，会后由建设单位或施工企业整理签字印发。如果记录有不符之处，可以书面提出更正。会议记录可用来追查在施工过程中发生的某些事情的责任，提醒施工企业及早发现和注意问题
施工日志(备忘录)	施工中发生影响工期或工程付款的所有事项均须记录存档
工程验收记录(或验收单)	由建设单位驻工地工程师或工地代表签字归档
工人和干部出勤记录表	每日编表填写，由施工企业工地主管签字报送建设单位
材料、设备进场报表	凡是进入施工现场的材料和设备，均应及时将其数量、金额等数据送交建设单位驻工地代表，在月末收取工程价款(又称工程进度款)时，应同时收取到场材料和设备价款
工程施工进度表	开工前和施工中修改的工程进度表和有关的信件应同时保存，便于以后解决工程延误时间问题
工程照片	所有工程照片都应标明拍摄的日期，妥善保管
补充和增加的图纸	凡是建设单位发来的施工图纸资料等，均应盖上收到图纸资料等的日期印章

2. 工程索赔的范围

凡是根据施工图纸（含设计变更、技术核定或洽商），施工方案以及工程合同，预算定额（含补充定额），费用定额，预算价格，调价办法等有关文件和政策规定，允许进入施工图预算的全部内容及其费用，都不属于施工索赔的范围。

例如，图纸会审记录，材料代换通知等设计的补充内容，施工组织设计中与定额规定不符的内容，原预算的错误、漏项或缺陷，国家关于预算标准的各项政策性调整等，都可以通过编制增减、补充、调整预算的正常途径来解决，均不在施工索赔之列。反之，凡是超出上述范围，因非施工责任导致乙方付出额外的代价损失，向甲方办理索赔（但采用系数包干方式的工程，属于合同包干系数所包含的内容，则不需再另行索赔）。

（二）索赔费用的计算

1. 可索赔的费用

可索赔费用的具体内容如下所示。

（1）人工费　包括增加工作内容的人工费、停工损失费和工作效率降低的损失费等累计，但不能简单地用计日工费计算。

（2）设备费　可采用机械台班费、机械折旧费、设备租赁费等几种形式。

（3）材料费

（4）保函手续费　工程延期时，保函手续费相应增加；反之，取消部分工程且发包人与承包人达成提前竣工协议时，承包人的保函金额相应折减，则计入合同价内的保函手续费也应相应扣减。

（5）贷款利息

（6）保险费

（7）利润

（8）管理费　此项又可分为现场管理费和公司管理费两部分，由于两者的计算方法不一样，所以在审核过程中应区别对待。

2. 索赔费用的计算

索赔费用的计算方法有实际费用法、修正总费用法等。

（1）实际费用法　实际费用法是按照每个索赔事件所引起损失的费用项目分别计算索赔值，然后将各费用项目的索赔值汇总，即可得到总索赔费用值。

（2）修正总费用法　修正总费用法是对总费用法的改进，即在总费用计算的基础上，去掉一些不确定的可能因素，对总费用法进行相应的修改和调整，使其更加合理。

知识小贴士　**实际费用法。**这种方法以承包商为某项索赔工作所支付的实际开支为依据，但仅限于由于索赔事项引起的、超过原计划的费用，故也称额外成本法。在这种计算方法中需要注意的是不要遗漏费用项目。

第十章

工程造价经验速查

第一节　造价预算容易遗漏的 100 项内容

（1）平屋面保温屋面中的排气孔。

（2）楼梯栏杆中的预埋铁件。

（3）油漆、涂料施工用脚手架。

（4）预制板梁混凝土：板梁封头混凝土及其运输、安装。

（5）钻孔灌注桩：入岩深度的钻孔（该项目市政和公路定额项目包含内容差距很大）。

（6）户内管道安装的吹扫。

（7）室外管道安装的超高费。

（8）角钢的制作安装及其主材费用。

（9）沟槽土方单侧弃土的系数。

（10）外运土的人工系数忘记乘。

（11）电缆、电线等算清单只是提供净工程量，在组价时还得加上预留、弯曲、损耗等长度。

（12）在配电柜安装清单中基础型钢容易漏。

（13）给排水上管道安装清单中套管容易漏。

（14）风管穿墙的封堵。

（15）调节阀试压冲洗临时短管的制作、安装。

（16）设备安装吊装机具摊销。

（17）工艺管道安装中法兰安装的螺栓是未计价材料。

（18）安装部分：高层建筑增加费。计算的基数包括 6 层或 20m 以下的全部人工费。在高层建筑同时又符合超高施工条件时，高层建筑增加费和超高增加费是叠加计算的。

（19）屋脊线、盖板。主要是零星部件。

（20）一些零星的、小型构件混凝土容易漏算。

（21）屋面分格缝，特别有架空隔热层时，水泥砂浆找平层有分格缝，而且在隔热板上也要做分格缝。

（22）一些规范要求的也容易漏项，比如：墙长超过 5m 时要增设构造柱，墙高超过 4m

时要增设压梁。

（23）设备安装加垫铁、管道安装时支架的制作、安装、油漆防腐。

（24）通风管道安装的帆布接口。

（25）楼梯间顶层满堂脚手架、屋面分格缝、设计说明中构造要求以及一些室内外零星构件。

（26）外墙抹灰分格嵌缝有相应的定额子目，所用材料不同，应套用相应的子目。

（27）板的负筋分布筋很容易漏，因为图纸根本没反映。除了要去工地查看以外，没有别的办法。

（28）在挖土方工程中，现行的计价表，挖湿土方的抽水费未计入（以前的定额是包含的），现在归入措施项目中，即施工排水、降水、深基坑支护章节内。

（29）各种建筑的伸缩缝：屋面的分格缝，外墙与散水交接的沥青嵌缝。

（30）构造柱的突出部分。

（31）预制板间的现浇带。

（32）打预制桩的桩头、接桩、送桩等。

（33）钻冲孔桩的钢护筒、入岩增加费、操作平台，混凝土是采用水下混凝土。

（34）钢板桩打、拔分开套子目，在基坑作业和在坑上作业的系数。

（35）没有详细的布置图，但图纸说明中提到的项目，如填充墙的构造柱、砌体加筋等。

（36）措施项目费用的大体积混凝土的测温费。

（37）土建工程为安装预留的预埋件。

（38）土建工程中窨井、化粪池项目如套综合定额，别漏了其中相应的措施项目，如挖湿土排水费、基坑排水费及脚手、模板费等。

（39）暖通工程中容易遗留的项目：

① 空调风管阀门、静压箱，风机盘管回风箱的保温；

② 设备本体与管道连接中的法兰；

③ 屋面水系统管道中的土建支墩；

④ 末端设备采用的减振措施。

（40）合同文件的内容很全面，包括投标文件等，施工组织设计直接影响措施费的构成，所以按照规范施工则是合同的重要内容之一。比如投标时按 24 小时连续施工考虑，夜间施工措施费就不能不考虑，噪声等环境保护费用也不是简单的费率就可以代替的。再比如设计图纸规定用 PE 给水管，但并未说明屋面部分要采取什么措施，按规范 PE 管不能暴晒，应有保护措施，报价时就应该考虑。另外，定额和规范不符时，应以规范为准，因为验收以规范为准。

（41）对清单项目和下挂定额子目的衔接不能完全掌握（包括工程量计算规则、工作内容等）。定额有计算规则，清单有计算规则，两者必须一致。比如前面多次提到的管道支架和穿墙套管，按清单应该计算，不过室内管道安装定额通常都包含支架和套管（各地规定不同），再计算就重复了。

（42）楼梯石材踏步开槽容易漏掉，墙面装饰不同的装饰材料接缝处理，顶棚扣板四周压线易漏算。

（43）在土建工程中，人机配合挖土有个系数，湿土也有系数，同时在 −0.06m 标高位置有防潮层。

（44）土建支撑钢筋用的马凳容易漏掉，实际施工中这个也是不小的数字。

（45）土方类别及运距。

（46）洞内、地下室内等需照明施工的人工费增加 40%。

（47）构造柱圈过梁模板混凝土计算。

（48）管桩桩芯混凝土、送桩及试验桩的计算，管桩长度应计桩尖长度。

（49）砖砌栏板 1/4、1/2 厚，定额按 900mm 考虑，每增加或减少，人、材、机需调整。

（50）桩芯圆钢板、预埋铁件等刷防锈漆等。

（51）不规则墙面抹灰、墙面钉钢丝网等人工增加。

（52）墙面抹灰垂直高度超高抹灰厚度调整。

（53）电气竖井桥架工程量统计有出入，原设计没有具体的安装大样图，由预算人员根据经验自行考虑安装方式。

（54）高大厂房安装所用脚手架费用。一般钢结构不搭设脚手架。

（55）钢筋工程中的垫铁可算在钢筋工程中（按各地情况）。

（56）抹灰工程中用的铁丝网在消耗定额已单设子目，进入直接工程费。

（57）脚手架费用应以被批准的施工组织设计中的做法计算。

（58）装饰中的门的特殊五金，尤其是防火门。

（59）容易把室外台阶的底面抹灰漏掉。

（60）容易漏大体积混凝土里设置的金属导热管。

（61）不同混凝土等级浇筑时设置的快易收口网。

（62）在做装饰装修时清单项目多是按完成面计算的。很多项目看起来是完整的，如果不仔细看设计图纸和施工规范及招标文件很容易漏算，导致清单组价不合理。

（63）夹板基层的防潮防火及防虫等处理，石材防潮处理，石材、抛光砖等边角磨边抽槽等细部处理，浅色的石材做地面多用白水泥等。较高的天花吊筋的反撑措施及防护，特殊装饰部位按设计要求拼接时需裁减材料时的损耗等。

（64）梁高超过 700mm 和墙的对拉螺栓。

（65）框架柱部分的砌体加固。

（66）基础满堂脚手架。

（67）梁板墙增加的单项脚手架。

（68）外墙抹灰中的分格嵌缝项目，一般也较容易疏忽。

（69）脚手架项目中的油漆刷浆用脚手费用容易漏项。

（70）加砌块墙面处理。

（71）以投影面积计算的混凝土工程（楼梯、阳台等）中混凝土含量大于定额含量应调整。

（72）管道与自控专业接口部分，取源部件可能会出现多算。

（73）脚手架的搭拆容易漏项。

（74）照明系统灯具安装超高费和其系统调试很容易遗忘。

（75）楼梯间的最上段，记取的脚手架费用不同下边。

（76）防水材料附加层厚度的调整。

（77）散水的油膏灌缝。

（78）楼梯预埋件。

（79）卫生间等墙体上的混凝土翻边（此类属于划分问题，未算部分往往在墙体中计入了，可是在编制清单中这是个比较显著的问题）。

（80）地下室工程中的照明费用。

（81）女儿墙变形缝的沥青麻丝。

（82）预埋铁件。

（83）出屋面烟囱。

（84）阳台处的雨水管。

（85）清单投标报价中，预制构件以个计价时预制构件上的预埋铁件。

（86）回填土中的挖土和运土。

（87）挖土（挖槽或挖坑）中的运土。

（88）基础垫层。

（89）木制作的油漆。

（90）砖基础防潮层。

（91）土方人工清底时的难度系数。

（92）室外工艺管道安装时的脚手架费用。

（93）钢结构焊接的无损检测费用。

（94）工艺管线的穿墙套管封堵。

（95）沉降观测点的钢筋头及所用的人机费。

（96）加砌块墙面处理。

（97）基础大放脚顶面防腐。

（98）细石混凝土地面中的混凝土强度调整。

（99）门窗中的油漆及五金。

（100）安装工程中的主材价格。

第二节　钢材理论重量简易计算公式

（1）圆钢每 m 重量＝0.00617×直径×直径。

列出下面的公式供参考。

例如：直径为 D 的钢筋的理论重量＝$D×D×0.00617$。

0.617 为直径为 10mm 的钢筋的理论重量，只需要记住直径为 10mm 的钢筋的理论重量即可。

直径 12mm 及以下的保留三位小数；直径 12mm 以上的保留两位小数；保留时候 6 舍 7 入。直径 40mm 以下的都很准。

（2）方钢每 m 重量＝0.00786×边宽×边宽。

（3）六角钢每 m 重量＝0.0068×对边直径×对边直径。

（4）八角钢每 m 重量＝0.0065×直径×直径。

（5）螺纹钢每 m 重量＝0.00617×直径×直径。

（6）角钢每 m 重量＝0.00786×（边宽＋边宽－边厚）×边厚。

（7）扁钢每 m 重量＝0.00785×厚度×宽度。

（8）无缝钢管每 m 重量＝0.02466×壁厚×（外径－壁厚）。

（9）电焊钢每 m 重量＝无缝钢管每 m 重量。

(10) 钢板每 m^2 重量＝7.85×厚度。

(11) 黄铜管：每 m 重量＝0.02670×壁厚×(外径－壁厚)。

(12) 紫铜管：每 m 重量＝0.02796×壁厚×(外径－壁厚)。

(13) 铝花纹板：每 m^2 重量＝2.96×厚度。

(14) 有色金属比重：紫铜板 8.9；黄铜板 8.5；锌板 7.2；铅板 11.37。

(15) 有色金属板材的计算公式为：每 m^2 重量＝密度×厚度。

第三节　允许按实际调整价差的材料品种

(1) 钢材类（不包括钢管脚手、钢模板等摊销钢材）。

(2) 水泥类。

(3) 木材类（包括各种板方材、模板、胶合板、细木工板，不包括脚手板、垫木等摊销木材）。

(4) 沥青类。

(5) 玻璃类。

(6) 砖、瓦及各种砌块类（包括耐火砖、耐酸陶瓷砖、阶砖、琉璃瓦、石棉瓦、玻璃钢瓦）。

(7) 砂、石类（包括中粗细砂、碎石、砾石、天然砂石、毛石、方整石、白石子、彩色石子）。

(8) 各种防水卷材。

(9) 各种铝门窗，钢门窗，彩板，塑料，塑钢门窗，不锈钢门窗，卷闸门，特种门（包括电动、自动装置），成品装饰木门等。

(10) 块料饰面材料类（包括石质、陶瓷质材料）。

(11) 装饰面板类（金属、非金属、壁纸、布艺、地毯等）。

(12) 装饰面板的骨架类（铝合金、轻钢、不锈钢、连接及固定用的吊挂件、连接件、接插件、幕墙胶等）。

(13) 管材、型材类（铝合金、不锈钢、铜质、玻璃钢、PVC 雨水管等，不包括连接用螺栓、螺丝及钉等配件）。

(14) 装饰线条类（木质、石质、金属、塑料等，塑料扶手）。

(15) 油漆、涂料类（不包括稀释剂、固化剂等辅料及调和漆、沥青漆、防锈漆、防火漆、醇酸磁漆、酚醛清漆、106 涂料、107 涂料、802 涂料、仿瓷涂料、钢化涂料、777 乳胶涂料）。

(16) 美术字、牌面板、单个价值 100 元以上的五金及各类成品送（回）风口、锚具等。

(17) 综合基价中注明允许调整的材料。

(18) 发包方指定生产厂家的材料及成品、半成品。

(19) 定额中缺项的材料。

第四节　常见工程造价指标参考

常见建筑工程造价指标（以北京为例）可参考表 10-1。

表 10-1 常见建筑工程造价指标（以北京为例）

建筑形式	造价指标	单位	备注
住宅低层	1300～1600	元/m²	建筑面积
住宅多层	1800～2000		
住宅高层	2000～2500		
宿舍多层	1500～1900		
宿舍高层	2300～2700		
办公写字楼多层	2700～3500		
办公写字楼高层	3800～5300		
旅游酒店多层	3500～4000		
旅游酒店高层	4000～4700		
旅游酒店三星	4000～4700		
旅游酒店五星	5000～6000		
商店多层	1900～2200		
商店高层	2500～3000		
中小学多层	1500～1900		
医院多层一般门诊部	2200～2500		
医院多层一般医技楼	2500～3000		
医院多层一般住院部	2300～2700		
医院高层一般住院部	2800～3300		
网架结构	200～290		
轻型门式结构	240～310		
多层钢框架	500～700		
高层钢框架	1050～1800		
五级人防地下室	2000～2500		
四级人防	2300～2700		
基础(条基、柱基、满堂红)	8%～12%	—	土建造价百分比
上部框架结构	500～700	元/m²	上部建筑面积
上部砖混结构	180～290		

[1] 全国统一建筑基础定额（土建工程）（GJD-101—95）[S]. 北京：中国计划出版社，1995.

[2] 全国统一安装工程预算定额（GYD-208—2000）[S]. 北京：中国计划出版社，2000.

[3] 建设工程工程量清单计价规范（GB 50500—2013）[S]. 北京：中国计划出版社，2013.

[4] 闵玉辉. 建筑工程造价速成与实例详解 [M]. 第 2 版. 北京：化学工业出版社，2013.

[5] 张毅. 工程建设计量规则 [M]. 第 2 版. 上海：同济大学出版社，2003.

[6] 张晓钟. 建设工程量清单快速报价实用手册 [M]. 上海：上海科学技术出版社，2010.

[7] 戴胡杰，杨波. 建筑工程预算入门 [M]. 合肥：安徽科学技术出版社，2009.

[8] 苗曙光. 建筑工程竣工结算编制与筹划指南 [M]. 北京：中国电力出版社，2006.

[9] 袁建新，朱维益，建筑工程识图及预算快速入门 [M]. 北京：中国建筑工业出版社，2008.